K. Görgen   H. Koch   G. Schulze
B. Struif   K. Truöl

Grundlagen der Kommunikations-technologie

ISO-Architektur offener
Kommunikationssysteme

Mit 165 Abbildungen

Springer-Verlag
Berlin Heidelberg New York Tokyo 1985

Klaus Görgen
Herbert Koch
Günter Schulze
Bruno Struif
Dr. Klaus Truöl

GMD Gesellschaft für Mathematik und Datenverarbeitung mbH,
Institut für Systemtechnik
Rheinstraße 75, 6100 Darmstadt

ISBN-13: 978-3-642-70117-7   e-ISBN-13: 978-3-642-70116-0
DOI: 10.1007/978-3-642-70116-0

CIP-Kurztitelaufnahme der Deutschen Bibliothek
Grundlagen der Kommunikationstechnologie / K. Görgen ... – Berlin; Heidelberg;
New York; Tokyo: Springer
NE: Görgen, Klaus [Mitverf.]
ISO-Architektur offener Kommunikationssysteme. – 1984

ISO-Architektur offener Kommunikationssysteme / K. Görgen ... –
Berlin; Heidelberg; New York; Tokyo: Springer, 1984.
(Grundlagen der Kommunikationstechnologie)

NE: Görgen, Klaus [Mitverf.]

Druckarbeiten: Beltz Offsetdruck, Hemsbach/Bergstr.
Bindearbeiten: J. Schäffer OHG, Grünstadt
2145/3140-543210

Inhaltsverzeichnis

1 Einführung in die Kommunikationstechnologie

Das Wort **Kommunikation** hat von seiner ursprünglichen Bedeutung - Verständigung, Mitteilungen zwischen Menschen - eine Erweiterung erfahren. Kommunikation ist die einseitige oder wechselseitige Abgabe, Übermittlung und die Aufnahme von Nachrichten durch Menschen oder technische Systeme. Die Kommunikation kann in verschiedenen Formen erfolgen:
- Sprachen
- Texten
- Bildern
- Daten

Die Benennung 'Daten' wird folgend immer als allgemeiner, übergeordneter Begriff für alle Kommunkationsformen verwendet. Der Begriff der →**Technologie** wird in diesem Zusammenhang in einem doppelten Sinn verwendet, zum einen als Methodik und Verfahren zum anderen als Synonym für den Begriff Technik.

Telekommunikation ist Kommunikation zwischen Menschen und Systemen mit Hilfe von Übermittlungs- und Vermittlungsdiensten. Datenfernverarbeitung (DFV, Teleprocessing) ist eine Form der Telekommunikation. Datenfernverarbeitung ist Datenverarbeitung unter Benutzung fernmeldetechnischer Dienste für die Datenübermittlung. Datenfernverarbeitung war in der Vergangenheit nur innerhalb geschlossener organisatorischer Systeme, innerhalb eines Unternehmens oder einer Behörde möglich.

Organisationsübergreifende Kommunikation mit Mitteln der Telekommunikation wird ein immer stärkeres Gewicht gegenüber Brief und Telefonat bekommen.

Aus organisatorischen und systemtechnischen Gründen begann die Telekommunikation in geschlossenen Systemen.

Ihre Geschlossenheit ist darin begründet,
- daß sie i. a. auf der Basis privater Drahtfernmeldeanlagen realisiert sind, die nur Datenendeinrichtungen einer Rechtsperson verbinden und keinen Zugang zu einem öffentlichen Netz haben dürfen,

- daß die Datenendeinrichtungen verschiedener Hersteller nicht untereinander kommunizieren können, da sie nicht kompatibel sind.

Die geschlossenen Systeme wurden zunehmend als Begrenzung für die weitere Entwicklung der Telekommunikation empfunden. Die in den siebziger Jahren prognostizierte Entwicklung in der Telekommunikation - zu offenen Kommunikationssystemen und zu verbesserten Anwendungsdiensten - ist eingetreten. Die Entwicklung von Kommunikationsnetzen mit neuen Einsatzmöglichkeiten des Computers als Kommunikationsmedium ist noch nicht abgeschlossen.

Offene Systeme erlauben freizügige Kommunikation zwischen den Teilnehmern. Das öffentliche Fernsprechnetz, das öffentliche Telexnetz und das öffentliche DATEX-Netz sind offene Systeme. Das Fernsprechnetz der Bundeswehr, der Bundesbahn und der Straßenbauverwaltung sind geschlossene Systeme (bezüglich der organisatorischen Gruppen, die das System benutzen).

Offene Systeme werden u.a. aus folgenden Gründen vordringen:
- Fortschreitende Verflechtung von DV-Systemen
- Wachsen des Marktes für DV-Dienstleistungen
- Zusammenwachsen von DV- und Kommunikationstechnologie (Daten-, Sprach-, Text- und Bildkommunikation).

Neue Technologien wie die Glasfasertechnik und die Satellitenkommunikation werden diese Entwicklung noch beschleunigen. Die Trennung der Kommunikationsformen nach Daten-, Sprach-, Text- und Bildkommunikation wird in Zukunft für die Übertragung keine Bedeutung mehr haben, da die analoge Übertragung aufgegeben wird. Der Begriff 'Daten' bei Datenendeinrichtungen, Datenübertragung usw. steht stellvertretend auch für die anderen Formen der Kommunikation.

Die politischen Instanzen und die Wirtschaftsunternehmen müssen die zukünftige Kommunikationsinfrastruktur mit all ihren Vorzügen und Gefahren für das Individuum und den Staat selbst in ihre langfristigen Planungen und in die Gesetzgebung einbeziehen.

1.1 Organsationsformen der Datenverarbeitung

Datenverarbeitung ohne Datenfernverarbeitung ist heute fast
eine Sonderanwendung; die DV hat ihren nur lokalen Status
weitgehendst verloren. DFV-Anwendungen sind Bestandteil von
Kommunikationssystemen (Bildschirmtext und Rechnerverbund).

1.1.1 Zentralisierte Datenverarbeitung

Alle Grundfunktionen des DV-Prozesses

-       Dateneingabe
-       Datenspeicherung
-       Datenverarbeitung
-       Datenausgabe

sind lokal bei einem Rechenzentrum zusammengefaßt. Die
Datenerfassung kann on-line oder off-line erfolgen. Even-
tueller Datentransport findet nur durch physischen Transport
der Datenträger statt.

1.1.2 →Verteilte Datenverarbeitung

Bei der verteilten Datenverarbeitung (Distributed Data Processing DDP) werden die Funktionen des DV-Prozesses auf
mehrere Prozesse verteilt realisiert, d. h. nicht mehr
zentralisiert durchgeführt. Die Zielrichtung der Anwendung
liegt mehr auf der DV als auf der Kommunikation.

Diese Idee der Entlastung des Rechners ist nicht neu.
Bereits bei Rechnern der 2. Generation wurde die Eingabe und
Ausgabe als Engpaß der DV durch organisatorisch vorgelagerte
kleinere Anlagen dezentralisiert (off-line-Betrieb).

Die Ausgliederung von Grundfunktionen des DV-Prozesses ge-
schah zunächst für die Ein- und Ausgabe (Stapel- und
Dialogfernverarbeitung). Datenspeicherung und Datenverarbeitung blieben weiterhin zentralisiert (zentralisierte
DFV).

Verteilte Datenverarbeitung im eigentlichen Sinne bedeutet
jedoch dezentralisiertes verteiltes 'Rechnen', d. h. auch

die Grundfunktionen Datenverarbeitung und Datenhaltung
werden dezentral angeboten. Es handelt sich dabei um
hardware- und softwaremäßige Maßnahmen zur Vervielfachung
der Prozessoren bei dezentralisierter Datenverarbeitung.

Verteilte Datenverarbeitung ist nur in einem Rechnernetz
(mehr als zwei Rechner verbunden) möglich, es ist komplexer
als ein zentrales System.

Verteilte Systeme kommen vor als:
-       geographisch verteilte Rechnerverbundnetze
-       lokal verteilte Netze (Local Area Networks, Inhouse
        Networks)
-       Mehrprozessor-Systeme mit verteilter Kontrolle

Vorzüge der verteilten DV sind u. a.:
-       Steigerung der Benutzerfreundlichkeit
-       Steigerung der Leistungsfähigkeit
-       Steigerung der Flexibilität
-       größere Ausfallsicherheit
-       Kostensenkungen

Ziele von DFV-Systemen:
-       →Lastverbund:
        Verbund von DV-Anlagen zum Lastausgleich bei Rechen-
        zeit, Speicherplatz; z.B. Ausnutzung der kontinentalen
        Zeitunterschiede. Der Verbund kann benutzer- oder
        rechnergesteuert sein.
-       →Funktionsverbund:
        Verbund, in dem räumlich verteilte Funktionen in einem
        meist sequentiellen Ablauf verknüpft werden. Funktio-
        nen sind beispielsweise Ein- und Ausgabe. Jeder Be-
        nutzer kann jede Funktion in Anspruch nehmen.
        Arten des Funktionsverbundes:
        *   Benutzerverbund
        *   Geräteverbund (Lastausgleich durch Geräteverbund)
        *   Programmverbund
        *   Datenverbund
        *   Sicherheitsverbund
        Beispiele für den Datenverbund (Anwendungsverbund):
        *   Buchungssysteme (Hotelgewerbe, Fluggesellschaften)
            SITA für Flugplatzreservierung
            SWIFT für grenzüberschreitenden Zahlungsverkehr
        *   Verteilungssysteme (Verteilen von Informationen)
            INPOL (Informationssystem der deutschen Polizei)
            DISPOL (Digitales Sondernetz der Polizei in Bayern)
        *   Sammelsysteme
            (Sammeln von Daten, z.B. Wetterbestimmung)

Bei DFV-Systemen sind die folgenden Probleme zu lösen:

-      es werden höhere Anforderungen an die Benutzerführung
       bei den verschiedenen Systemen gestellt
-      die Abrechnungsverfahren müssen in der Lage sein,
       die anfallenden Kosten von verschiedenen Rechnern
       einem Anwender in Rechnung zu stellen
-      hohe Kompatibilitätsanforderungen bei inhomogenen
       Systemen

1.1.3   Klassifizierung der Betriebsformen

In den Beziehungen der Anwender zur DV-Anlage bzw. zum
Betriebssystem lassen sich folgende Formen unterscheiden:
-      off-line-Betrieb **(indirekte DFV)**
       Zwischen der Datenendeinrichtung (DEE) und der Daten-
       verarbeitungsanlage (DVA) besteht keine direkte Ver-
       bindung. Übermittlung auf maschinell lesbaren Daten-
       trägern durch Benutzung herkömmlicher Postdienste.
-      on-line-Betrieb **(direkte DFV)**
       Zwischen der DEE und der DVA besteht eine direkte
       Verbindung über Datenübertragungswege.

Betriebsarten aus der Sicht des Betriebssystems sind:
-      Stapelbetrieb (batch processing)
-      Stapelfernverarbeitung (Remote Job Entry)
-      Realzeitbetrieb (real time processing)
-      Dialogbetrieb (conversational mode)
       Der Dialogbetrieb ist in zwei Formen möglich:
       *   →Teilnehmerbetrieb
           Jeder Benutzer kann alle Leistungen des DV-Systems
           in Anspruch nehmen.
       *   →Teilhaberbetrieb (transaction processing)
           Benutzer haben nur Zugang zu bestimmten Anwendungs-
           systemen, dem einzelnen Benutzer steht nur eine
           bestimmte DV-Leistung zur Verfügung.
           Anwendungen: Platz- und Geldbuchungssysteme.

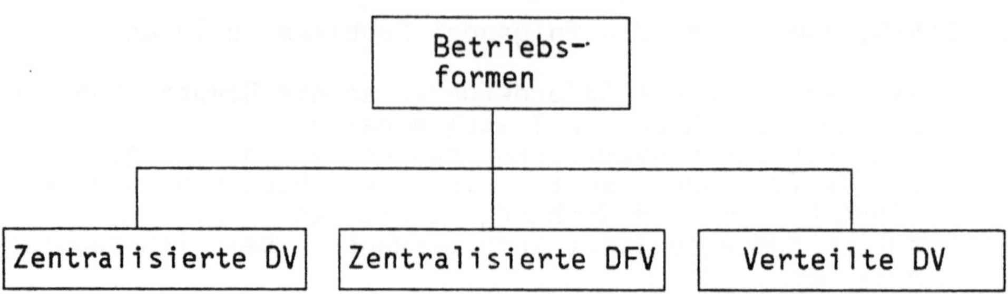

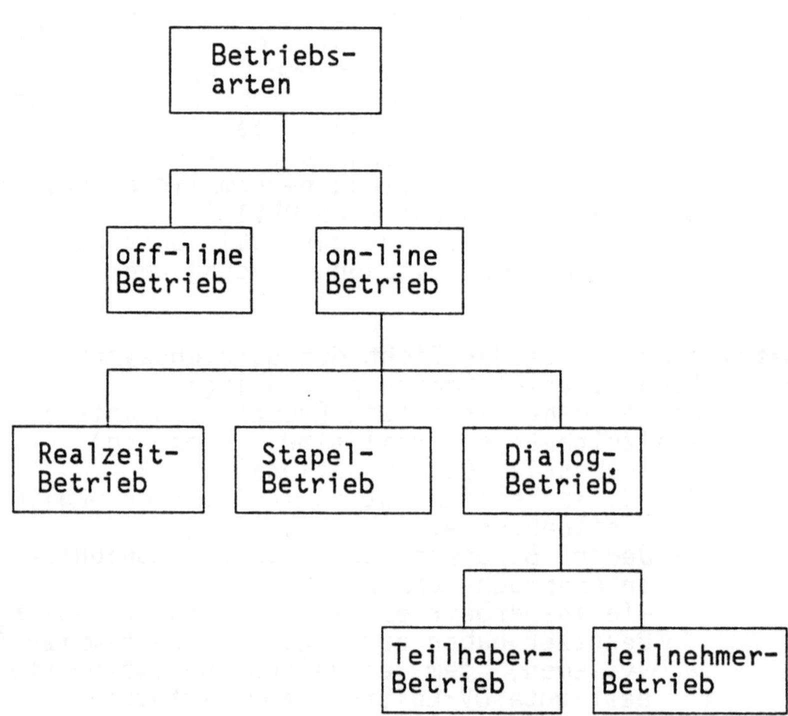

Abb. 1.1:   Zusammenstellung der Betriebsformen und Betriebsarten

1.2 Geschlossene und offene Systeme

Verwendung eines Rechners für 'Datenverarbeitung' bedeutet heutzutage in verstärktem Maße Datenfernübertragung, Datenfernverarbeitung, Kommunikation zwischen Menschen und Prozessen, Rechnerunterstützung der Kommunikation am Arbeitsplatz. Die Nutzung der Möglichkeiten eines Rechners dringt unaufhaltsam in die tägliche Arbeits- und auch Privatwelt vor. Beispiele hierfür sind der weltweite Daten- und Informationsaustausch, der Zugriff auf verteilte Datenbanken, die Kommunikation von Mensch zu Mensch und die Automatisierung von Verwaltungsabläufen.

Verteilte, zum Teil weltweite Rechnerverbundnetze existieren schon seit vielen Jahren. Die Beispiele der großen Herstellernetze, der Netze von Banken oder Flugplatzreservierungssysteme sind allgemein bekannt. Alle diese Verbundnetze sind hochintelligente komplizierte Systeme, die auf einer ausgefeilten Systematik herstellerspezifischer Konventionen beruhen. Sie bilden aber eigene technologische 'Kulturkreise', eigene abgeschlossene 'Subkulturen', die von außen her nicht zugänglich sind. Ein Datenaustausch, eine Kommunikation zwischen diesen Kulturkreisen herstellerspezifischer Netztechnologien ist nicht - oder nur mit großem Aufwand an überbrückender Hard- und Software - möglich.

Der Zugang zum Netz ist bei einem →geschlossenen System privilegierten Teilnehmern vorbehalten. Zahlreiche private Netze (Anwendernetze) sind als geschlossenes System ausgelegt. Sie sind geschlossen in bezug auf die etablierbaren Verkehrsbeziehungen.

Geschlossene Systeme bestehen aus einem Netz und Endeinrichtungen, mit denen nur die privilegierten Teilnehmer untereinander kommunizieren können. Der Begriff Teilnehmer steht dabei allgemein für die Funktion Datenquelle und Datensenke eines Kommunikationssystems.

Merkmale geschlossener Systeme:
- Anwendernetze sind nicht flächendeckend
- Anwendernetze sind nur für einen bestimmten Teilnehmerkreis geeignet
- Anwendernetze benutzen häufig Firmenstandards
- Anwendernetze sind häufig geschlossen gegenüber anderen Herstellern

Die wachsenden weltweiten Informationsbeziehungen zwischen verschiedenen Organisationen (Organisationen A, B, C in Abb. 1.2) erfordern ein gewisses Maß an Kompatibilität zwischen den betroffenen Rechnersystemen, damit sie Daten austauschen und kooperieren können.

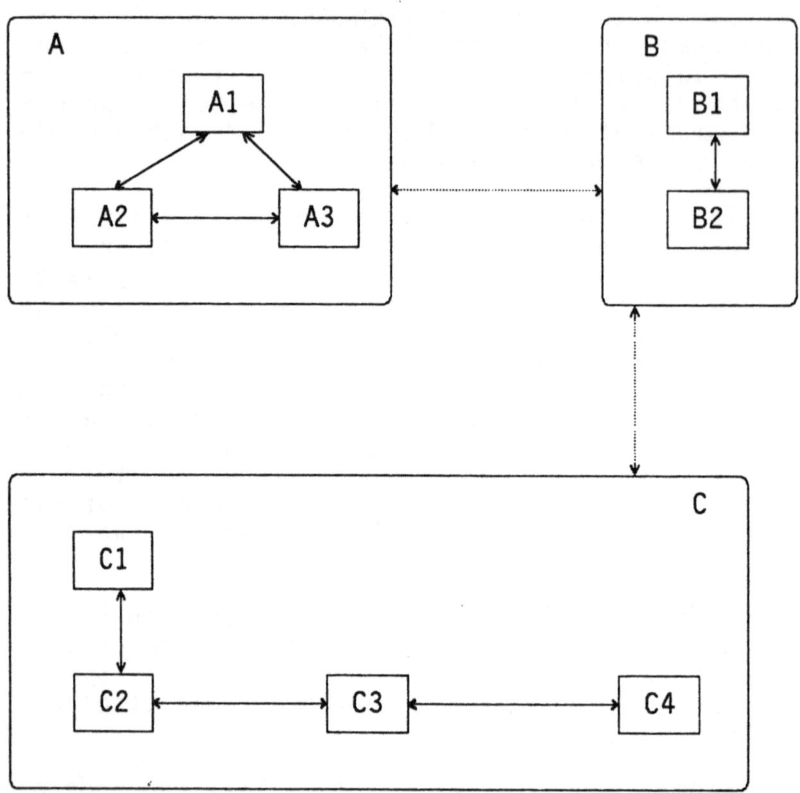

Abb. 1.2: Informationsbeziehungen zwischen Organisationen

Der wachsende Markt für Datenverarbeitungs- und Kommunikationsdienstleistungen erfordert, daß sowohl der Benutzer unter einem großen Angebot an attraktiven Dienstleistungen auswählen kann, als auch daß ein Anbieter mit seinem Angebot eine große Zahl von Benutzern erreicht (Abb. 1.3).

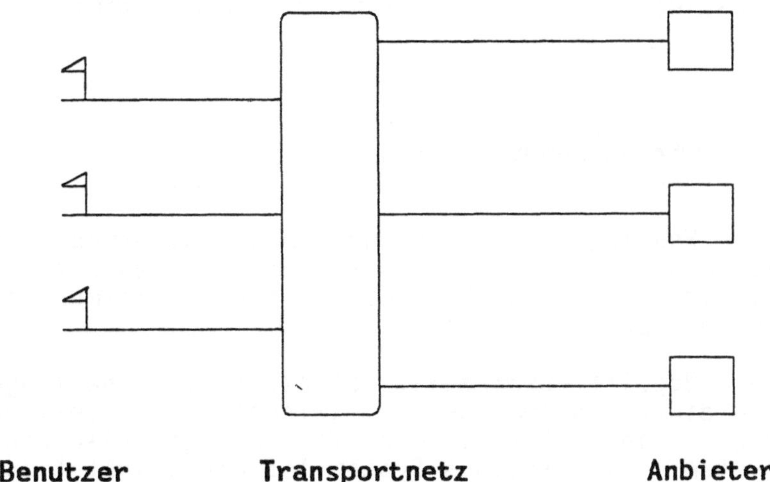

Abb. 1.3:   Angebot und Nachfrage bei DV-Dienstleistungen

Dafür werden in gewissem Sinn universelle Benutzerstationen
benötigt, die technisch weder auf bestimmte Anwendungen noch
auf den Verkehr mit bestimmten Systemen beschränkt sind.

Offene Kommunikation in diesem skizzierten Sinn bedeutet,
daß die abgeschlossenen Subkulturen der Hersteller sich
öffnen, daß das Außenverhalten, das Kommunikationsverhalten
eines Systems auf einer allgemein akzeptierten 'Kommunika-
tionskultur' basiert. Hierzu laufen in den Bereichen von
Forschung und Implementierung, von Normung und Standardisierung weltweit intensive Arbeiten. Deren Ergebnisse bzw.
ihr Stand sollen in den folgenden Kapiteln einführend
beschrieben werden.

Ein →offenes System genügt in seinem Außenverhalten den
internationalen Standards, die für ein solches System vorgeschrieben sind. Ein offenes System kann mit anderen
offenen Systemen nach festgelegten Normen kommunizieren.

Offene Systeme bestehen aus einem Übertragungsnetz und
Endeinrichtungen, über die Teilnehmer miteinander
kommunizieren können. Teilnehmer können sein:
-       Rechenanlagen / Prozesse
-       menschliche Anwender an einem Endgerät.

Offene Systeme ermöglichen die freizügige Kommunikation mit
neuen Kommunikationsformen, einen Verbund ähnlich dem weltweiten Fernsprechverkehr.

2 Architektur offener Kommunikationssysteme

2.1 Offene Kommunikation

Zur Festlegung eines allgemein akzeptierten Kommunikations-
verhaltens von Rechnersystemen ist es erforderlich, ein
allgemeines, abstraktes Modell für die Kommunikation offener
Systeme zu entwickeln.

Der Begriff →**System** ist definiert als eine Menge, bestehend
aus einzelnen Komponenten, zwischen denen Beziehungen bestehen - in mathematischer Terminologie also ein Relationen-
system. Ein solches System ist eingerichtet zur Erreichung
bestimmter Ziele, um für verschiedene Aufgaben bestimmte
Lösungen zu finden.

Im Zusammenhang der hier betrachteten rechnergestützten
Kommunikation wird der Systembegriff einschränkend als
informationsverarbeitendes, rechnergestütztes System definiert. Es ist eine Menge, bestehend aus

-       einem oder mehreren Rechnern,

-       der zugehörigen Software, den peripheren Geräten, den
        Benutzerstationen, menschlichen Bedienern, physikali-
        schen Prozessen, Übertragungseinrichtungen usw.,

die eine autonome Einheit zur Verarbeitung von Informationen
bildet.

Ein   →**offenes Kommunikationssystem**, auch kurz nur
offenes System genannt, ist ein System mit der Fähigkeit,
mit anderen Systemen zu kommunizieren und zu kooperieren.
Kooperieren meint dabei die Kommunikation zwischen räumlich
verteilten Informationssystemen, um eine gemeinsame Aufgabe
zu erledigen, die Fortschreibung eines gemeinsamen Anfangs-
verständnisses durch Übertragung von Information.

Offene Systeme besitzen die herstellerunabhängige Fähigkeit
zur freizügigen Kommunikation. Sie wird dadurch erreicht,
daß offene Systeme standardisierte Prozeduren für den Informationsaustausch einhalten, genormte Regeln (→Protokolle),
die ihr externes Verhalten bestimmen. Diese Protokolle legen
nicht die interne Struktur des offenen Systems fest. Das
Ziel ist Kompatibilität, d.h. daß jedes System mit jedem
anderen kommunizieren kann, sofern nur die Standardregeln
für den Informationsaustausch eingehalten werden. Diese sind
unabhängig von dem einzelnen Hersteller.

Es wird also ein bestimmtes äußeres Verhalten vorgegeben, das von jedem kommunizierenden offenen System eingehalten werden muß. Daraus ergibt sich, daß die Beschreibung der Verhaltensregeln vollständig sein muß. Sekundär ist dann die Frage der Realisierung und Verankerung in einem konkreten informationsverarbeitenden System.

Um solche allgemein akzeptierten Verhaltensregeln für offene Kommunikationssysteme aufstellen zu können, ist eine von einem breiten Verständnis getragene **Modellbildung für Kommunikationssysteme** notwendig, die zunächst abstrakt und allgemein beschreibt, was unter rechnergestützter Kommunikation zu verstehen ist.

Dieses Modell muß

-       frei sein von speziellen Realisierungsvorstellungen,

-       genügend Flexibilität besitzen, um gegen neue technologische Entwicklung invariant zu sein,

-       spätere Benutzeranforderungen erfassen und sie integrieren können.

Ein großer Teil der Arbeit von nationalen und internationalen Normungsgremien (ISO/TC97/SC16, DIN/NI/AA16) ist der Entwicklung eines solchen Kommunikationsmodells und seiner Ergänzung durch konkrete Kommunikationsnormen gewidmet (ISO/TC97/SC16 International Standard 7498 - 'Information Processing Systems - Open Systems Interconnection - Basic Reference Model' November 1983)

Dieses Modell beschreibt die

        Kommunikation offener Systeme (Open Systems Interconnection, →OSI)

und wird als

→**Basis-Referenzmodell für die Kommunikation offener Systeme**

bezeichnet.

Das Modell soll dazu beitragen, die bisherigen technischen Grenzen für Kommunikation zu beseitigen. Dazu wird der Informationsaustausch **zwischen** Systemen betrachtet, nicht der innerhalb von Systemen. Das Modell enthält keine Implementierungsanleitung. Es ist ein abstraktes Modell, welches das Kommunikationsverhalten eines rechnergestützten Systems funktionell beschreibt. Von realen Gegebenheiten, z.B. der Betriebssysteme, wird abstrahiert. Kommunikation bedeutet einerseits, daß verschiedene Systeme sich gegenseitig 'hören', also Daten sicher und ungestört austauschen können. Andererseits müssen die kommunizierenden Menschen und Anwendungsprogramme sich auch gegenseitig 'verstehen' können, d.h. gemeinsam akzeptierte Umgangsregeln und ein gleiches Verständnis von der zu bearbeitenden Aufgabe besitzen. Die Kooperationsregeln zwischen Systemen müssen sich also sowohl auf den Bereich des Transports von Daten, der Übertragung von Informationen über physikalische Medien (B<—> B in Abb. 2.1), als auch auf den anwendungsbezogenen Bereich zur Ermöglichung von verteilten Anwendungen beziehen (M/A <—> M/A in Abb. 2.1). Die einheitliche Beschreibung der Mensch-Maschine-Schnittstellen M <····> B, d.h. z.B. Benutzerschnittstellen, Kommandosprachen, ist nicht Bestandteil des Modells, da sie systemintern sind und nicht das Kommunikationsverhalten nach außen berühren. Das gleiche gilt für die Beziehungen A <····> B, z.B. Sprachschnittstellen innerhalb der Systeme.

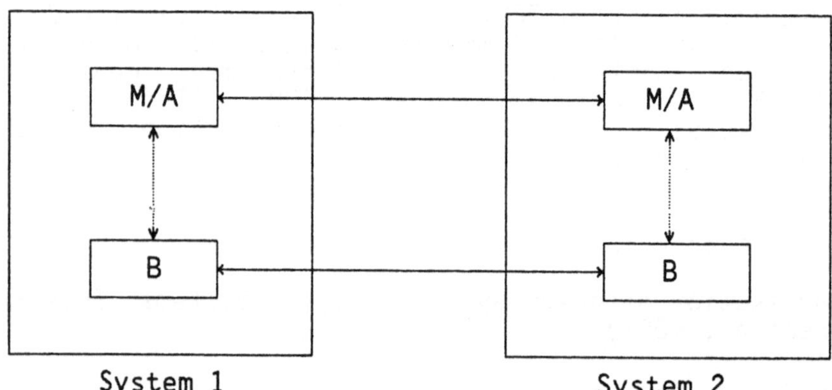

M : menschlicher Bediener
A : Anwendungsprogramm
B : Betriebssystem (einschließlich Hardware)

Abb. 2.1: Schnittstellen zwischen offenen Systemen

2.2 Das Telefonnetz - Eine Analogie

Entsprechend dem Anspruch des Referenzmodells, ein Modell für die Kommunikation in offenen Systemen zu sein, genügt es nicht, nur die physikalische Verbindung von Rechnern, den Datentransport zwischen ihnen festzulegen. Vielmehr muß das Kommunikationsverhalten der verbundenen Partner mit untersucht und modelliert werden.

Dabei wird das komplexe Phänomen der rechnergestützten Kommunikation hierarchisch in verschiedene Funktionsschichten zwischen dem physikalischen Medium und den eigentlichen Kommunikationspartnern zerlegt und diese detaillierter untersucht. Diese Schichtenbildung ist in Analogie zu sehen zu dem aus der Softwaretechnik bekannten Prinzip der funktionellen Abstraktion, der Zerlegung eines komplexen Problems in eine Hierarchie von einzelnen aufeinander aufbauenden einfacheren und damit leichter zu beherrschenden Teilfunktionen.

Das Prinzip dieser Schichtung sei am Beispiel einer menschlichen Kommunikation über das Telefonnetz erläutert, das in etwa als ein Muster für ein offenes Kommunikationsnetz angesehen werden kann.

> Ein Mann mit Namen Anton möchte mit seiner Freundin Berta, die bei ihren Eltern lebt, über den gemeinsam geplanten Urlaub in England reden. Da sie beide in Vorbereitung auf den Englandaufenthalt die Sprache einüben wollen, beschließt Anton, mit Berta Englisch zu sprechen.

Wie läuft nun dieses Gespräch strukturell ab?

1)   Anton greift zum Telefon, wählt eine bestimmte Nummer, 4711; er stellt fest, daß die Nummer frei ist. Gleichzeitig ertönt aus dem Apparat 4711 ein Klingelzeichen. Dieses Klingelzeichen besagt, daß jemand von einem anderen Apparat anruft, d. h. daß die beiden Apparate miteinander verbunden sind. Es ist nicht möglich, ohne die existierende Verbindung zu zerstören, von den beiden Geräten aus eine andere Verbindung aufzubauen.

2)   Die Mutter von Berta nimmt den Hörer ab und meldet sich oder wartet darauf, daß sich der Anrufer meldet. Mit der Abnahme des Hörers von der Gabel ist der Wunsch von Anton, eine Telefonverbindung aufzunehmen,

positiv bestätigt und diese Verbindung ist nun in einem Modus, der es erlaubt, zu sprechen und zu hören.

Dies ist uns allen wohl bekannt, und wir verlassen uns darauf, daß das, was wir in die Muschel sprechen, auch in gleicher Weise beim Zuhörer ankommt, ohne uns darum zu kümmern, mit welchen mehr oder weniger komplizierten Mechanismen die Übertragung bewerkstelligt wird.

3) Nehmen wir an, die Mutter von Berta meldet sich mit: 'Hier Maier'. Daraufhin antwortet Anton: 'Hier Anton, kann ich bitte Berta sprechen'. Von diesem Moment an weiß Anton, daß er mit Bertas Mutter spricht und Bertas Mutter weiß, daß sie mit Anton spricht. Während vorher nur eine Verbindung zwischen den Telefonapparaten bestand, ist nun eine Verbindung zwischen Personen hergestellt. Die Mutter wird Berta rufen; diese wird das Telefon übernehmen und sagen: 'Ja, hier Berta, mit wem spreche ich?' Anton antwortet: 'Mit Anton, ich möchte mit dir über unsere Englandreise reden'. Berta: 'Gut, ich wollte dich deswegen auch gerade anrufen'. Anton: 'Kannst du das noch einmal wiederholen, das letzte habe ich nicht verstanden'. Berta wiederholt. Anton: 'Wir sollten Englisch sprechen, um es für die Fahrt zu trainieren'. Berta: 'O.k, reden wir Englisch'. Als weiteres ist nun eine Verbindung - oder hier besser eine Vereinbarung über Thema und Sprache für den folgenden Dialog getroffen worden.

.
. Dialog

.
Berta: 'Good-bye'
Anton: 'Good-bye'

Das Gespräch ist damit beendet und beide legen den Hörer auf.

Dieser Vorgang läßt sich funktionell in verschiedene Schichten untergliedern (s. Abb. 2.2) :

1. Schicht: Telefonapparate

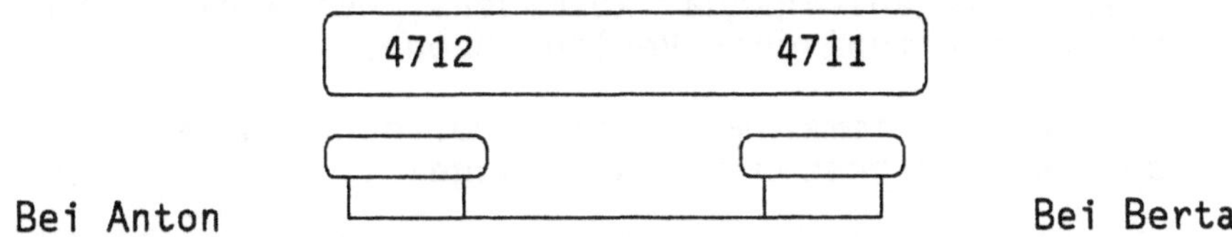

Bei Anton   Bei Berta

Durch den Wählvorgang und das Aufnehmen des Hörers wird eine Verbindung zwischen den Apparaten hergestellt. Anschließend kann gesprochen werden. Das Auflegen der Hörer beendet diese Verbindung.

2. Schicht: Personen

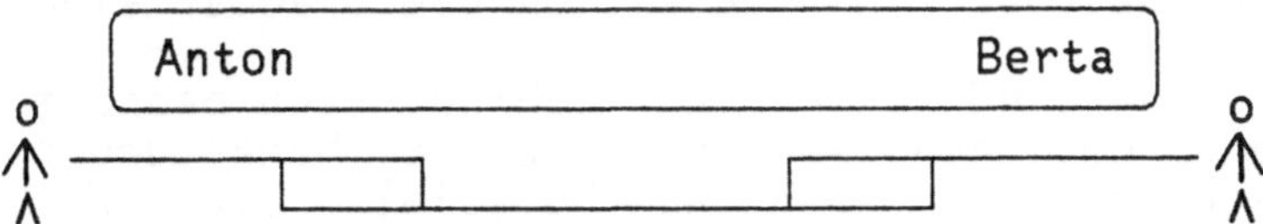

Personen melden sich oder stellen sich vor. Die Verbindung zwischen Personen ist damit hergestellt; sie wird durch entsprechende Abschiedsworte wieder beendet.

3. Schicht: Sprache/Thema

Die Verbindung zwischen den Personen ist hergestellt. Bevor der eigentliche Dialog beginnen kann, haben sie das Thema und - zumindestens im Prinzip - auch die Sprache zu vereinbaren, in der gesprochen werden soll. Diese letzte Vereinbarung erfordert natürlich eine gemeinsame Sprache für die Vereinbarung selbst.

4. Schicht: Eigentliches Gespräch

Anton   <——— Dialog ———>   Berta

Nun kann der eigentliche Dialog ablaufen.

Abb. 2.2: Funktionelle Schichten eines Telefongesprächs

Das Charakteristische an diesen Schichten ist, daß sie in
Bezug auf ihre Existenz 'ineinandergeschachtelt' sind, also
in gewisser Weise aufeinander aufbauen; weiterhin, daß sie
einen gemeinsamen typischen Verlauf haben:

-    Er beginnt immer mit einer **Eröffnungsphase** nach mehr
     oder weniger festen formalen Regeln;

-    dann folgt die eigentliche **Kommunikationsphase**, die
     Datenphase. Sie ist in verschiedenen Schichten unter-
     schiedlich stark ausgeprägt.

-    In jeder Schicht wird die Verbindung in einer **Beendi-
     gungsphase** aufgelöst.

Anhand dieses anschaulichen Beispiels können noch einige
weitere Merkmale diskutiert werden, die später analog auf
die rechnergestützte Kommunikation übertragbar sind:

-    Eine Verbindung in einer Schicht kann beendet und eine
     neue begonnen werden unter Beibehaltung der unter-
     lagerten Verbindungen. Beispiele sind Wechsel von
     Sprache und Thema zwischen Anton und Berta, Wechsel
     der Gesprächspartner an den Telefonapparaten.

-    Sind die beiden Hörer nach einem Wählvorgang abge-
     nommen, besteht also die Verbindung zwischen den
     Telefonapparaten, so sprechen beide Partner mitein-
     ander, ohne die Problematik der Sprachübertragung
     ständig beachten zu müssen. Die Sprachübermittlung
     wird als weltweite →**Dienstleistung** (→service) des
     Telefonnetzes den Benutzern zur Verfügung gestellt.

-    Der Telefonapparat ist ein Gerät, mit Hilfe dessen man
     Zugang zu der Dienstleistung 'Fernsprechen' der Deut-
     schen Bundespost erlangt. Dieser Apparat wird an einem
     bestimmten Ort installiert und mit einer Telefonnummer
     versehen. Abstrakt formuliert repräsentiert er einen
     adressierbaren Zugangspunkt zu einer Dienstleistung
     (→**Dienstzugangspunkt**, →service access point).

-    Der Dienstzugangspunkt Telefonapparat hat eine
     Adresse, die Telefonnummer, über die er erreicht
     werden kann. Über eine weitere Adresse, einen Namen,
     erreicht man dann die gewünschte Person.

-    Die Dienstleistung, die hier geboten wird, hat
     bestimmte Eigenschaften bzw. eine bestimmte Dienstgü-
     te. Diese Eigenschaften muß man bei Inanspruchnahme
     der Dienstleistungen berücksichtigen, bzw. sie sind

Erfolgreiche Kommunikation beinhaltet immer den Austausch von Informationen und darüber hinaus eine Informationsbearbeitung, die durch den Zweck der Kommunikation bestimmt ist. Die →**Anwendungsinstanzen** sind die logischen Einheiten, zwischen denen diese Kommunikation letztlich stattfindet. Zweck und Inhalt der Kommunikation zwischen den Anwendungsinstanzen sind je nach Anwendung unterschiedlich. Eine Anwendungsinstanz ist in dem Referenzmodell nur durch ihre Fähigkeit zur Kommunikation über bestimmte Themen charakterisiert. Sie ist eine Abstraktion, hinter der sich real z.B. ein menschlicher Bediener an einer Dialogstation, ein Datenbankverwaltungs- oder -zugriffsprogramm oder ein Prozeßkontrollprogramm verbergen kann. Die interne Struktur der realen Objekte für Anwendungsinstanzen wird in dem Referenzmodell nicht betrachtet. Nur die Aspekte werden erfaßt, die für die Kommunikation von Bedeutung und bei ihr sichtbar sind.

Anwendungsinstanzen sind immer in →**Endsystemen** lokalisiert, den eigentlichen Quellen und Senken der Kommunikation. Ein System des Architekturmodells braucht nicht mit Komponenten der realen Welt identisch zu sein, wie z. B. Benutzerstationen, Rechnern, Vermittlungsknoten. Auch das System ist eine Abstraktion, das nur bezüglich seiner Kommunikationseigenschaften, als Träger der Anwendungsinstanzen, beschrieben ist. Ein Endsystem kann z.B. durch eine einzelne Benutzerstation, eine Gruppe von solchen Stationen, einen einzelnen Rechner oder ein ganzes Rechnernetz repräsentiert werden (s. Abb. 2.4).

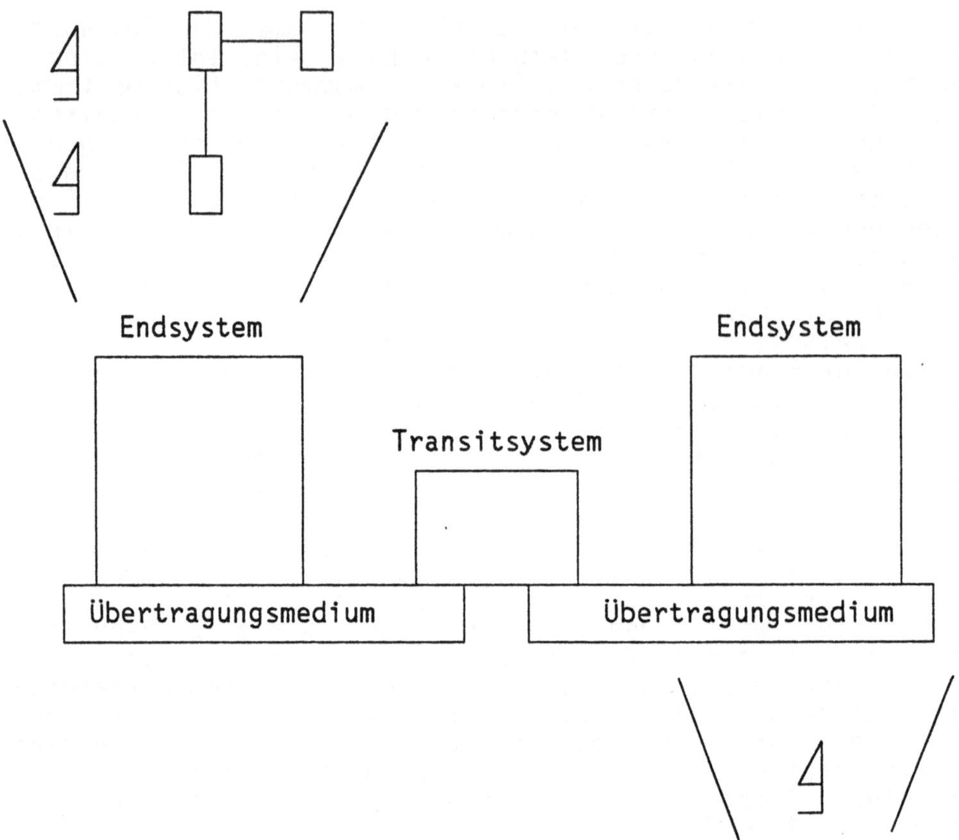

Abb. 2.4: Endsysteme und reale Welt

→**Transitsysteme** sind im Modell alle Übertragungs- und Ver-
mittlungshilfsmittel, die allen Endsystemen gemeinsam sind.
Es ist nicht festgelegt, welcher Teil der realen Welt System
genannt wird. Deshalb können alle Übertragungs- und Vermittlungseinrichtungen als ein einziges Transitsystem angesehen werden. Sofern die Verbindung über eine Reihe von
realen Netzen führt, können diese aber auch einzeln als
Transitsysteme sichtbar gemacht werden. Diese Aufteilung
kann verfeinert werden bis zu den einzelnen Vermittlungsknoten eines Netzes (s. Abb. 2.5).

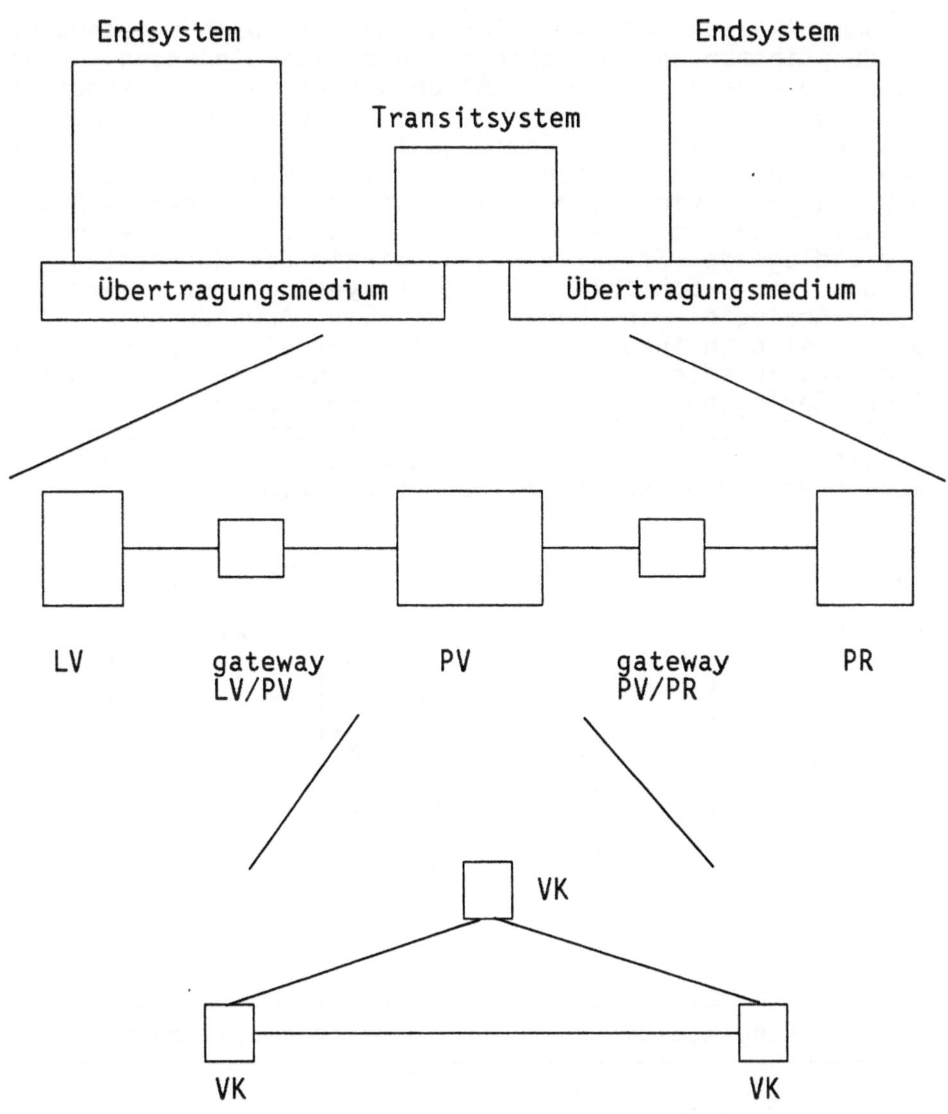

Abb. 2.5: Transitsysteme und reale Welt

Die Kommunikation und der Informationsaustausch zwischen den Anwendungsinstanzen geschieht über →**Verbindungen**. Diese müssen aufgebaut und schließlich wieder beendet werden. Es ist ausdrücklich zu betonen, daß hier eine verbindungsorientierte zweiseitige Kommunikation modelliert wird. Verbindungslose, transaktionsorientierte, 'broadcast'-ähnliche Kommunikation, wie sie beim Rundfunk oder in lokalen Netzen (s. Kap. 5) betrieben wird, ist hier zunächst ausgeklammert. Das grundlegende →Strukturierungsprinzip des Referenzmodells ist das der →**Schichtenbildung** (layering, s. hierzu die Telefon-Analogie in Kap. 2.2). Die Anwendungsinstanzen stützen sich in ihrer Kommunikation auf eine Hierarchie von →Kommunikationsdiensten (→services), die aus der funktionellen Zerlegung der in jeder Kommunikation auftretenden formalen Komponente hervorgeht. Ein in der Hierarchie höherer Kommunikationsdienst umfaßt dabei alle in der Hierarchie niedrigeren Kommunikationsdienste (Abb. 2.6).

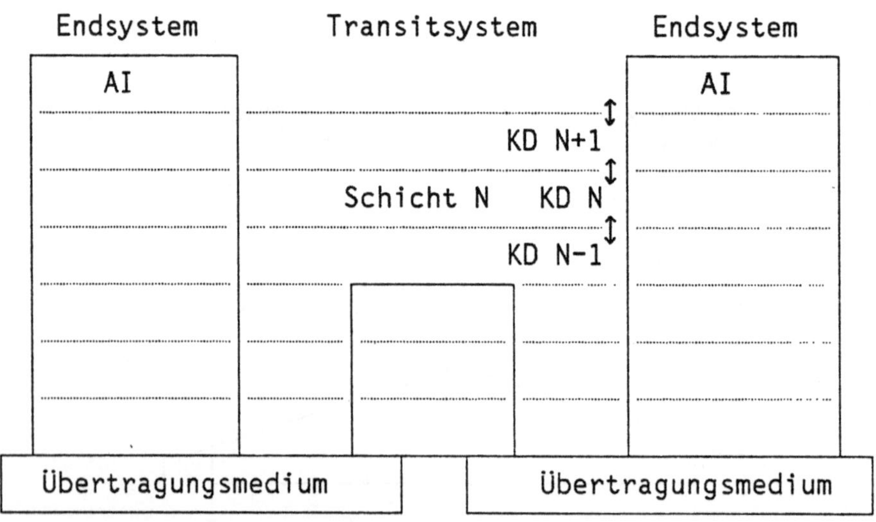

AI :   Anwendungsinstanz
KD :   Kommunikationsdienst

Abb.2.6:   Hierarchie von Funktionsschichten und Kommunikationsdiensten

Ein Kommunikationsdienst definiert im Modell, was zur Verfügung gestellt wird, nicht wie dieses realisiert ist. Der Dienst ist in seinem Leistungsumfang, seiner Semantik beschrieben, nicht in seiner Syntax.

Auf diese Weise entstehen →**Funktionsschichten.** Diese erstrecken sich ebenso wie die Kommunikationsdienste über Systemgrenzen hinweg. Was eine derartige Funktionsschicht zu leisten hat, ist durch die sie unmittelbar eingrenzenden Kommunikationsdienste als funktionale Differenz zwischen dem jeweils höheren und dem niederen Kommunikationsdienst bestimmt. Diese Funktionalität, die in einer Schicht zu dem sie begrenzenden niederen Kommunikationsdienst addiert werden muß, um den höheren Kommunikationsdienst zu erfüllen, wird in den einzelnen Systemen durch →**Instanzen** (→entities) erbracht.

Eine Instanz ist dabei die Abstraktion von den in den einzelnen Systemen lokalisierten konkreten Prozessen oder Prozeßteilen. Sie ist der abstrakte, funktionelle Träger der in einer Schicht in diesem System erbrachten Dienste.

Auf diese Weise entsteht aus der Hierarchie von Kommunikationsdiensten eine Hierarchie von Instanzen.

Jede Instanz kommuniziert unmittelbar nur mit den Instanzen im eigenen System, die direkt oberhalb oder unterhalb liegen. Es sei bemerkt, daß es oberhalb der höchsten Schicht und unterhalb der untersten Schicht keine Schicht mehr gibt. Instanzen der gleichen Schicht in verschiedenen Systemen heißen →**Partner-Instanzen** (→peer entities).

Der Dienst für eine höhere Schicht wird von den Partner-Instanzen der unterlagerten Schicht an →**Dienstzugangspunkten** (→service-access-points) in den jeweils zugehörigen Systemen erbracht. Diese Dienstzugangspunkte (s. Analogie Telefon-Apparat in Kap. 2.2) sind die abstrakte Modellierung der Schnittstellen von Programmen oder Prozessen zwischen den Funktionsschichten. Sie sind die Interaktionspunkte zwischen dem - systemübergreifenden - Diensterbringer und dem Dienstbenutzer.

Zur Erbringung eines Dienstes, zur Ausfüllung der Funktionalität einer Schicht, kommunizieren die Partner-Instanzen
einer Schicht unter Inanspruchnahme der Dienstleistung der
unterlagerten Schicht. Die Kommunikationsregeln für Instanzen einer Schicht heißen →**Schichten-Protokoll**. Für diese
Kommunikation werden die Partnerinstanzen über ihre Dienstzugangspunkte verbunden. Die Verbindung der Instanzen einer
Schicht heißt →**Schichtenverbindung** (s. Abb. 2.7). So wird
die Instanzenhierarchie ergänzt durch eine entsprechende
Hierarchie von Protokollen.

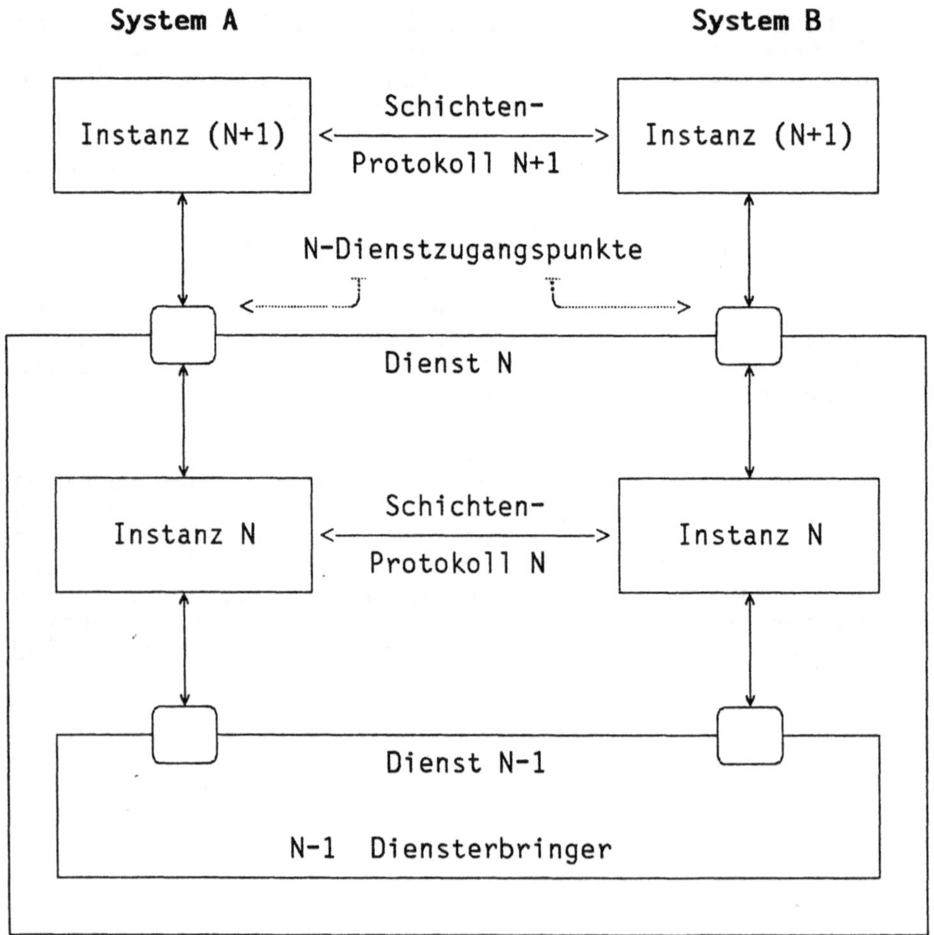

Abb.2.7: Modell einer Schicht und der Interaktionen
          mit den benachbarten Schichten

Beispiele für solche Kommunikationsregeln zwischen Partner-
instanzen zur Erfüllung einer Dienstleistung sind Klingeln,
Freizeichen und Ende des Freizeichens nach Hörerabnehmen bei
Telefonapparaten oder Prüfbytes bei Datensendungen und das
wiederholte Senden von gestörten Datenblöcken, um höheren
Instanzen einen gesicherten Datentransport zu gewährleisten.

Die Instanzenhierarchie darf man dabei nicht als Vorgabe
ansehen, wie ein System in einer Implementierung real zu
entwerfen ist. Sie ist lediglich als eine 'Kommunikations-
ersatzschaltung' für ein System aufzufassen, die ein bestimmtes Kommunikationsverhalten beschreiben soll. Dieses
Kommunikationsverhalten ist in Protokollen ausgedrückt, die
einen Satz von semantisch und syntaktisch festgelegten
Regeln darstellen, die von den untereinander kommunizierenden Instanzen bzw. Systemen einzuhalten sind.

2.4 Die Schichten des Referenzmodells

Welches ist nun eine sinnvolle Schichteneinteilung eines Kommunikationssystems? Dazu gibt der ISO-Standard eine Reihe sehr allgemeiner Prinzipien an:

1) Nicht zu viele Schichten einführen, um die Probleme der Überschaubarkeit und des Zusammenwirkens der Schichten klein zu halten

2) Interaktionsstellen dort einrichten, wo die Interaktionen zwischen Komponenten minimal sind

3) Schichten bilden bei offensichtlich verschiedenen Funktionseinheiten oder Benutzung verschiedener Technologien

4) Gleiche Funktionen gleichen Schichten zurechnen

5) Schnittstellen belassen, die sich in der Vergangenheit bewährt haben

6) Schnittstellen so legen, daß Schichten möglichst rückwirkungsfrei auf die benachbarten Schichten aus hardware- und software-technologischen Gründen ausgetauscht werden können

7) Eine Schicht für verschiedene Grade der Abstraktion in Bezug auf Daten, deren Syntax und Semantik einführen

8) Eine Schicht so bauen, daß sie bezüglich ihrer Logik und Funktionen nur Schnittstellen zur oberen und unteren Schicht hat

9) Schichten in sich weiter unterteilen, wo es in Bezug auf den zu erbringenden Dienst und der damit verbundenen Protokolle notwendig wird

10) Das Umgehen von Teilschichten zulassen

Im folgenden werden die im Basis-Referenzmodell beschriebenen sieben Schichten einer Kommunikationsarchitektur vorgestellt. Die Reihenfolge des Vorgehens ist dabei 'bottom up', von den einfachen unterlagerten Übertragungsdiensten aufsteigend zu den anwendungsnäheren Diensten.

2.4.1 Bitübertragungsschicht

Zunächst einmal müssen benachbarte Systeme technisch in der
Lage sein, Bits über ein physikalisches Medium auszu-
tauschen. Es ist dabei vernünftig, daß die zu entwickelnde
Architektur auf einer Reihe von bisher entwickelten physikalischen Verfahren zur Datenkommunikation aufsetzt(z.B. V.24;
V.25; X.21). Dies führt zur Identifikation einer →**Bitüber-
tragungsschicht** (→**physical layer**) als unterster Schicht der
Kommunikation. Die Instanzen dieser Schicht stellen ihren
Benutzern - das sind die Instanzen der Schicht 2 - Dienste
zur Herstellung, Erhaltung und zum Abbau von ungesicherten
Systemverbindungen zur Verfügung. In der Datenphase leisten
sie bit-transparente, voll-duplex oder halb-duplex Übertragung. (Die hier identifizierte Schicht entspricht im
Beispiel von 2.2 der Schicht der Telefonverbindung.)

Hier sind also Protokolle (auch oft Prozeduren genannt)
festzulegen, die Bittransport zwischen benachbarten Systemen
ermöglichen, d.h. zwischen einem Endsystem und einem
Transitsystem, einem Datenendgerät (Rechner, intelligente
Benutzerstation) und dem nächsten Vermittlungsknoten des
öffentlichen Datennetzes. Der Bittransport ist ungesichert,
d.h. in dieser Schicht werden noch keine Verfahren zur
Erkennung und Behebung von Fehlern vorgesehen.

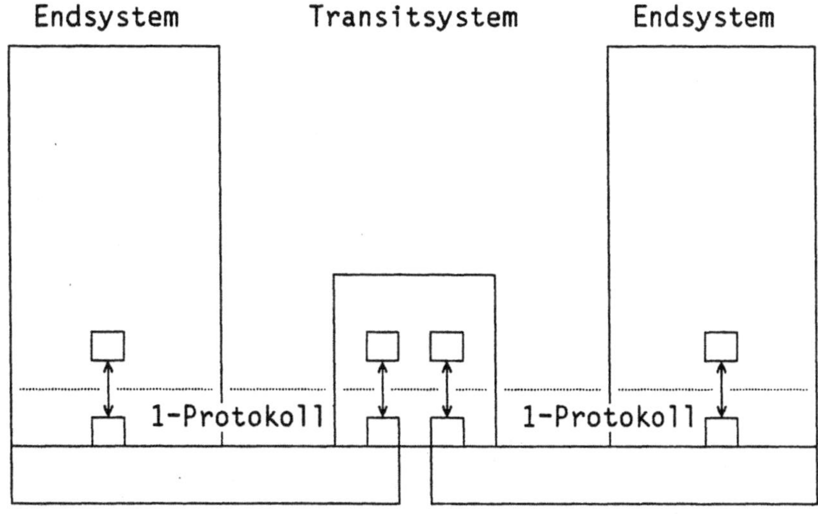

Abb.2.8:   Bitübertragungsschicht

Zusammenfassend läßt sich diese Schicht wie folgt charakterisieren:

Zweck der Bitübertragungsschicht:

- Bitübertragung zwischen benachbarten Systemen (Endsystem und Transitsystem)

Dienste für die überlagerte Schicht:

- Herstellung, Unterhaltung, Abbau von ungesicherten Systemverbindungen zwischen Instanzen der Schicht 2 in benachbarten Systemen
- Transparente Bitübertragung. Ein Benutzer-Datum des Bitübertragunsdienstes besteht aus einem Bit bei serieller und aus mehreren Bits bei paralleler Übertragung. Die Bits werden in der gleichen Reihenfolge übertragen, wie sie angeliefert werden.

Funktionen, die in dieser Schicht geleistet werden:

- Aktivierung, Deaktivierung von ungesicherten Systemverbindungen zwischen zwei Instanzen der Schicht 2
- Übertragung der Benutzerdaten des Bitübertragungsdienstes

2.4.2 Sicherungsschicht

Die physikalische Übertragung von Bits kann sehr fehler-
anfällig sein, abhängig von dem benutzten Übertragungsmedium. Dies ist insbesondere aus dem täglichen Umgang mit
dem Telefon bekannt. Solche ungesicherten Verbindungen sind
daher für eine Rechner-Rechner-Kommunikation ohne automatische Fehlererkennung und -behebung nicht benutzbar.
Spezielle Methoden und Techniken zur Anhebung der Qualität
solcher Übertragungsmedien sind seit Jahren in der Praxis
erprobt. Diese sind beispielsweise HDLC (High Level Data
Link Control, s. Kap. 4) oder SDLC (Synchronous Data Link
Control, s. Kap.3). Diese Verfahren sind aus der Notwendig-
keit entstanden, die Unzulänglichkeiten heutiger Übertragungsmedien bewältigen zu können. Sie beruhen im wesentlichen auf dem Prinzip, Bits zu blocken, die Blöcke zu
numerieren und mit Prüfbytes zu versehen, um so Datenverlust
oder Datenverfälschung erkennen und korrigieren zu können.
In Zukunft sind Medien denkbar, die diese Mängel nicht mehr
aufweisen (z.B. Glasfaser-Kabel).
Die Einrichtung einer →**Sicherungsschicht** (→**data link layer**)
ist damit erforderlich.

Die Dienstleistung der störanfälligen Bitübertragungsschicht
soll funktionell angehoben werden zu einem verbesserten
Dienst für die Betreibung von gesicherten Systemverbindungen
zwischen benachbarten Systemen.

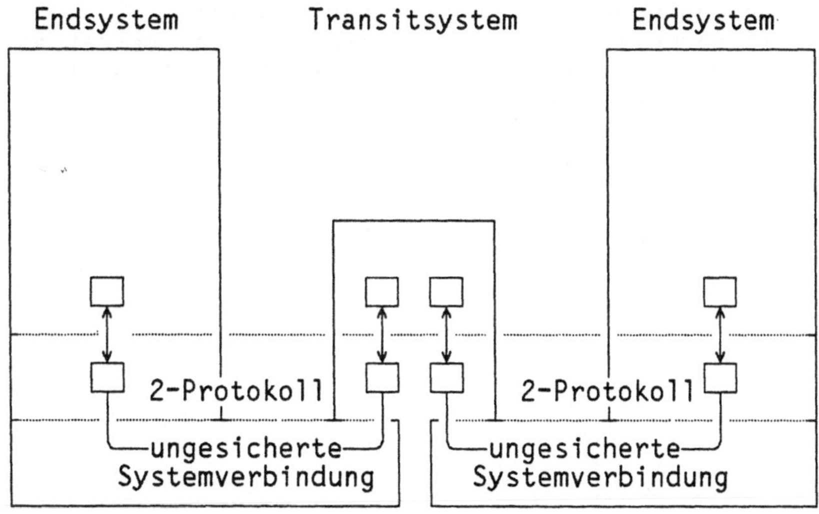

Abb. 2.9: Sicherungsschicht

Die zusammenfassende Übersicht für die Sicherungsschicht ist

Zweck der Sicherungsschicht:

- Verbessern von ungesicherten Systemverbindungen zu gesicherten Systemverbindungen durch Erkennen und Korrigieren von Fehlern der Bitübertragungsschicht

Dienste für die überlagerte Schicht:

- Aufbau und Abbau von gesicherten Systemverbindungen
- Übertragung von Benutzerdaten, d.h. Daten zwischen Partner-3-Instanzen
- Meldung nicht behebbarer Fehler an die überlagerte 3-Instanz

Funktionen, die in dieser Schicht geleistet werden:

- Aktivierung, Deaktivierung von gesicherten Systemverbindungen
- Abbildung von Benutzerdaten der 3-Instanzen auf 2-Protokolldaten, die zwischen den Partnerinstanzen der Sicherungsschicht ausgetauscht werden
- →Splitten einer gesicherten Systemverbindung auf mehrere ungesicherte Systemverbindungen, z.B. zur Erhöhung von Sicherheit und Qualität einer Systemverbindung (s. Abb. 2.10)
- Verfahren zur Sicherung der Übertragung durch Erkennung und Behebung von Übertragungsfehlern
- →Flußregelung (→flow control), d.h. Verfahren zur Verhinderung, daß eine 2-Instanz ihre Partnerinstanz mit Daten 'überflutet'

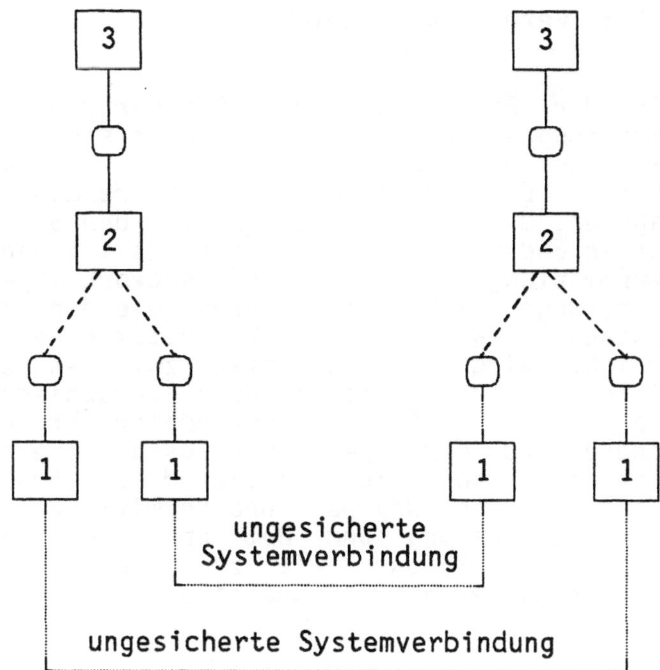

Abb. 2.10: Splitten einer Verbindung in der
Sicherungsschicht

Erläuterungen zu Abb. 2.10:

Die gesicherte Systemverbindung zwischen den Partner-3-
Instanzen wird, z.B. zur zusätzlichen Erhöhung der Qualität,
aufgespalten auf zwei ungesicherte Systemverbindungen
zwischen den benachbarten Systemen.

2.4.3 Vermittlungsschicht

Mit der Einrichtung der Bitübertragungsschicht und der
Sicherungsschicht ist gewährleistet, daß Daten (Bits)
zwischen benachbarten Systemen sicher ausgetauscht werden
können. Die letztlich kommunizierenden Anwendungsinstanzen
dagegen, die eigentlichen Quellen und Senken der Daten, sind
nur in Endsystemen lokalisiert. Es ist daher notwendig, eine
→**Vermittlungsschicht** (→**network layer**) oberhalb der
Sicherungsschicht einzuführen, die den transparenten Datenaustausch zwischen den Endsystemen ermöglicht. In dieser
Schicht wird der Datenpfad zwischen den Endsystemen ver-
mittelt, gegebenenfalls über verschiedene Transitsysteme.
Sie schirmt damit die Datenendeinrichtungen gegen das Netz-
innere und damit gegen den Zuständigkeitsbereich des Netz-
betreibers ab. Die Benutzer dieser Schicht erhalten Unab-
hängikeit von Wegewahl und Vermittlungsüberlegungen bezüglich Erstellung und Betrieb einer Endsystemverbindung.
Typische Funktionen wie z.B. die →Vermittlung (switching)
sind in dieser Schicht angesiedelt.

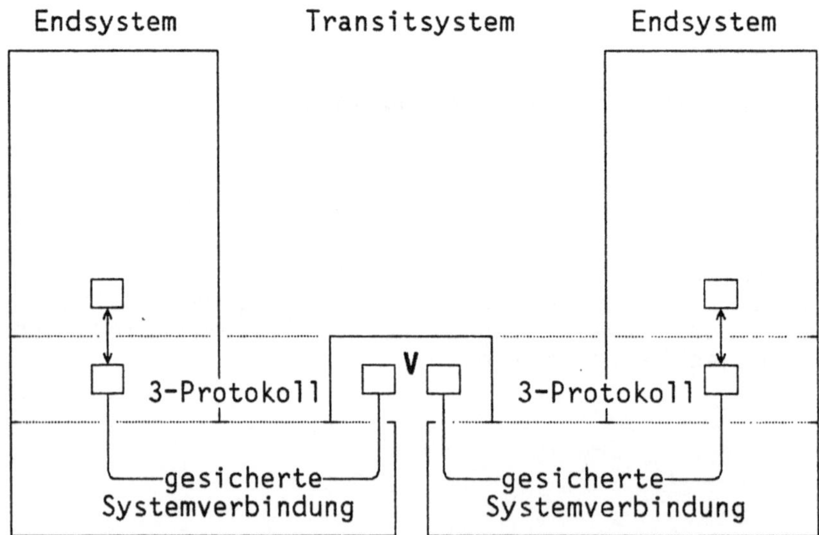

V: Vermittlungsfunktion

Abb. 2.11: Vermittlungsschicht

(Vermittlung sind die Funktionen, die ausgeführt werden, um Daten von ihrem Entstehungsort zu dem Zielort zu transportieren; Vermittlung = →Wege-Wahl und →Betriebsmittelzuordnung).
Die Vermittlungs-Schicht ist die unterste Schicht, die einen Datenpfad zwischen zwei Endsystemen etabliert. Transitsysteme, die nur die Funktion der Vermittlung und Weiterleitung von Daten zwischen Endsystemen haben, sind oberhalb des Schnittes zum Vermittlungsdienst nicht mehr sichtbar.

Die Vermittlung eines Datenpfades zwischen den Endsystemen schließt auch den Fall ein, wo mehrere Übertragungssysteme unterschiedlicher Technologie, auch länderübergreifend, in Serie oder parallel angewandt werden (s. Abb. 2.5).

Als zusammenfassende Charakterisierung kann aufgeführt werden:

Zweck der Vermittlungsschicht:

- Bereitstellung von Endsystemverbindungen zwischen (End-)Systemen, die kommunizierende Anwendungsinstanzen enthalten
- Endsystem/Transitsystemverbindungen werden gekoppelt zu Endsystem/Endsystemverbindungen
- Schicht-4-Instanzen sehen daher nur die Partner-Instanz im anderen Endsystem. Sie sind endsystemorientiert und unabhängig von Überlegungen zur Routenwahl und Betriebsmittelzuordnung

Dienste für die überlagerte Schicht:

- Aufbau und Abbau von Endsystemverbindungen zwischen zwei Schicht-4-Instanzen, repräsentiert durch ihre netzweit einheitlichen Endsystemadressen
- transparente Übertragung von Benutzerdaten (Dateneinheiten des Vermittlungsdienstes) zu bekannten Kosten
- verschiedene bei Verbindungsaufbau zu vereinbarende Qualitätsparameter wie Durchsatz, Übertragungsverzögerung
- Meldung nicht behebbarer Fehler
- →Vorrang-Datenübermittlung (→expedited data transfer)
- Rücksetzen (reset) einer Endsystemverbindung. Hierdurch können z.B. im Fehlerfall die Instanzen der Vermittlungsschicht veranlaßt werden, alle noch auf die Übertragung wartenden oder gerade auf der Übertragungsstrecke befindlichen Datensendungen zu ignorieren. Damit kann die Endsystemverbindung in einen neuen definierten Grundzustand versetzt werden

Funktionen, die in dieser Schicht geleistet werden:

- Vermittlung zwischen Endsystemen, d.h. Routenwahl und Betriebsmittelzuordnung
- Gesicherte Systemverbindungen werden gekoppelt zu einer Endsystemverbindung. Dabei können auch Übertragungsnetze verschiedener Technologien und verschiedener Qualitäten gekoppelt werden. Der gesamte Datenpfad hat dabei entweder die Qualität des qualitativ niedrigsten benutzten Teilnetzes oder aber letzteres muß durch zusätzlich geleistete Funktionalität der Schicht-3-Instanzen qualitativ angehoben werden
- →Multiplexen mehrerer Endsystemverbindungen auf eine gesicherte Systemverbindung zur besseren, kostengünstigeren Ausnutzung des Betriebsmittels 'Systemverbindung' (s. Abb. 2.12)
- Übertragung von normalen und vorrangigen Benutzerdaten. Vorrangdaten werden in der Vermittlungsschicht mit Vorrang vor etwa in einer Warteschlange zur Übertragung anstehenden Daten behandelt
- Segmentieren und Blocken von Benutzerdaten zur Vereinfachung ihrer Übertragung
- Fehlererkennung und -behebung bei der Datenübertragung, um eine vereinbarte Qualität des Vermittlungsdienstes zu erbringen
- →Flußregelung zur Steuerung des Datenstromes zwischen den Partner-3-Instanzen

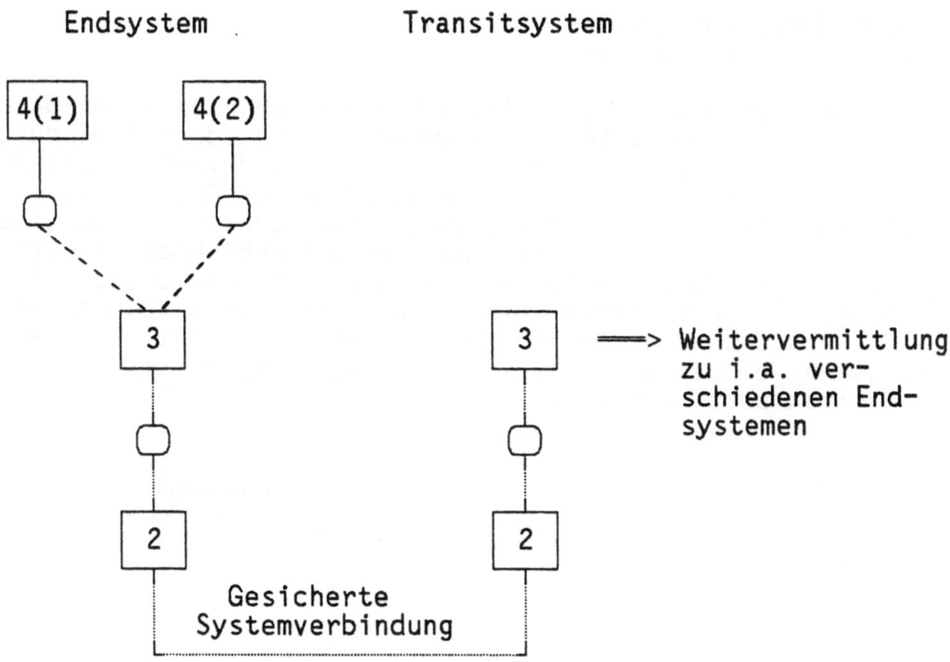

Abb. 2.12: Multiplexen in der Vermittlungsschicht

Erläuterung zu Abb. 2.12:

Für die verschiedenen Endsystemverbindungen der 4-Instanzen
4(1) und 4(2) in demselben Endsystem wird zur Optimierung
der Leitungsausnutzung dieselbe gesicherte Systemverbindung
zum benachbarten Transitsystem (Vermittlungsknoten) benutzt.
Von dort geschieht die Weitervermittlung dieser beiden
Endsystemverbindungen zu dem gleichen oder zu verschiedenen
Ziel-Endsystemen.

2.4.4 Transportschicht

Eine Endsystemverbindung liefert einen transparenten Datenpfad zwischen Endsystemen, in denen verschiedene Anwendungsinstanzen lokalisiert sein können. Die End-zu-End-Kontrolle
des Datentransports von der Datenquelle zur Datensenke, d.h.
zwischen zwei Endbenutzern, zwei Anwendungsinstanzen in den
Endsystemen, ist Aufgabe der →**Transportschicht** (→**transport layer**) oberhalb der Vermittlungsschicht. Diese ist die
oberste Schicht eines Datentransportsystems. Damit werden
alle Schichten oberhalb der Transportschicht von allen
Aufgaben eines effektiven, kostengünstigen und sicheren
Datentransports befreit.

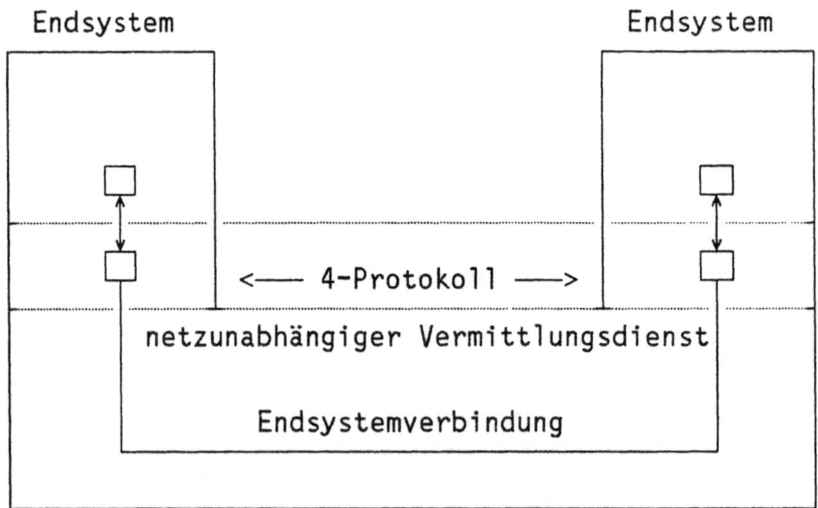

Abb. 2.13: Transportschicht

Es wird den Instanzen der oberen Schichten, die den Endbenutzer repräsentieren, eine umfassende Transportdienst-
leistung erbracht. Dieser Transportdienst erscheint dem
Benutzer als eine ideale Übertragungsdienstleistung. Aufgrund der vom Teilnehmer gewünschten Klasse und Qualität der
Dienstleistung wird - sofern dies die in der Schicht 4
implementierten Funktionen und die Qualität des unterlagerten Vermittlungsdienstes zulassen - eine entsprechende
Teilnehmerverbindung bereitgestellt. Diese nutzt die zur
Verfügung stehenden Vermittlungsqualitäten in optimaler und
kostengünstiger Weise gemäß den Anforderungen der Anwendung

(z.B. für Stapelfernverarbeitung, Echtzeitverarbeitung). Da
die Transportschicht die Kosten des Vermittlungsdienstes,
seine Qualität und die Anforderungen aller Benutzer des
Transportdienstes kennt, kann sie die zugrundeliegenden
Übertragungsmittel optimieren und den Bedürfnissen der
Teilnehmer anpassen.

Zusammenfassend wieder die Charakterisierung dieser Schicht:

Zweck der Transportschicht:

- Bereitstellung von Teilnehmerverbindungen zwischen Teilnehmern. Endsystemverbindungen werden erweitert zu Teilnehmerverbindungen unter optimaler Nutzung des zugrundeliegenden Vermittlungsdienstes. Unter einem →Teilnehmer
  ist dabei eine Zuordnung zwischen einer Anwendungsinstanz
  (s. 2.4.7), einer Darstellungsinstanz (s. 2.4.6) und
  einer Kommunikationssteuerungsinstanz (s. 2.4.5) zu verstehen.

Dienste für die überlagerte Schicht:

- Aufbau und Abbau von Teilnehmerverbindungen zwischen zwei
  durch ihre Teilnehmeradressen (Transportadressen)
  repräsentierten Teilnehmern
- Auswahl von Güteparametern, z.B. für Durchsatz, Ver-
  zögerungszeit, Restfehlerrate, Verfügbarkeit, die bei
  Aufbau der Verbindung angegeben werden
- Übertragung von Teilnehmerdaten
- →Vorrang-Datenübermittlung

Funktionen, die in dieser Schicht geleistet werden:

- Aufbau und Abbau von Teilnehmerverbindungen
- Abbildung von Teilnehmeradressen auf Endsystemadressen.
  Um zu dem gewünschten Teilnehmner eine Verbindung her-
  zustellen, muß zunächst über den unterlagerten Vermitt-
  lungsdienst eine Endsystemverbindung zu dem zugehörigen
  Endsystem aufgebaut werden
- →Multiplexen mehrerer Teilnehmerverbindungen auf eine
  Endsystemverbindung zur Optimierung der Nutzung zur Ver-
  fügung stehender Betriebsmittel (Analogie zu Abb. 2.12).
  Mehrfach genutzt wird hier die Verbindung zwischen zwei
  Endsystemen
- →Splitten einer Teilnehmerverbindung auf mehrere End-
  systemverbindungen, z.B. zur Erhöhung von Qualität und
  Sicherheit (Analogie zu Abb. 2.10)

- Übertragung von Benutzerdaten, transparent, fehlerfrei
  und kostengünstig.
- Vorrang-Datenübermittlung. Die vorrangige Datenübermittlung der Vermittlungsschicht (s. 2.4.3) bedeutet die
  Vorrangbearbeitung in einer Warteschlange in der Vermittlungsschicht, bezieht sich also auf eine Endsystemverbindung. Demgegenüber bezieht sich die vorrangige
  Datenübermittlung in der Transportschicht auf Daten einer
  Teilnehmerverbindung, auf Vorrangbearbeitung in einer
  Warteschlange der Transportschicht. Vorrangige Datenübermittlung der Transportschicht kann (muß aber nicht)
  mit Hilfe der Vorrang-Datenübermittlung der Vermittlungsschicht durchgeführt werden.
- →Flußregelung des Datenstromes zwischen zwei Teilnehmern

Das Datentransportsystem

Mit der Identifizierung dieser vier Schichten des OSI-Archi-
tekturmodells ist ein →Datentransportsystem beschrieben, das
anwendungsunabhängig transparente Datenübertragung zwischen
kommunizierenden Teilnehmern (Anwendern) ermöglicht. Anwendungsinstanzen können sich damit gegenseitig **'hören'** (s.
auch Abb. 2.1).

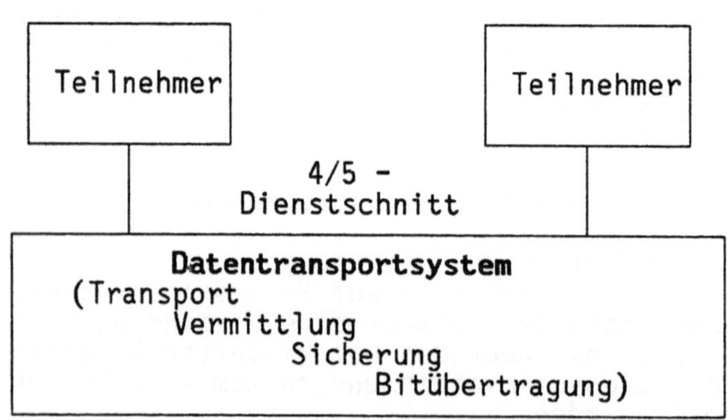

Abb. 2.14: Datentransportsystem

2.4.5 Kommunikationssteuerungsschicht

Die Schichten 1 bis 4 des Datentransportsystems sind durch systematische Verbesserung oder funktionelle Erweiterungen der Eigenschaften eines Transportmediums, welches in einem offenen Kommunikationssystem verwendet wird, entstanden. Dagegen werden die noch verbleibenden 3 Schichten aus der Betrachtung von Anwendungsprozessen und deren verallgemeinerbaren kommunikationsrelevanten Bestandteilen gewonnen. Die Diskussionen über die genauere Beschreibung dieser oberen Schichten ist noch nicht abgeschlossen, zumal Erfahrungen in der klaren Trennung von Funktionen in diesem Bereich noch nicht in ausreichendem Maß vorhanden sind.

Um jedoch das Kompatibilitätsproblem zu überwinden und offene Kommunikationssysteme zu ermöglichen, ist auch in diesem Bereich eine auf klaren Vorstellungen basierende Einigung notwendig.

Die Schichten 1 bis 4 bauen in ihrer Funktionalität streng hierarchisch aufeinander auf. Dieses Prinzip ist bei den folgenden drei Schichten nicht in solch reiner Form durchgehalten. Sie bilden eher eine nebeneinanderliegende sich gegenseitig ergänzende Gruppierung der kommunikationsbezogenen Aspekte, die für Anwendungen bedeutsam sind. Diese drei verbleibenden Gruppen können damit umschrieben werden, daß für jede geregelte Kommunikation gewissse formale Umgangsformen, ein Sprechen der gleichen Sprache und ein Denken in gleichen Begriffen (Verstehen) erforderlich sind.

Eine Kommunikationsbeziehung zwischen zwei Anwendungsinstanzen, die aufgenommen wird, um an einer gemeinsamen Aufgabe zusammenzuarbeiten, heißt →Sitzung (→session). Die →**Kommunikationssteuerungsschicht** (→**session layer**) als erste der anwendungsbezogenen Funktionsschichten stellt den höheren Instanzen Sprachmittel zur Verfügung, um eine Sitzung zu eröffnen, sie durchzuführen, zu steuern und wieder geordnet zu beenden. Durchführung der Sitzung bedeutet insbesondere Ermöglichung des Datenaustausches und der Synchronisation des Dialoges.

Kommunikation in einer Sitzung ist definiert als ein Prozeß zwischen Anwendungsinstanzen, um ein gemeinsames Anfangsverständnis durch Übertragen von Information gemeinsam zu erweitern. Dies erfordert Regeln, die den gemeinsamen Verständniszuwachs gewährleisten, die →Synchronisation. Hierdurch wird die Übereinstimmung zwischen den Kommunikationspartnern bezüglich der Verarbeitung ausgetauschter Informa-

tionen festgestellt, bzw. bei verlorengegangener Synchronisation dieses gemeinsame Verständnis durch Rücksetzen auf
einen früheren Punkt des Dialoges wiederhergestellt.

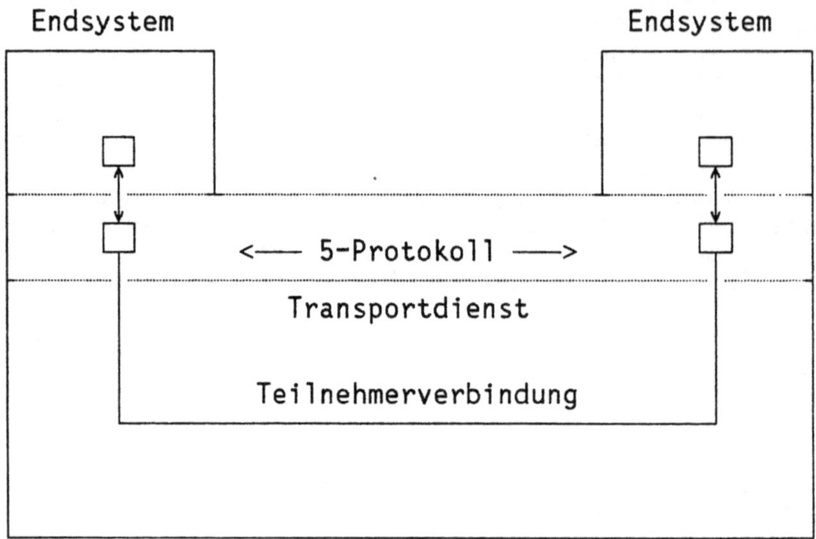

Abb. 2.15: Kommunikationssteuerungsschicht

Anwendungsinstanzen können gleichzeitig mehrere Sitzungen zu
derselben oder zu verschiedenen anderen Anwendungsinstanzen
unterhalten. Dabei ist zu jedem Zeitpunkt eine Sitzung
eindeutig einer Teilnehmerverbindung zugeordnet. Es gibt
kein Multiplexen oder Splitten von Sitzungen auf Teilnehmerverbindungen. Allerdings können die Lebensdauer von Sitzung
und zugeordneter Teilnehmerverbindung unterschiedlich sein.
Verschiedene Sitzungen können nacheinander dieselbe Teilnehmerverbindung benutzen (z.B. zwei kommunizierende Teilnehmer beenden einen Dialog und eröffnen sofort wieder einen
neuen zu einem anderen Thema) oder eine Sitzung kann über
verschiedene aufeinänderfolgende Teilnehmerverbindungen verteilt sein.

Zusammenfassend kann gesagt werden:

Zweck der Kommunikationssteuerungsschicht:

- Sie stellt Sprachmittel zur Verfügung zur Eröffnung
  einer Kommunikationsbeziehung (Sitzung), zur geordneten
  Durchführung und Beendigung derselben.
  Diese Sprachmittel dienen der Synchronisation, d.h. der
  Feststellung und Aufrechterhaltung von Übereinstimmungen
  zwischen kommunizierenden Anwendungsinstanzen

Dienste für die überlagerte Schicht:

- Aufbau und Abbau von Sitzungen zwischen Teilnehmern
  mit verschiedenen Qualitätsparametern
- normaler und beschleunigter Datentransport in einer
  Sitzung
- Sprachmittel zur Dialogverwaltung, wie Abgrenzung von
  'Aktivitäten' innerhalb eines Dialogs, Anforderung und
  Übergabe des Senderèchts
- Synchronisation durch Setzen von Synchronisationspunkten,
  Rücksetzen des Dialogs auf einen Synchronisationspunkt
- Meldung von Fehlern an die überlagerte Schicht

Funktionen, die in dieser Schicht geleistet werden:

- Die Funktionalität dieser Schicht entspricht im wesentlichen dem unmittelbaren Zurverfügungstellen der genannten Dienste auf der Grundlage des unterlagerten
  Transportdienstes
- In der Schicht 5 findet kein Multiplexen und kein
  Splitten von Verbindungen statt. Wie bereits geschildert,
  brauchen aber die Lebensdauer einer Sitzung und der
  unterlagerten Transportverbindung nicht übereinzustimmen
- Wegen der zuletzt genannten Eigenschaft ist eine ge-
  sonderte →Flußregelung in der Schicht 5 nicht erforderlich

2.4.6 Darstellungschicht

Außer geregelten Umgangsformen ist es erforderlich, daß
kommunizierende Anwendungsinstanzen die 'gleiche Sprache
sprechen', daß sie die Möglichkeit haben, sich auf einen
gemeinsamen →Begriffsvorrat (→presentation image, z.B.
Menge von abstrakten Datentypen) und eine gemeinsame Transfersyntax für die Darstellung der auszutauschenden Daten zu
einigen. Die →**Darstellungsschicht** (→**presentation layer**)
stellt den Anwendungsinstanzen Sprachmittel zur Verfügung
für Vereinbarung über Datenstrukturen, das sind z.B. Daten-
typ-Definitionen, die Syntax der Datentypen, Codierungsvereinbarungen, Datenkompression usw. Die auf diese Weise
ausgehandelte Syntax wird dann zum Transfer der Daten
zwischen den Anwendungsinstanzen benutzt.

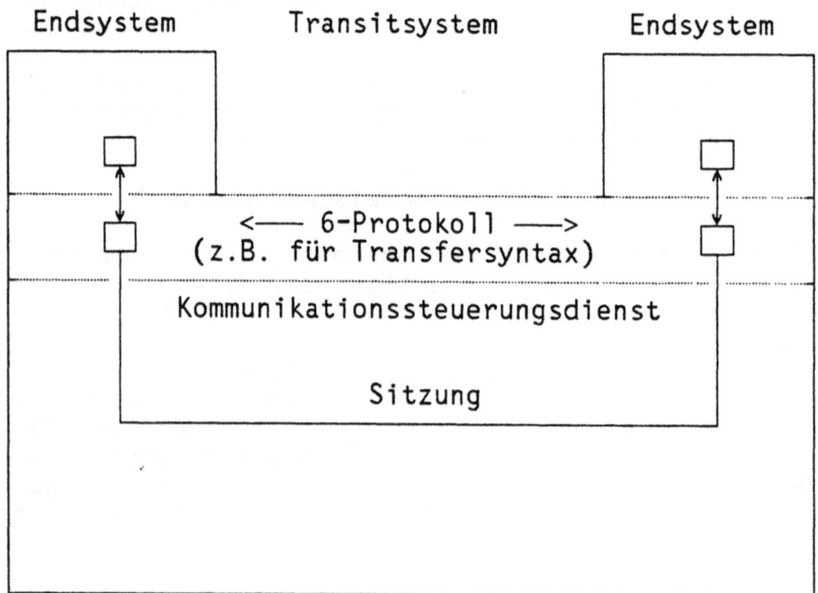

Abb. 2.16: Darstellungsschicht

Es ist denkbar - die Diskussionen hierzu sind noch nicht
abgeschlossen - daß es eine oder mehrere OSI-weite abstrakte
Syntaxen (→presentation images, Mengen von Datentypen und
Operationen auf ihnen) gibt, unter denen durch die Verhand-
lung über das Darstellungsprotokoll eine Auswahl getroffen

wird und weiter dazu die konkrete Syntax, d.h. die konkreten
Codierungsvereinbarungen festgelegt werden. Darüber hinaus
gehen die Überlegungen in die Richtung, eine Metasprache zu
definieren, in der die Anwendungsinstanzen über ihre zugeordneten Darstellungsinstanzen zunächst die abstrakte
Syntax selbst, also abstrakte Datentypen und zugehörige
Operatoren, beschreiben und vereinbaren können, ehe dazu
dann die konkrete Transfersyntax festgelegt wird.

Die Transformation der jeweiligen lokalen, im allgemeinen
herstellerspezifischen Datendarstellung eines Systems in die
Formate der Transfersyntax bzw. deren Rücktransformation
kann von den Darstellungsinstanzen vorgenommen werden (s.
Abb. 2.17).

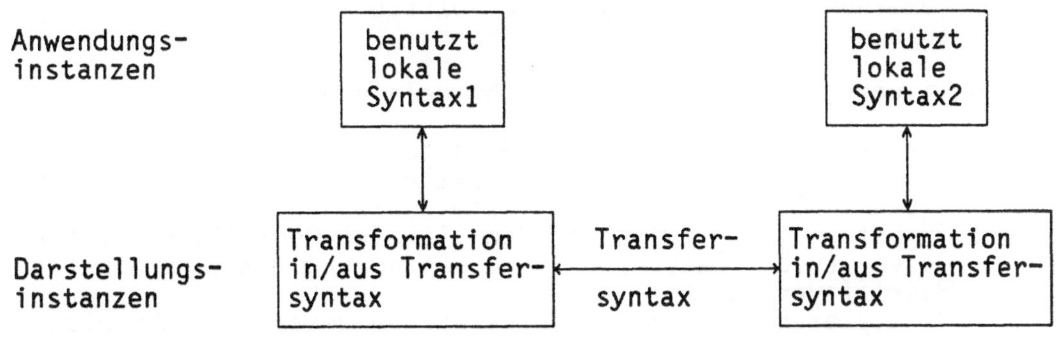

Abb. 2.17: Syntaxtransformation in der Darstellungsschicht

Damit werden die Anwendungsinstanzen von den Problemen der
einheitlichen Datendarstellung entlastet.

Die andere Möglichkeit, daß nach Aushandeln einer gemeinsamen Syntax zwischen den Anwendungsinstanzen diese auch
selbst die globalen syntaktischen Elemente benutzen, also
die entsprechenden Transformationen selbst durchführen, wird
im ISO-Standard zwar erwähnt, aber nicht weiter verfolgt.

Drei sehr wichtige Kommunikationsanwendungen, die stark auf
die Dienste dieser Schicht zurückgreifen, sind die Dienste
(siehe auch Kapitel 6)

        - Virtuelles Terminal
        - Übermittlung von Dateien
        - Übermittlung und Verwaltung von Aufträgen (RJE)

Die Zusammenfassung der Eigenschaften dieser Schicht ist:

Zweck der Darstellungschicht:

- Bereitstellung von Sprachmitteln zur eindeutigen Benennung
  und Darstellung von Begriffen. Über die Festlegung einer
  gemeinsamen Sprache, einer einheitlichen Menge von Datentypen und ihrer Darstellung wird der Informationsaustausch ermöglicht.

Dienste für die überlagerte Schicht:

- Auf- und Abbau von Verbindungen zwischen Anwendungsinstanzen
- Sprachmittel zur Vereinbarung von Begriffsvorrat
  (presentation image) und Darstellung (data syntax)
  zwischen den Anwendungsinstanzen

Funktionen, die in dieser Schicht geleistet werden:

- Realisierung der genannten Dienste
- Transformation zwischen lokaler Datendarstellung im
  System und vereinbarter Transfersyntax
- Transformation zwischen dem lokalen Begriffsvorrat für
  Daten (z.B. Datentypen) im System und dem vereinbarten
  Begriffsvorrat
- Multiplexen und Splitten sind in dieser Schicht nicht
  vorgesehen

2.4.7 Anwendungsschicht

Als oberste Funktionsschicht bleibt die →**Anwendungsschicht**
(→**application layer**). In ihr sind alle anwendungsspezifi-
schen, kommunikationsrelevanten Teile eines Anwendungs-
prozesses enthalten. Durch ihre Instanzen erhalten letzt-
endlich die Anwendungsprozesse Zugang zu der OSI-Welt; die
Anwendungsschicht stellt für einen Anwendungsprozeß ein
Fenster zu dem Partner-Prozeß dar, mit dem eine Kommunikationsbeziehung aufgenommen wird. Die Dienste der Anwendungsinstanzen sind somit nicht an eine höhere Schicht gerichtet,
sie werden unmittelbar von den Anwendungsprozessen benutzt.

Dienste dieser Art können z.B. sein

- Identifikation und Autorisierung der Kommunikations-
  partner
- Nachfrage, ob der Partner verfügbar ist
- Schutzmechanismen
- Vereinbarungen zur Kostenverteilung
- Vereinbarungen zur Synchronisierung kommunizierender An-
  wendungen
- Prozeduren zur Gewährleistung der Datenintegrität

Dieser   Bereich   entzieht   sich   bisher   weitgehend   einer
umfassenden Standardisierung. Es können bestenfalls einzelne
typische Anwendungen vereinheitlicht werden, z.B. Auskunfts-
systeme,   Datenbankanwendungen,   Materialverwaltung,   Nachrichtenaustausch (electronic mail), Dateiübertragung (file
transfer) usw. So wird gerade diese Schicht in eine Mehrzahl
anwendungsspezifischer   Teilschichten   oder   Gruppen   von
Funktionen zerfallen.

Zum Abschluß ist in Abb. 2.18 nochmals eine Übersicht über
die   sieben   Schichten   des   DIN/ISO   Basis-Referenzmodells
gegeben.

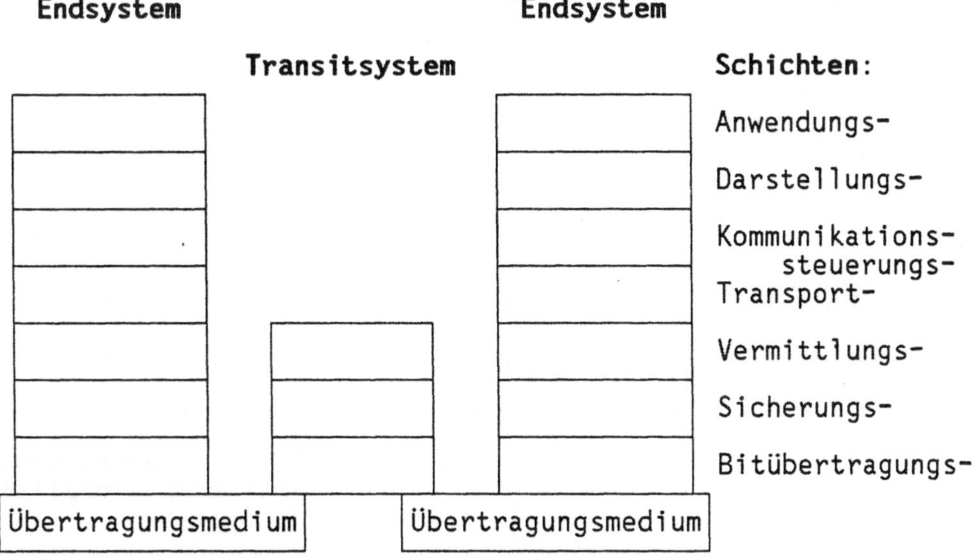

Abb.2.18: Das DIN/ISO 7-Schichten-Modell

2.5 Verteilte Anwendungen

In der Kommunikationsarchitektur des Basis-Referenzmodells sind die Anwendungsinstanzen die Quellen und Senken von Informationen, die in der zielgerichteten Zusammenarbeit (Kommunikation) zwischen ihren ausgetauscht werden. Aus der Sicht der Kommunikationsarchitektur sind alle Anwendungsinstanzen selbständig und unabhängig voneinander (Abb. 2.19); nur die Kommunikationsbeziehungen zwischen Anwendungsinstanzen in verschiedenen Systemen, die Sitzungen, in ihrem zeitlichen Ablauf werden gesehen (Abb. 2.20).

Mögliche logische Beziehungen zwischen Sitzungen zur Realisierung einer allgemeinen →verteilten Anwendung werden in dieser Sichtweise nicht erkannt, da das Modell auf zweiseitiger Kommunikation aufbaut.

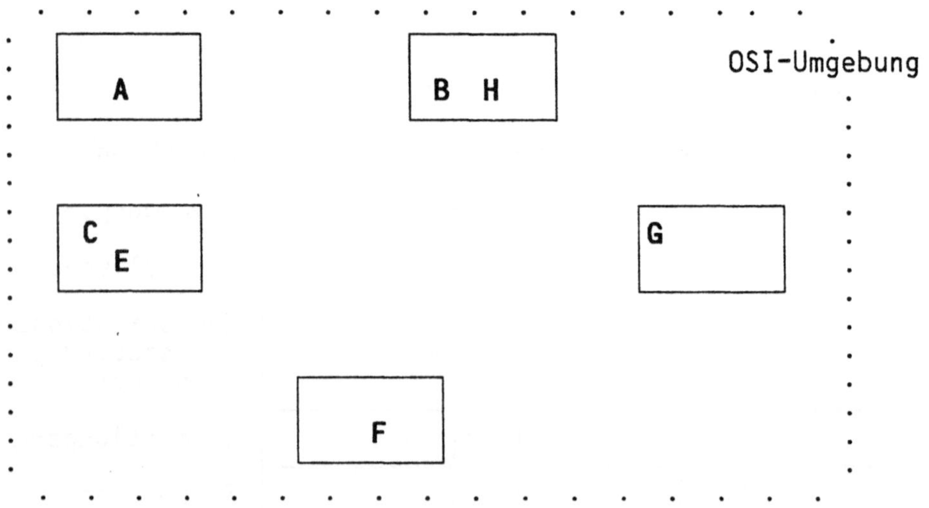

Abb. 2.19: Sicht auf die Kommunikationsarchitektur 'von oben'

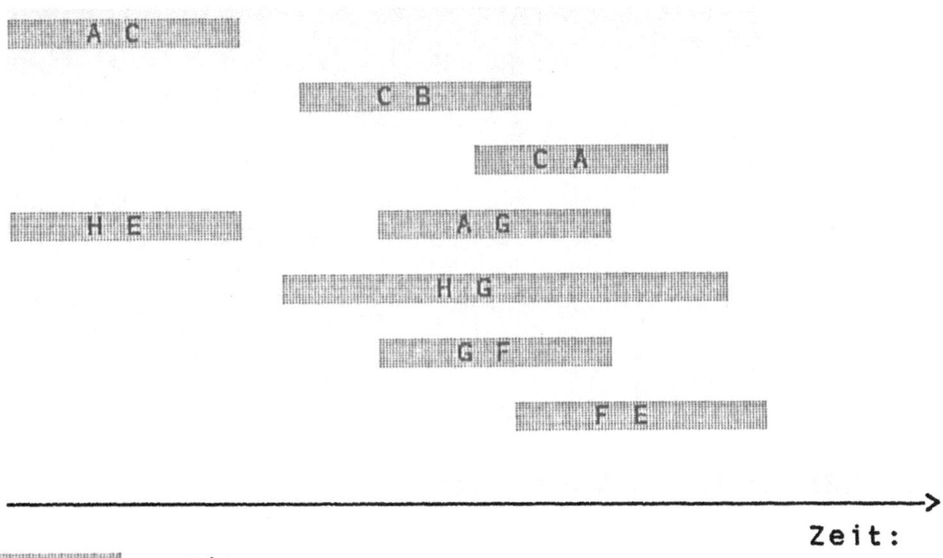

Abb. 2.20: Zeitlicher Ablauf von Sitzungen

Aus der Sicht des Anwenders, d. h. in das 'Innere' der
Anwendungsinstanzen hineingeschaut, kann eine verteilte Anwendung aus mehreren Anwendungsinstanzen in verschiedenen
Systemen bestehen, die je miteinander zweiseitig kommunizieren. Hierbei wird die anwendungsabhängige Beziehung zwischen verschiedenen Sitzungen sichtbar.

Ein Beispiel ist 'remote job entry' (s. Abb. 2.20). Ein
Auftrag wird von A nach C geschickt, im System von C
bearbeitet und die Ergebnisse anschließend an B ausgegeben;
gleichzeitig wird ein Erfolgsmeldung an A zurückgesandt.

Ein weiteres Beispiel ist eine verteilte Datenbank E-F-G,
die einen - verteilten - Anwendungsdienst realisiert. H
stellt eine Datenbankanfrage an G; G muß zur Erledigung
dieser Anfrage Informationen vom Partner F besorgen und
dieser von E. Während anschließend H schon zufriedengestellt
ist, besteht die Sitzungsbeziehung zwischen F und E noch für
Update-Arbeiten.

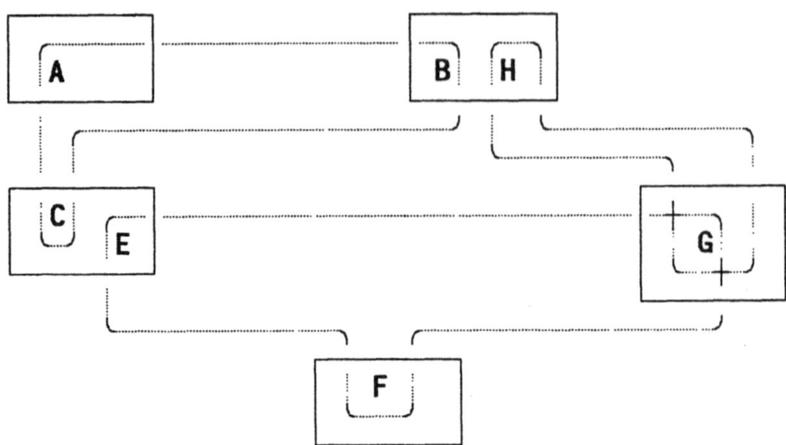

Abb. 2.21: Verteilte Anwendungen

Anwendungen dieser Art können sein

- verteilte Anwendungen, die in sich abgeschlossen sind
  (A-B-C in obigem Beispiel)

- verteilte Anwendungen, die anderen Anwendungsinstanzen
  einen Anwendungsdienst bieten
  (E-F-G liefern einen Dienst, der von H genutzt wird)

Anwendungen der zweiten Art können beliebig ineinander
geschachtelt sein, um letztlich von Anwendungen der ersten
Art genutzt zu werden. Dabei kann innerhalb solch einer
verteilten Anwendung eine Vielzahl von Anwendungsprotokollen
definiert sein.

Der Anwendungsdienst einer verteilten Anwendung wird gegenüber den ihn nutzenden Instanzen durch eine spezielle
Anwendungsinstanz, den 'Repräsentanten' dieses verteilten
Dienstes, repräsentiert (G in Abb. 2.21). Das bedeutet, der
Benutzer H sieht von außen nicht, wie der Dienst im
einzelnen realisiert ist. Nutzer H und Repräsentant G bilden
selbst wieder eine verteilte Anwendung.

Dies ist ein Strukturierungsprinzip durch Vernetzung und
Schachtelung von zweiseitigen Kommunikationsbeziehungen für
verteilte Anwendungen innerhalb der Anwendungsschicht. Es
ist orthogonal zu dem hierarchischen Prinzip der funktionellen Zergliederung in der Kommunikationsarchitektur. Beide
Prinzipien ergänzen sich damit rückwirkungsfrei.

2.6   Einführung in die Protokolle

Jede Schicht des ISO-Referenzmodells (Ausnahme →Anwendungs-
schicht) stellt der darüber liegenden Schicht eine Dienstleistung zur Verfügung. Es bleibt zu klären, wie diese
Dienstleistung von den Partnerinstanzen über eine →Schich-
tenverbindung an den →Dienstzugangspunkten erbracht wird.

Der Begriff →Schichtenprotokoll wird an einem etwas
formaleren Beispiel erläutert.

Weiter wird der Zusammenhang zwischen →Dienst und →Protokoll
herausgearbeitet.

Schichtenverbindung

Eine →**Schichtenverbindung** ist eine logische Verbindung zwischen zwei Partner-Instanzen einer Schicht, die für die Kommunikation zwischen beiden Instanzen eingerichtet wird.
Wesentlich ist dabei die Festlegung, wie solche Verbindungen
entstehen können, d.h.

-       wer eine Verbindung erstellt und

-       welche Konventionen bezüglich Namen (bzw. Adressen)
        gelten müssen, damit eine Verbindung hergestellt wer-
        den kann.

Das Herstellen einer Verbindung zwischen zwei Partner-
Instanzen kann nicht von ihnen selbst durchgeführt werden.
Vielmehr wird dies als Dienstleistung der unterlagerten
Schicht zur Verfügung gestellt. Aus diesem Grund sind zwei
Partner-Instanzen einer Schicht (N) stets über (N-1)-Ver-
bindungen miteinander verbunden.

Folgende Modellvorstellung liegt dabei zugrunde:

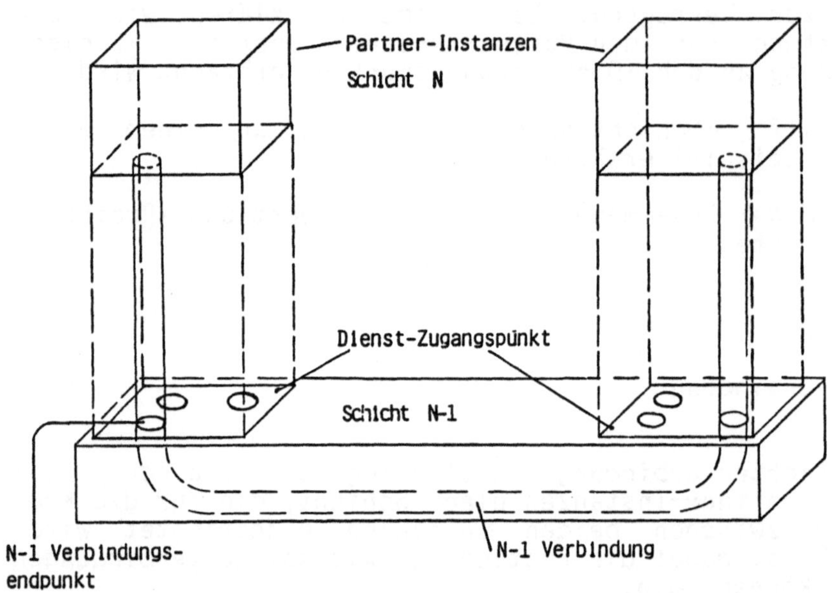

Abb. 2.22:   Modell einer (N-1)-Verbindung   zwischen zwei
(N)-Instanzen

Der →**Dienstzugangspunkt** der Schicht (N-1) modelliert mögliche Verbindungen zwischen einer Instanz der Schicht (N)
und evtl. mehreren Instanzen der Schicht (N-1). Ein Verzeichnis solcher Dienstzugangspunkte ist z.B. ein Telefon-
verzeichnis. Hier sind Zugangspunkte (Adressen) des Fern-
sprechdienste enthalten, über die Zuordnungen zwischen
Teilnehmer und Telefonapparat definiert werden. Für eine
Telefonvermittlung ist dieses Paar (Teilnehmer, Apparat) nur
unter einer Adresse, der Rufnummer bekannt.

Bei der Abnahme des Hörers von einem Apparat kann sich aus
Sicht der Vermittlung immer nur der Teilnehmer melden. (Daher sagt man auch bei der Annahme eines Gesprächs auf einem
fremden Telefon etwa: "Müller Apparat von Maier.")

Falls eine Instanz der Schicht (N) mehrere Dienstzugangspunkte zur Schicht (N-1) hat, so ist dieser Sachverhalt der
Schicht (N-1) unbekannt. Es ist nun möglich, zwischen zwei
Instanzen einer Schicht mehrere Verbindungen zu etablieren.
Um diese unterscheiden zu können, werden durch die dienst-
erbringende Schicht Identifizierer für die einzelnen Verbindungen vergeben.

Daher unterscheidet sich der (N-1) →**Verbindungsendpunkt** in
zweierlei Hinsicht von einem Dienstzugangspunkt:

1)   Ein Verbindungsendpunkt existiert i.a. nur so lange,
      wie eine Verbindung existiert.

2)   Der Identifizierer eines Verbindungsendpunktes ent-
      hält neben der eindeutigen Bezeichnung der Verbindung
      zweier Dienstzugangspunkte, zu der er Endpunkt ist,
      eine zusätzliche Kennung für Mehrfachverbindungen.

Zwei Eindeutigkeitsbedingungen müssen für Verbindungsend-
punkte und Dienstzugangspunkte gegeben sein:

1)   Die Adresse eines Dienstzugangspunktes muß in der
      diensterbringenden Schicht schichtenweit eindeutig
      sein.

2)   Der Identifizierer eines (N-1) Verbindungsendpunktes
      muß innerhalb der (N)-Instanz eindeutig sein.

Schichtenprotokoll

Ein →**Schichtenprotokoll** - oder kürzer ein Protokoll - ist eine Menge von Regeln und Datenformaten, mit deren Hilfe zwei Partner-Instanzen über eine Verbindung gemeinsame Funktionen erfüllen, d.h. innerhalb einer Schicht den geforderten Dienst realisieren.

Dazu ein Beispiel aus dem täglichen Leben der Bundesbahn:

Die beiden Partner-Instanzen sind zwei Fahrdienstleiter in den Orten A und B.

Die Verbindung ist eine Telefonverbindung.

Die gemeinsame Funktion ist die Streckensicherung zwischen A und B bei eingleisiger Verkehrsführung.

Die Datenformate sind 'Anbieten', 'Annehmen', 'Abmelden' und 'Rückmelden'.

Anbieten	Annehmen	Abmelden	Rückmelden
Wird Zug 1325 angenommen?	Zug 1325 ja		Zug 1325 in Bstadt
Wird Zug 1325 angenommen?	Zug 1325 ja	Zug 1325 voraussichtlich ab 28	Zug 1325 in Bstadt
Wird Zug 1325 angenommen?	Zug 1325 ja	Zug 1325 ab 28	Zug 1325 in Bstadt
Wird Zug 4706 angenommen?	Nein warten		

Die Regeln sind abgestimmt auf bestimmte Situationen, wie sie zwischen den beiden Orten A und B vorliegen, d.h. es gibt je nach den Bedingungen spezielle Protokollvarianten. Eine davon ist:

Zwischen den Zugmeldestellen liegt keine Blockstelle. Die dann anzuwendenden Regeln sind für einen Zug von A nach B:

Regeln:

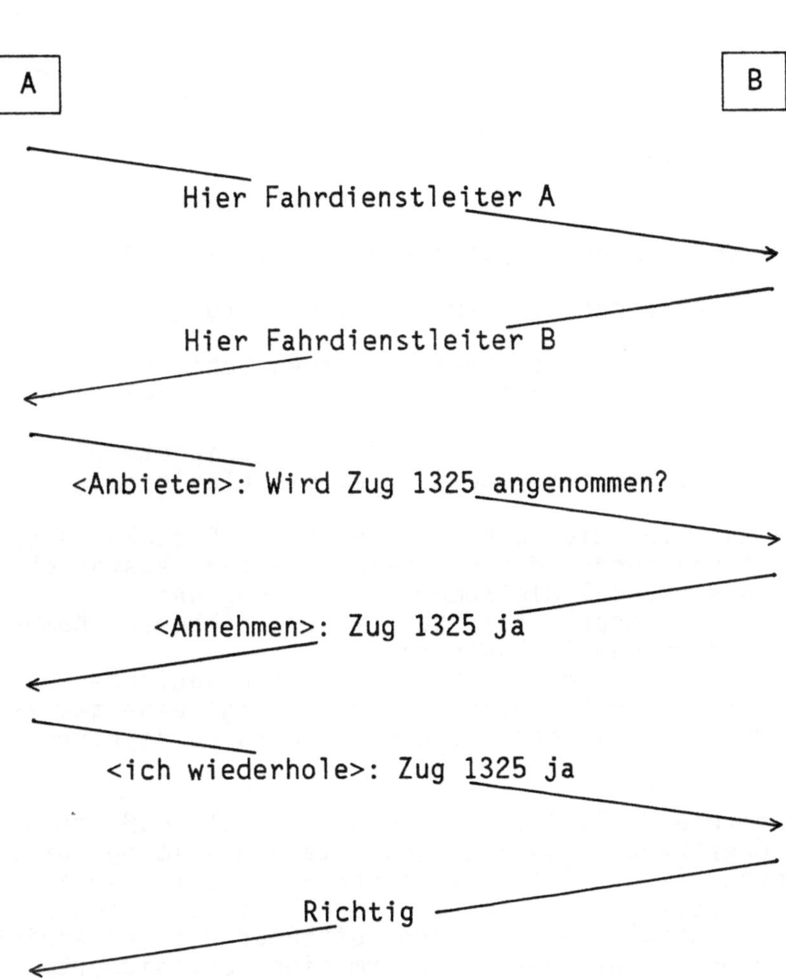

Abb. 2.23: Protokollablauf für Zug-Streckensicherung

Dieses Protokoll enthält zunächst einen Kommunikationszyklus:

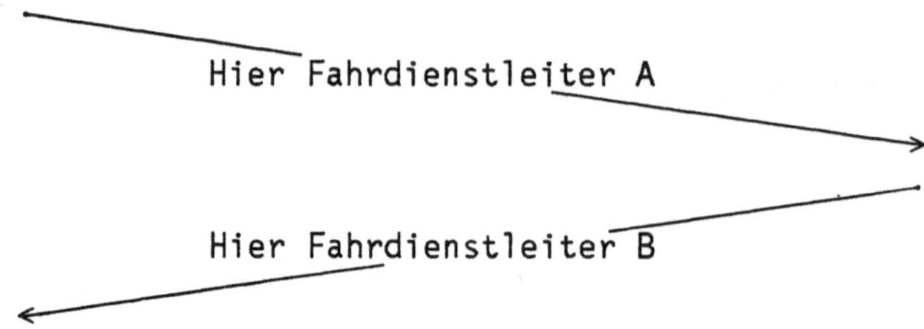

Abb. 2.24: Kommunikationszyklus zur Teilnehmerkennung

Dieser Zyklus hat eine zweifache Bedeutung

1)   Er sichert auf einer 'höheren Schicht' die durch das
        Telefonnetz hergestellte Verbindung zwischen den bei-
        den Teilnehmern ab.
        Dieser Aspekt wäre durch eine geeignete Dienstleistung
        des Transportsystems ersetzbar (Teilnehmerkennung).

2)   Es sind die nach den Regeln des Protokolls ersten In-
        formationen, die die beiden Partner austauschen. Beide
        wissen, daß die Kommunikation beginnt.
        Dieser Aspekt ist bei einer sicheren Kommunikation
        außerordentlich wichtig.
        Man ist beim Eintreten in ein laufendes Gespräch am
        Anfang recht unsicher und benötigt eine gewisse Zeit,
        um sich mit den übrigen Partnern zu "synchronisieren".

Der weitere Verlauf des Protokolls zeigt, daß offensichtlich
die Übertragungsqualität der Telefonleitung für den ange-
strebten Zweck (Streckensicherung) nicht ausreicht. Besonders deutlich wird dies an den Elementen <ich wiederhole>
und 'richtig'. Damit wird offenbar die in <Anbieten> und
<Annehmen> übertragene Information abgesichert. Aber auch
<Anbieten> und <Annehmen> enthalten solche Komponenten.

Denn folgendes ist vorgeschrieben:

Derjenige, der die Verbindung aufgebaut hat (also A), beginnt nach dem Erhalt der Information 'Hier Fahrdienstleiter B' mit <Anbieten>. Hört nun A <Annehmen>, so empfängt er zweierlei Information

- die explizite aus <Annehmen>

- die durch das Übereinstimmen der Zugnummern (1325) ausgedrückte Bestätigung, daß Anbieten verstanden wurde.

Das Protokoll liefert also den protokollabhandelnden Instanzen zweierlei Information, die beide von Wichtigkeit sind:

- die explizit übertragene

- die implizite, daß der Partner das Vorangehende verstanden hat.

Es seien noch einige Aspekte aufgezeigt, die bei menschlicher Kommunikation eine untergeordnete Rolle spielen, aber bei automatisch ablaufenden Protokollen zwischen Rechnern von großer Bedeutung sind. Sie betreffen im wesentlichen Ausnahmesituationen, also nicht erwartetes Verhalten eines Kommunikationspartners oder der benutzten unterlagerten Dienstleistung.

Dabei sind beispielsweise folgende Fragen zu klären:

- was ist zu tun, wenn ein Partner längere Zeit nicht antwortet?
- was ist zu tun, wenn er eine nicht erwartete Antwort gibt?
- werden alle Situationen behandelt, welche aus einer unterlagerten Schicht entstehen können?
- sind die Regeln der Kommunikation in der Weise stabil, daß sie nicht in eine ausweglose Situation gerät, in der sie stehen bleibt und weder mit Fehlerbedingungen, noch auf normalem Weg endet?
- werden alle regulär vorgesehenen Phasen einer Kommunikation im tatsächlichen Ablauf auch erreicht?

Die Berücksichtigung und Behandlung dieser Punkte beim Entwurf eines Protokolls sind außerordentlich schwierig und lassen es selbst für einfache Funktionen sehr komplex werden.

Dienst und Protokoll

Jede Schicht erbringt an ihrer oberen Schnittstelle einen
→**Dienst** für die nächst höhere Schicht. Zur Erbringung dieser
Dienstleistung bedient sie sich der Dienste der nächst
niedrigeren Schicht.

Ein Protokoll muß somit die Differenz zweier Dienste modellieren, nämlich exakt die funktionale Differenz zwischen dem
bereits existierenden Dienst der unterlagerten Schicht und
dem zu erbringenden Dienst für die übergeordnete Schicht.
Die Partner-Instanzen führen also eine Funktion aus, die an
der Schnittstelle eine Dienstleistung für Instanzen einer
höheren Schicht erbringt.

Daraus ergibt sich, daß die Dienstleistung einer Schicht für
Instanzen der höheren Schicht von Interesse ist, nicht aber
die Realisierung des Dienstes durch Protokolle.

Damit erhält man die Möglichkeit eines schrittweisen metho-
dischen Vorgehens bei der Entwicklung von Protokollen. Zunächst muß die Frage geklärt werden:

> Was soll geleistet werden?

d.h. welche Dienstleistung soll eine Schicht nach oben anbieten? In zwei weiteren Fragenkomplexen ist dann zu klären:

> Welche Funktionen sind zur Erbringung dieser
> Dienstleistung erforderlich?

> Welches sind die Regeln für das Zusammenspiel der
> einzelnen Komponenten, die eine Funktion ausführen?

Diese angeführten Schritte für ein methodisches Vorgehen
sind allgemein bekannte aber selten befolgte Regeln zum
Software-Design. So ist es nicht verwunderlich, daß erst in
jüngster Zeit Anstrengungen unternommen werden, bei der Konstruktion von Protokollen in der angegebenen Weise vor-
zugehen und dafür geeignete Hilfsmittel zu schaffen.

Gleichzeitig ist man bestrebt, die Dienstleistung einer Schicht zu modularisieren, d.h. die gesamte Dienstleistung in einzelne Bausteine zu zerlegen. Dies hat dann automatisch zur Folge, daß die Funktionen und damit auch die Protokolle modularisiert werden, so daß man zu einer klaren Zuordnung von

    Dienstleistung <----> Funktion(en) <----> Protokoll(e)

kommt.

In diesem Zusammenhang ist zu bemerken, daß in den ersten Normungsbemühungen auf diesem Gebiet zunächst nur Normenentwürfe für Protokolle eingebracht wurden. Die Dienste, die eine Schicht erbringen sollte, waren allenfalls mittelbar aus den definierten Protokollen abzuleiten. Erst heute geht man dazu über, auch Dienste formal zu beschreiben und zu normen. Die Bestrebungen gehen dahin, Protokolle formal aus Diensten abzuleiten und damit zusätzliche Möglichkeiten bei der notwendigen Verifikation zu gewinnen.

In Bezug auf die Dienstleistung, die eine Schicht der nächst höheren erbringt, können im allgemeinen drei Phasen unterschieden werden:

1)   →Verbindungsaufbau
2)   →Datenphase
3)   →Verbindungsabbau

Der Verbindungsaufbau

Zur Durchführung eines Verbindungsaufbaues müssen zwei Bedingungen erfüllt sein:

-    Die beiden Partner-Instanzen müssen sich in demjenigen Zustand befinden, der es ihnen erlaubt, das Verbindungsprotokoll durchzuführen.

-    Die Verfügbarkeit einer unterlagerten Schicht in der Datenphase muß gewährleistet sein.

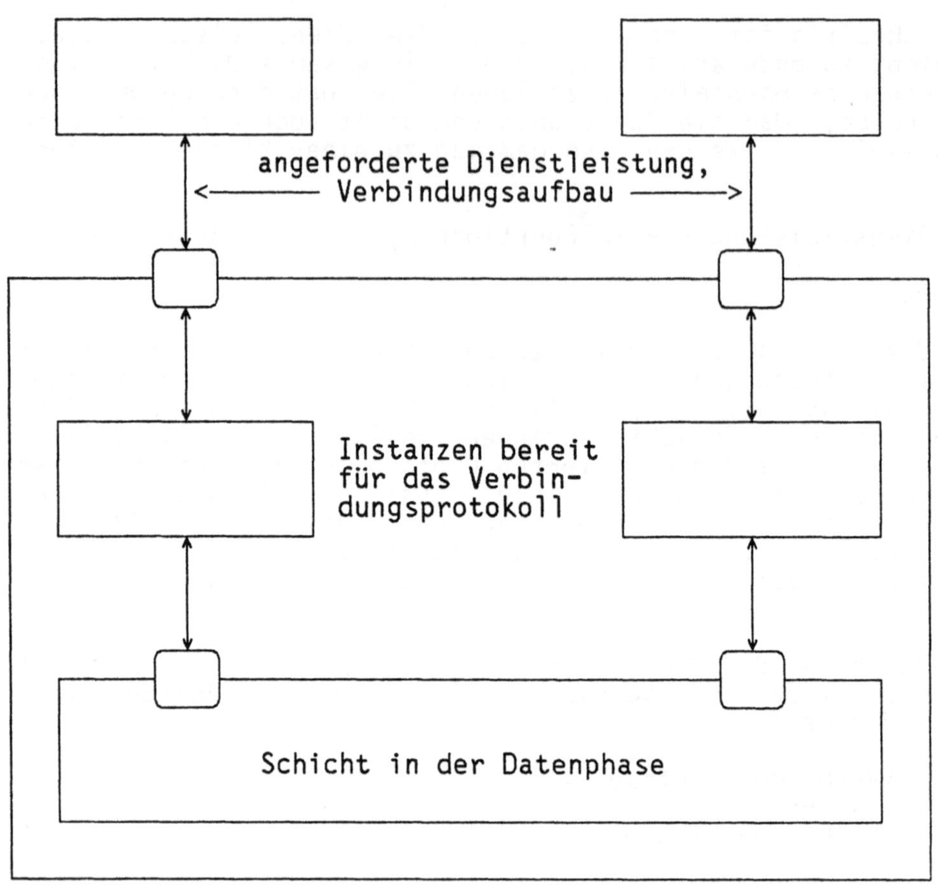

Abb. 2.25:   Zustände verschiedener Instanzen zur Erbringung
der Dienstleistung Verbindungsaufbau

Falls erforderlich müssen in den niederen Schichten zuerst
die logischen Verbindungen geschaffen werden. Dies kann sich
nach unten fortsetzen bis zur Bitübertragungsschicht.

Der Verbindungsabbau

Für den Verbindungsabbau gelten die Betrachtungen über den Verbindungsaufbau analog.

Damit erhält man im Zeitablauf folgendes Diagramm für Verbindungsaufbau bzw. -abbau der verschiedenen Schichten:

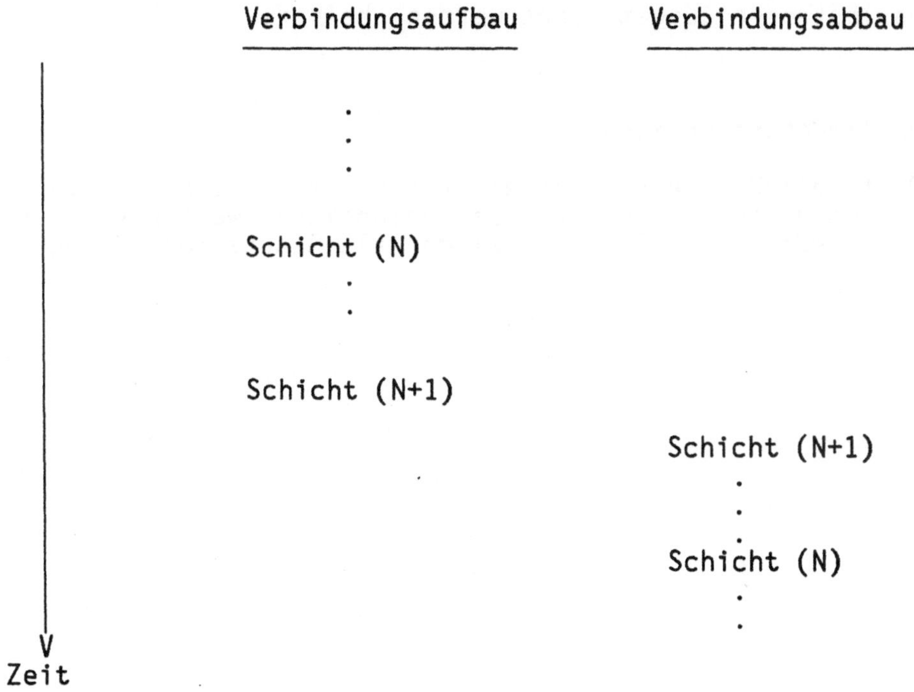

Abb. 2.26: Zeitablaufdiagramm für Verbindungsaufbau und -abbau

Datentransfer

Befinden sich zwei Instanzen einer Schicht in der Datenphase, so werden von ihnen im wesentlichen zwei Arten von Daten ausgetauscht:

-       Benutzerdaten
-       Kontrollinformationen

Benutzerdaten sind solche, welche eine Instanz von einem Benutzer, also der nächst höheren Schicht, erhält und über ihre Partnerinstanz zum entfernten Benutzer transportiert.

Kontrollinformationen werden entweder den Benutzerdaten von den diensterbringenden Instanzen hinzugefügt oder als eigenständiges Datenelement zur gegenseitigen Kontrolle oder zur Kontrolle des Datenstroms ausgetauscht.

Die Einheiten, in denen die beiden Datenarten zwischen zwei Partnerinstanzen ausgetauscht werden, heißen:

Protokoll-Dateneinheiten

Für Protokoll-Dateneinheiten einer Schicht ist eine maximale Länge festgelegt. Protokoll-Dateneinheiten werden von der nächst niedrigeren Schicht wieder als Benutzerdaten angesehen.

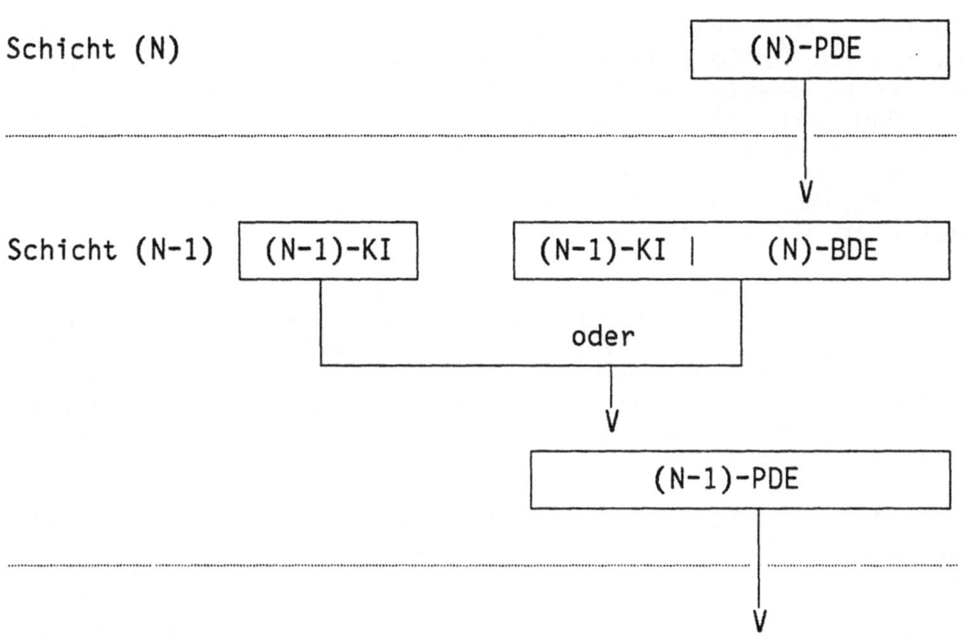

Abb. 2.27: Logische Beziehung zwischen Dateneinheiten von
benachbarten Schichten

BDE: →Benutzer-Dateneinheit
PDE: →Protokoll-Dateneinheit
KI: →Kontrollinformation

Spezielle Funktion innerhalb einer Schicht

Es gibt eine Reihe von Funktionen, welche innerhalb einer
Schicht automatisch ausgeführt werden können, ohne daß sie
als Dienstleistung zu jedem Zeitpunkt explizit an der Benutzerschnittstelle 'sichtbar' werden.

Eine dieser Funktionen ist →**Multiplexen** (siehe auch Kap.
2.4.3, 2.4.4). Darunter wird verstanden, daß mehrere Verbindungen einer Schicht (N) über eine Verbindung der Schicht
(N-1) abgewickelt werden. Dadurch soll eine günstigere
Ausnutzung einer Verbindung erreicht werden. Multiplex-
Funktionen werden im allgemeinen aus Kostenüberlegungen
bezüglich Leitungs- und Anschlußgebühren eingerichtet.

Eine wesentliche Anforderung, die eine Multiplexfunktion zu

erfüllen hat, ist, die Unabhängigkeit ihrer Benutzer zu garantieren. Da im allgemeinen die Benutzer einer Verbindung über keine Gemeinsamkeiten verfügen, muß gewährleistet werden, daß sie sich nicht durch die Benutzung eines gemeinsamen Betriebsmittels - hier der unterlagerten (N-1)-Verbindung - gegenseitig behindern. Für jeden Benutzer muß sich das Verhalten an der Schnittstelle so darstellen, als benutze er die Verbindung allein.

Dazu ist zunächst notwendig, daß die Multiplexfunktion den Benutzerdaten eine Kennung anheftet, die sie eindeutig einem Benutzer zuordnen kann. Auf der Empfangsseite werden die ankommenden Daten entsprechend ihrer Kennung auf verschiedene Empfänger verteilt. (Ein solcher Mechanismus wird in Kapitel 4.4 als Funktion der Vermittlungsschicht genauer dargestellt.)

Um eine möglichst gerechte Verteilung unter optimaler Ausnutzung der Kapazität einer Verbindung zu erhalten, werden alle Benutzerdaten einer Multiplexfunktion in gleich große Dateneinheiten zerlegt. Damit wird es dann möglich, die Einspeisrate der Benutzer in eine gemeinsam benutzte Verbindung individuell zu regeln, um damit gegenseitige Blockaden zu vermeiden. Es werden hier konzeptionell ähnliche Mechanismen benutzt, wie beim Betrieb von Teilnehmer-Betriebssystemen, wo durch Betriebssystemstrategien sichergestellt wird, daß nicht ein Benutzer andere Benutzer einschränkt.

Ein Mechanismus, der ebenfalls nicht an der Benutzerschnittstelle sichtbar wird, ist die →**Flußregelung** (→flow control, siehe auch Kap. 2.4.2 - 2.4.4). Dieser Mechanismus stellt durch Numerierung von ausgesandten Dateneinheiten und ein entsprechendes Quittungsspiel mit der Partnerinstanz sicher, daß von einer Seite nicht mehr gesendet wird, als die Gegenseite empfangen kann.

Eine weitere Funktion - insbesondere in den Schichten 2 - 4, welche nicht unmittelbar als Dienst sichtbar wird, ist automatische →**Fehlerbehebung** (→error recovery). Darunter wird verstanden, daß Instanzen, welche als Dienstleistung Daten von einem Benutzer zum anderen transportieren, Fehler der unterlagerten Schicht (i.a. Datenverfälschungen) automatisch erkennen und beheben.

3 Datenübermittlung

3.1 Vermittlungsarten

→Datenübermittlungssysteme bilden die technische Grundlage
für die Übertragung von Daten zwischen Endsystemen, in denen
die kommunizierenden Anwendungen lokalisiert sind. Sie
basieren bei öffentlichen Netzen und bei Anwendernetzen im
wesentlichen auf den Übertragungswegen der Deutschen Bundespost (DBP). Datenübermittlungssysteme realisieren damit
netzseitig die Funktionalität und die Dienste entsprechend
den Schichten 1 bis 3 der OSI-Architektur zur Vermittlung
zwischen Endsystemen. In diesem Kapitel wird eine Übersicht
gegeben über die verschiedenen Arten von Datenübermittlungs-
systemen, über Netztopologien, die einzelnen Komponenten
eines Datenübermittlungssystems sowie über die von der DBP
zur Verfügung gestellten Netze für die Datenübertragung.

3.1.1 Einführung

Kommunikationsanwendungen stellen unterschiedliche Anforderungen an das Datenübermittlungssystem, z.B. bezüglich
-       des Zeitverhaltens,
-       des Durchsatzverhaltens,
-       der →Dienstgüte.
        Bei der Dienstgüte /NTG 1203/ ist zu unterscheiden in
        *   Vermittlungsgüte
        *   Verkehrsgüte
        *   Übertragungsgüte
        *   sonstige Einflußgrößen

Die Anwendungen im DV-Bereich lassen sich grob einteilen in
-       Stapelanwendungen:
        sie benötigen ein gutes Durchsatzverhalten, es werden
        viele Daten pro Zeiteinheit übertragen.
-       interaktive Anwendungen und Echtzeitanwendungen:
        sie benötigen ein gutes/bestimmtes Zeitverhalten, der
        Anwender möchte die Antwort möglichst schnell haben.

Ablauf eines Dialoges:

Ein Gespräch besteht aus dem mehrfachen Durchlaufen des
Zyklus

DENKEN	EINGABE	RECHNEN und	AUSGABE
		WARTEN	

Beispiel:

Für die Benutzung eines Retrieval-Systems wurden folgende
Durchschnittswerte ermittelt :

Gesprächsdauer   : ca. 46 min   (etwa 80 Zyklen)
davon

DENKEN   : ca. 19 min.
EINGABE   : ca. 10 min. (etwa 12 Zeichen/Zyklus)
RECHNEN und WARTEN : ca. 4 min.

AUSGABE   : ca. 13 min. (etwa 90 Zeichen/Zyklus)

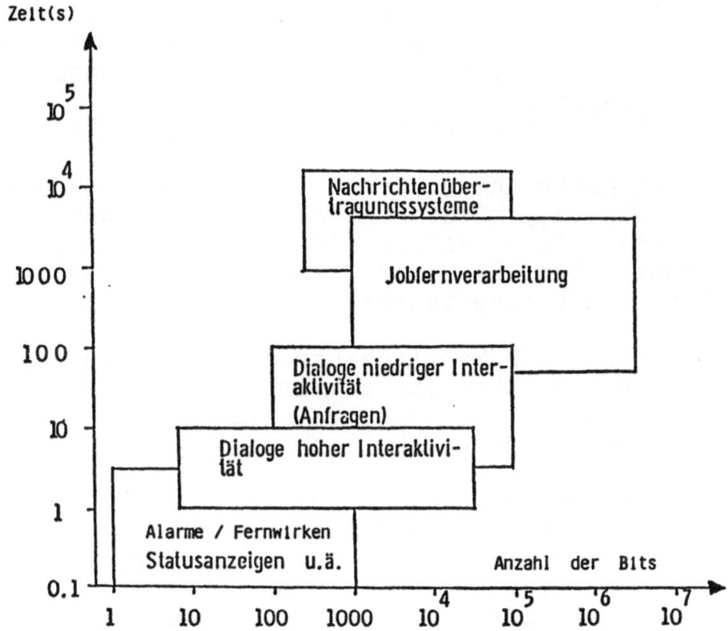

Abb. 3.1: Anwendungen aufgeschlüsselt nach Datenvolumen und erforderlichen Übertragungs- und Antwortzeiten

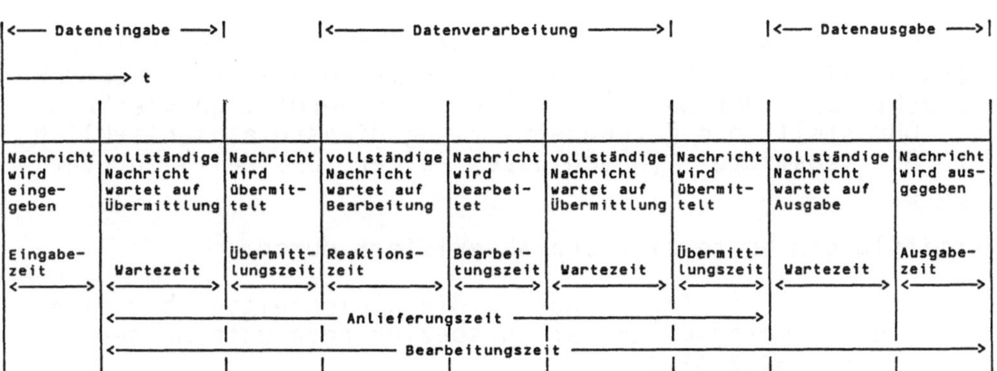

Übermittlungszeit ~ Übertragungszeit = $1/v_D$ * Anzahl der Bits
v_D = Datenübertragungsgeschwindigkeit (bit/s)

Abb. 3.2: Ablauf einer Kommunikation

Eine Anwendung läßt sich somit grob charakterisieren durch
-       die Länge der Nachrichten, die sie erzeugt,
-       die nachrichtenbezogenen Anforderungen an die Übertra-
        gungs- und Antwortzeiten,
-       den zeitlichen Abstand der Nachrichten.

Mehrere Nachrichten (Kommunikationszyklen) können einen Vorgang (Sitzung) bilden. Eine Anwendung kann weiterhin dadurch
charakterisiert sein, wie häufig sie derartige Vorgänge
erzeugt. Der Benutzer hat bestimmte Anforderungen an das
Datenübermittlungssystem:

-       Kapazität/Mehrfachausnutzung der Leitungen
-       genormte Schnittstellen
-       genormte Übertragungsverfahren
-       Datensicherung/Datenschutz
-       Standarddienstleistungen
-       Verbund mit anderen Netzen
-       Verklemmungs(deadlock)-Freiheit
-       Flußregelungsmechanismen (s. Kap. 4)
-       Unterstützung von mehreren Datenverkehrstypen
-       Datensicherheit durch Redundanz-Prüfung und Wieder-
        aufnahmeverfahren
-       Automatische und optimale Wegewahl
-       Koordinierung konkurrierender Datenströme und Ver-
        kehrstypen
-       Wirtschaftlichkeit

Vermittlungsdienste

Die Datenübermittlung erfolgt mit Hilfe von Vermittlungsdiensten eines Datenübertragungssystems. Die →Dienste werden
erbracht auf der Basis der jeweiligen Vermittlungstechnik.
Die DBP stellt die Datenübermittlungsdienste einschließlich
der Betriebsmittel (Anschlüsse, Puffer, CPU-Zeit) zur Verfügung.

Vermittlungsdienste sind charakterisiert durch:

-       die Zahl der Anwendungen, die gleichzeitig über einen
        Teilnehmeranschluß Verkehrsbeziehungen unterhalten.
        *   Einfachzugang
        *   Mehrfachzugang

-       die Reihenfolge in der Übermittlung von Steuer-
        informationen von der DEE zum DÜ-System und von Daten
        von einer zur anderen DEE
        *   Datagrammdienste

-       die Art der Verbindungen
        *   Strukturtransparente - nicht strukturtransparente
        Verbindungen:
        Transparenz ist die Fähigkeit eines Netzes oder von
        Netzteilen, einen Bitstrom ohne Rücksicht auf
            -   den verwendeten Code (Codetransparenz)
            -   die   Übertragungsgeschwindigkeit (Geschwindig-
            keitstransparenz)
            -   das Gleichlaufverfahren
            -   die Bit-Folge (Bitfolgeunabhängikeit)
        durchzulassen /NTG 1203/.
        Strukturtransparente Verbindungen erfordern keine
        Angaben über die übertragenen Daten. Es handelt
        sich hierbei um bitorientierte, synchrone Ver-
        fahren. Durch die Trennung der Zuordnung von Bits
        zu Zeichen ist die Übertragung codetransparent, es
        können beliebige Speicherinhalte übertragen werden,
        ohne auf einen bestimmten Code abzufragen.
        Bei nichtstrukturtransparenten Verbindungen wird
        die Codetransparenz im Text dadurch erreicht, daß
        Bitfolgen, die einem Steuerzeichen entsprechen, ein
        entsprechendes Steuerzeichen vorausgehen muß,
        anderenfalls werden die Bitfolgen als Daten inter-
        pretiert.
        *   →Standverbindungen - →Wählverbindungen
        Festgeschaltete Verbindungen heißen Standverbin-
        dungen oder →Festverbindungen, sie setzen keine
        Vermittlungseinrichtungen voraus und werden über
        Datenumsetzerstellen (DUST) geführt. Der Über-
        tragungsweg steht den angeschlossenen Stationen
        ständig   zur Verfügung. Bei der Wählverbindung
        werden die Datenstationen nur für bestimmte Zeit-
        abschnitte miteinander verbunden.
        *   Verbindungen für einseitige, wechselseitige und
        beidseitige Datenübermittlung (Kap. 3.3.1.2) :
            -   Simplex-Betrieb (sx)
            -   Halbduplex-Betrieb (hx)
            -   Duplex-Betrieb (dx)

Laufzeit - Durchsatz

→Laufzeit und →Durchsatz sind Optimierungskriterien, die nur bedingt miteinander vereinbar sind. Die Laufzeit ergibt sich als Summe der Übertragungszeiten auf den einzelnen Übermittlungsabschnitten des Transitnetzes und der Wartezeiten in den Transitknoten; d.h. die Laufzeit wird umso kleiner, je geringer die physikalischen Verbindungen im Transitnetz ausgelastet sind.

Der Durchsatz ergibt sich als Summe der in der Zeiteinheit übertragenen Bits; d.h. der Durchsatz wird umso höher, je höher die physikalischen Verbindungen im Transitnetz ausgelastet sind.

Verklemmung

Sie kann entstehen bei dynamischer Betriebsmittelzuordnung und bezeichnet Systemzustände, in denen unendlich lange auf die Zuteilung von Betriebsmitteln gewartet werden müßte.

Sie ist auflösbar durch die zwangsweise Freigabe von Betriebsmitteln nach einer bestimmten Wartezeit und vermeidbar durch Bildung von Betriebsmittelklassen.

Überfüllung

Sie liegt vor, wenn die Anzahl der im Transitnetz befindlichen Datenpakete eine bestimmte Grenze übersteigt; das führt zu einer Durchsatzverminderung.

3.1.2 Formen der Datenvermittlung

Es sind zwei Formen der →Datenvermittlung im Wählbetrieb zu
unterscheiden:
-       Datenvermittlung   im   Durchschaltbetrieb   (Leitungs-
        vermittlung)
-       Datenvermittlung im Teilstreckenbetrieb

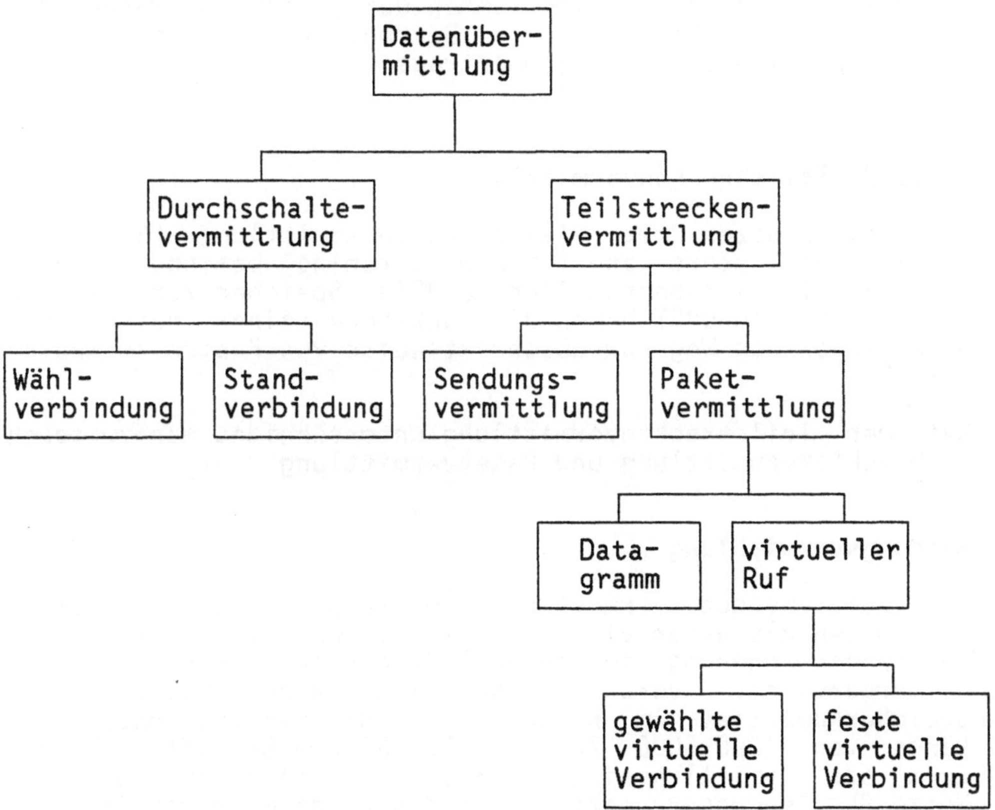

Abb. 3.3: Formen der Datenübermittlung in Stand- und Wähl-
         netzen

3.1.2.1 Durchschaltvermittlung

→Leitungsvermittlung (circuit switching):
Ein Vermittlungsvorgang, der dazu dient, eine Datenverbindung zwischen zwei oder mehreren Datenendeinrichtungen aufzubauen (Durchschaltbetrieb) /DIN 44302/
Beispiel: Telex-, DATEX-L-, Fernsprech-Netz

Der rufenden und der gerufenen Datenstation wird für die
Dauer der Datenübertragung ein Übertragungsweg zur Verfügung
gestellt. Nach dem Zustandekommen der Verbindung werden die
Daten ohne Verzögerung oder Bearbeitung in den Datenvermittlungsstellen (DVST) übertragen.

3.1.2.2 Teilstreckenvermittlung

Bei Datennetzen mit →Teilstreckenvermittlung (Speichervermittlung, store and forward switching) befinden sich in
den Datenvermittlungsstellen (DVST) Speicher zur Aufnahme
der Daten. Die DVST haben die Funktionen eines Knotens. Die
Daten legen den Weg nur abschnittsweise von Knoten zu Knoten
zurück.

Bei der Teilstreckenvermittlung unterscheidet man zwischen
Nachrichtenvermittlung und Paketvermittlung.

Sendungsvermittlung

Bei der →Sendungsvermittlung (message switching) werden
die Daten als unzerteilte Datenmenge von DVST zu DVST unter
Zwischenspeicherung in jeder DVST bis zur adressierten DEE
weitergereicht. Voraussetzung ist eine relativ hohe
Speicherkapazität im Knoten. Die Nachrichten haben eine
Länge von 1000-5000 Zeichen. Der ältere Begriff für diese
Form der Vermittlung ist Nachrichtenvermittlung /NTG 1203/.
Netze für Sendungsvermittlung werden nicht mehr realisiert.

Datenpaketvermittlung

Datenpaket-Vermittlung (packet switching) :
Der Vorgang des Empfangens, Zwischenspeicherns und des
Weitergebens von Datenpaketen in Datennetzen. Der Leitweg
wird während der Übertragung durch das Datennetz bestimmt.
Wesentliches Merkmal der →Paketvermittlung ist die
automatische Fehlerkorrektur /DIN 44302/.

Diese Definition entspricht der Datenpaketvermittlung, wie
sie bei der DBP realisiert ist, der Leitweg wird vorher
bestimmt. Diese Definition entspricht dem Datagrammdienst.

Bei der Paketvermittlung werden die Daten in einzelne Pakete
zerlegt und so in Teilen durch das Netz von der sendenden zu
der empfangenden Datenstation geschickt. Hierbei können die
Leitungen und Netzbetriebsmittel besser ausgelastet werden.
Die Übertragung wird durch Zwischenspeicherung gleichmä-
ßiger verteilt. Kopplung von verschiedenen Datenstationen
durch entsprechende Aufrüstung der Knoten (DVST). Die Zwischenspeicherung im Netz erlaubt die Bearbeitung von Nachrichten sowie das Angebot von zusätzlichen Diensten. Datenpakete erhalten einen Nachrichtenkopf mit Steuer- und Adreßinformationen.

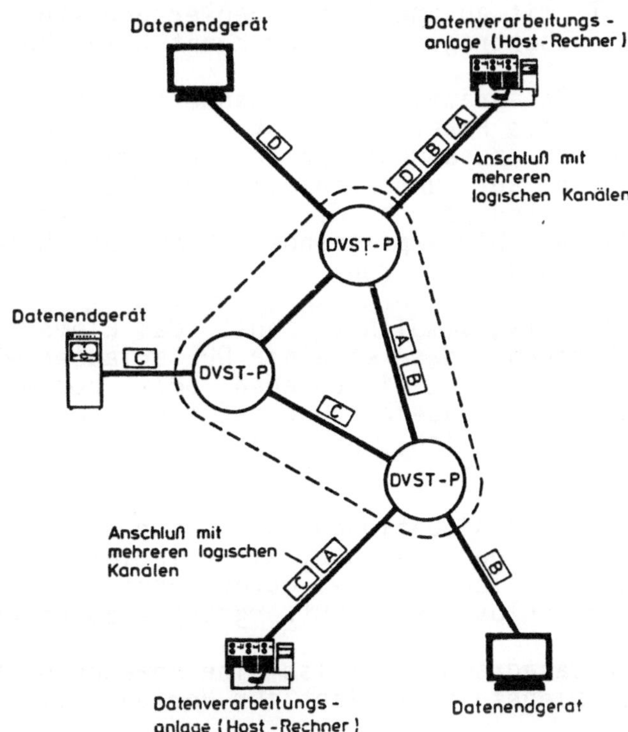

Abb. 3.4: Vereinfachte Darstellung des paketvermittelnden
Datexnetzes mit virtuellen Verbindungen /FTZ 79/

3.1.3 Verbindungsarten bei der Paketvermittlung:

3.1.3.1 Datagrammdienst

Beim →Datagrammdienst, der nur in den Teilnehmerklassen 8 -
11 nach der CCITT-Empfehlung X.2 geboten wird, gibt es keine
Verbindungsaufbauphase und keine Verbindungsabbauphase. Das
Netz mit Paketvermittlung befördert jedes von der Datenendeinrichtung (DEE) abgegebene Datagramm aufgrund der im
Datagrammkopf enthaltenen Adresse zur empfangenden Datenendeinrichtung.

Ein Datagramm ist vollkommen selbstbeschreibend, es ist ein
Einzelpaket mit Adressen- und Datenfeld, das von DVST zu
DVST mit automatischer Fehlerkorrektur übertragen wird. Das
Datenübertragungs-System kennt keine Verkehrsbeziehungen.

Der Datagrammdienst behandelt jedes Datagramm als eigenständiges Paket und kennt keine Bezüge zwischen den Paketen.
Logisch zusammengehörige Datagramme (Ordnungsbeziehungen)
können auf unterschiedlichen Wegen mit unterschiedlichen
Laufzeiten durch das Netz bei der empfangenden DEE ein-
treffen. Die empfangende DEE muß die Datagramme vor der Verarbeitung sortieren.

Dem Datagrammdienst fehlt das Element der Kommunikationseröffnung, das es einer DEE erlauben würde, einen Kommuni-
kationswunsch einzuplanen oder abzuweisen. Nur durch eine
Kommunikationseröffnung ist eine Planung der Betriebsmittel-
vergabe möglich, andernfalls können Konkurrenzsituationen
auftreten.

Konkurrenzsituationen sind nur durch 'Wegwerfen' von Data-
grammen beherrschbar. Ein tolerierbares Gesamtverhalten ist
daher allenfalls bei guter Kenntnis der Verkehrsbeziehungen
in geschlossenen Benutzergruppen zu erwarten.

Der Datagrammdienst ist eine Anwendung im DATEX-P-Netz; dieser Dienst steht nicht zur Verfügung.

3.1.3.2 Virtueller Ruf

Der →virtuelle Ruf (Virtual Call) ist ein Dienst, der eine Verbindung zwischen DEE und DEE etabliert. Er wird in allen Teilnehmerklassen 1 bis 11 der CCITT-Empfehlung X.2 angeboten.

Die von der sendenden Datenstation ausgehenden Datenpakete werden je nach Adresse zu der jeweiligen empfangenden Datenstation geschickt. Die Knoten-Rechner sorgen für die Weiterleitung, Speicherung und Abgabe, wenn der Empfänger frei ist. Da sich zur gleichen Zeit viele Pakete von verschiedenen virtuellen Verbindungen auf der Leitung befinden, besteht eine direkte Verbindung nur scheinbar, deshalb bezeichnet man diesen Dienst als 'Virtuellen Ruf'.
Für eine virtuelle Verbindung wird Leitungskapazität nur während der Übertragung von Daten belegt; dagegen ist während der gesamten Dauer der Verbindung Pufferkapazität in den Knotenrechnern reserviert.

Es gibt zwei Arten des virtuellen Rufes:
- →gewählte virtuelle Verbindung (Switched Virtual Circuit, SVC)
- feste virtuelle Verbindung (Permanent Virtual Circuit, PVC)

Bei der gewählten virtuellen Verbindung gibt es drei Phasen:
- Verbindungsaufbau : Die Verbindung beginnt mit der Adreßinformation gemäß dem ersten gesendeten Datenpaket (Aufbaupaket) der rufenden Datenstation. Die virtuelle Verbindung wird durch die Adreßinformation aufgebaut. Die Datenvermittlungsstellen reservieren Speicherplatz für die Verbindung.
- Datenübertragung : Die Datenpakete werden - mit Zwischenspeicherung in den DVST - übertragen und in der richtigen Reihenfolge in der DEE ausgegeben.
- Verbindungsabbau : Aufbau der Verbindung heißt Freigabe der reservierten Speicherplätze in den DVST.

Die feste virtuelle Verbindung ist fest einer Verkehrsbeziehung zugeordnet und kennt nur die Datenübertragungsphase. Die Verkehrsbeziehung wird mit dem Antrag bei der DBP fest etabliert.

Die folgende Abbildung zeigt die verschiedenen Zugangsmöglichkeiten zum Datex-P-Netz im Bereich der DBP:

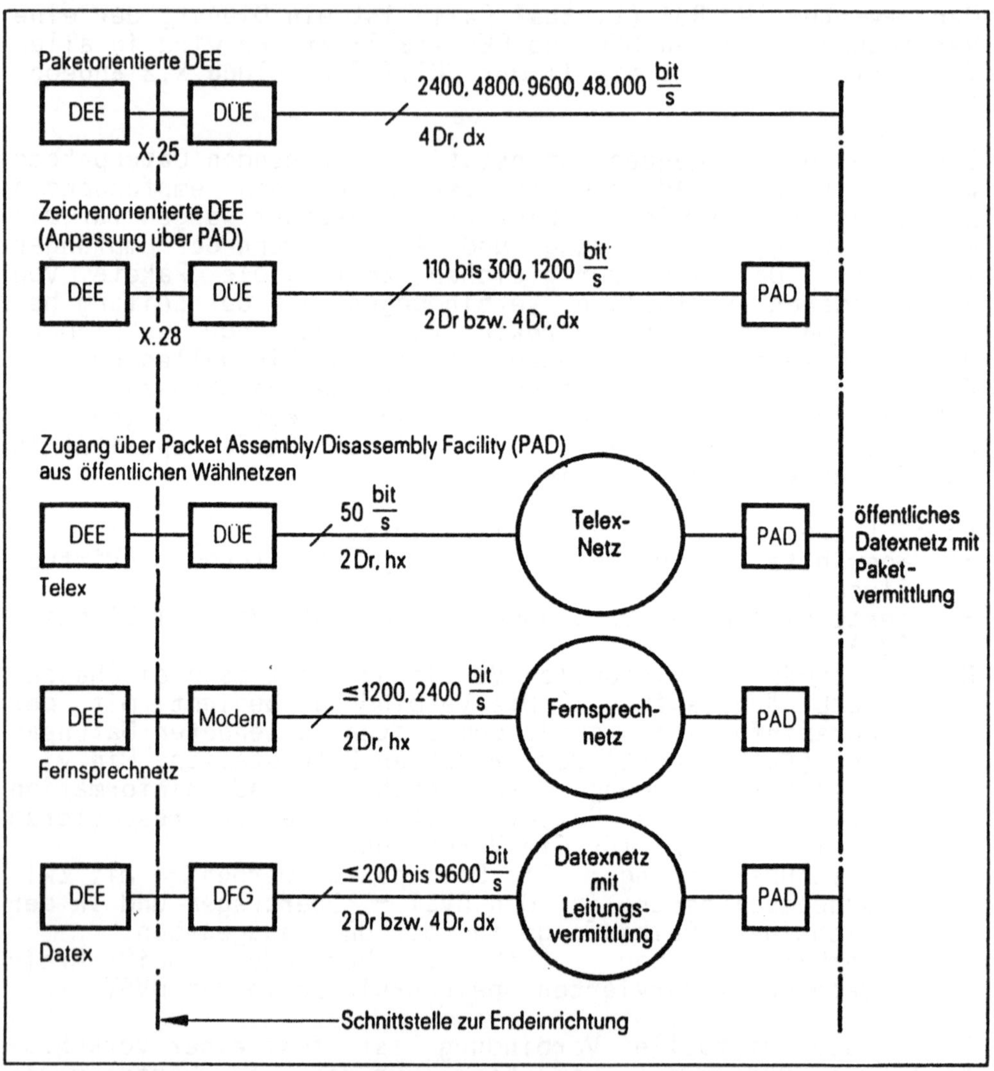

DEE	Datenendeinrichtung
DÜE	Datenübertragungseinrichtung
hx	halbduplex
2DR/4DR	2-Draht/4-Draht
DFG	Datenfernschaltgerät
PAD	Packet Assembly Disassembly (Facility)

Abb. 3.5:   Datenendeinrichtungen am Datexhauptanschluß bei Paketvermittlung und Zugang über andere öffentliche Wählnetze /Esch 79/

Gegenüberstellung der Teilstrecken- und Durchschaltevermittlung

Nur statistische Garantien für Übertragungszeiten, lastabhängig	Fest Übertragungszeiten
Übertragungskapazität nur im statistischen Mittel möglich	Übertragungskapazität pro Verbindung garantiert
Gegenseitige Beeinflussung von Datenströmen möglich	Keine gegenseitige Beeinflussung von Datenströmen im Netz
Zusätzliche Verwaltungsinformationen pro Paket erforderlich	Keine (oder weniger) redundante Daten
Komplexe Vermittlungsrechner-Logik	Einfache Vermittlungsrechner-Logik
Bei Belastung sinkt Datenübertragungsrate; 'Anrufe' werden trotzdem angenommen;	Bei Belastung werden keine 'Anrufe' mehr angenommen; einmal angenommene Anrufe werden mit der gleichen Übertragungsrate bearbeitet
Höhere Leitungsausnutzung im Netz	Geringe Leitungsausnutzung, vor allem bei interaktivem Datenverkehr
Pro Anschlußleitung max. 4095 Kommunikationen (logische Kanäle) möglich	Nur eine Kommunikation pro Anschlußleitung
Verbindungsaufbau in Bruchteilen von Sekunden	Verbindungsaufbau im Sek.-Bereich bis herab zu 400 ms
Tarif volumenabhängig, entfernungsunabhängig	Tarif zeitabhängig, dienstabhängig, entfernungsabhängig
Automatische Umsetzung der Übertragungsgeschwindigkeit zwischen verschiedenen DEEs	Keine Umsetzung von Übertragungsgeschwindigkeiten zwischen verschiedenen DEEs
Unterschiedliche Gerätetypen können miteinander kommunizieren	Nur kompatible Gerätetypen können miteinander kommunizieren
Bei Ausfall von Netzteilen (Knoten, Leitung) automatisches Umrouten möglich	Bei Ausfall, Verlust der Verbindung, kein automatisches Schalten von Ersatzleitungen

3.2 Netztopologie

In der Netztopologie wird unterschieden in:
-       →Terminalnetze
-       →Konzentratornetze
-       →Rechnernetze/Rechnerverbundnetze

Im Terminal- und Konzentratornetz ist die eigentliche Daten-
verarbeitungsfunktion zentral angesiedelt; in den Datenendgeräten und Konzentratoren wird allenfalls eine Datenvorverarbeitung vorgenommen. Die Netztopologie ist häufig ein
Abbild der Organisationsstruktur der Behörde oder des Unternehmens. In der Praxis kommen häufig Mischformen vor.

3.2.1 Terminalnetze

→Punkt-zu-Punkt-Verbindung:
Die Datenendgeräte sind einzeln an einen Zentralrechner
angeschlossen, sie verursachen hohe Leitungskosten, besitzen
aber ein gutes Zeitverhalten.

→Mehrpunktverbindung:
Mehrere Datenendgeräte sind über einen Übertragungsweg an
einen Zentralrechner angeschlossen, zusätzliche Netzkosten
(Abzweignetzwerke) fallen an. Zu einem bestimmten Zeitpunkt
kann jeweils nur eine Station aktiv sein.

Bei der Übertragungssteuerung in Terminalnetzen gibt es unterschiedliche Verfahren, sie werden auch als Verfahren zur
Leitungs- oder Netzwerksteuerung bezeichnet

-       Aufrufverfahren/Aufrufbetrieb
        Eine Station ist Leitstation, meistens die zentrale
        DVA, sie koordiniert und überwacht den Betriebsablauf.
        Dieses Verfahren wird vor allem bei Mehrpunktverbin-
        dungen (multipoint) eingesetzt.
-       Konkurrenzbetrieb
        Alle Datenendgeräte haben die Möglichkeit, unaufge-
        fordert zu senden. Dieses Verfahren wird bei Punkt-
        zu-Punkt-Verkehr (point to point) in Wählnetzen ange-
        wendet.

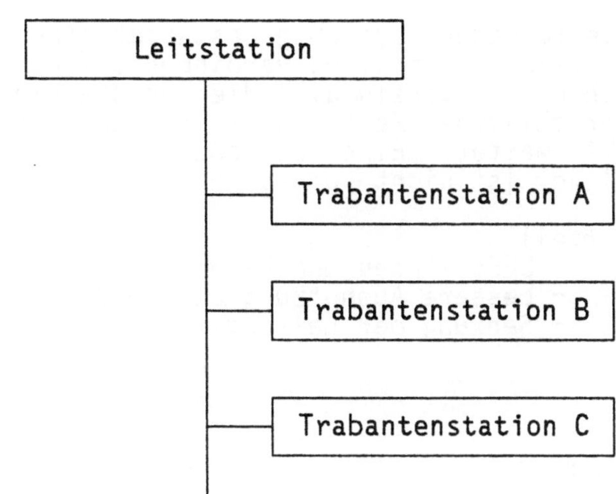

Abb. 3.6: →Aufrufbetrieb

Der Aufrufbetrieb ist möglich als →Senderuf (Polling) oder
als →Empfangsruf (Selecting).

Bei Senderuf geht ein Anruf an eine Station als Sendestation
zu arbeiten und Daten zu senden. Beim Empfangsruf geht der
Aufruf an eine oder mehrere Stationen als Empfangsstation zu
arbeiten und Daten zum empfangen.

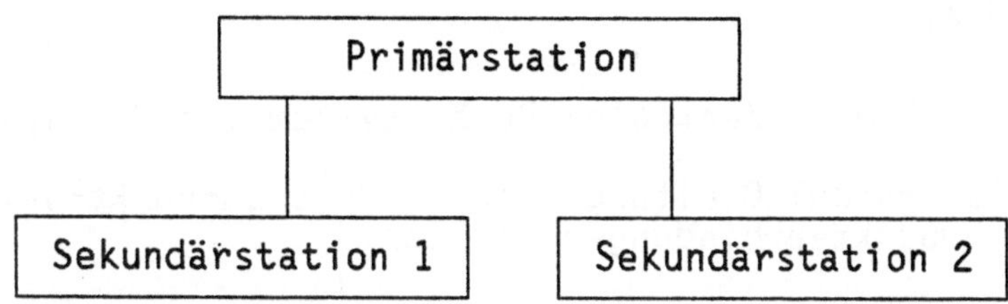

Abb. 3.7: →Konkurrenzbetrieb (Contention)

Multiplexer

Eine Funktionseinheit, die Nachrichten von Nachrichten-
kanälen einer Anzahl an Nachrichtenkanäle anderer Anzahl
übergibt /DIN 44300/.

Die folgende Abbildung gestattet eine bessere Ausnutzung der
Kanalkapazität eines Verbindungsweges. Der →Multiplexer ver-
schiebt Datensignale, die von den einzelnen DEEs kommen, in
verschiedene Zeit- oder Frequenzlagen und gibt sié an die
DVA weiter. Eine Zwischenspeicherung von Daten im Multiplexer ist nicht vorgesehen.

Vorteil:
    - DEEs können unabhängig voneinander arbeiten
    - bessere Ausnutzung der Übertragungskapazität
    - Senkung der Leitungskosten.

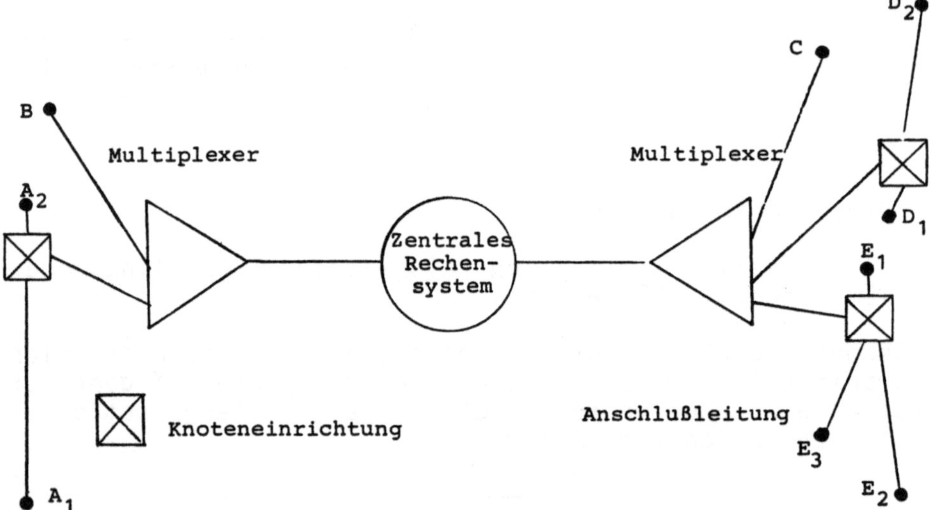

Abb. 3.8:   Zentrales Rechensystem mit Multiplexern

Als Anschlußleitung sind Punkt-zu-Punkt-Verbindungen und
Mehrpunktverbindungen möglich.

3.2.2 Konzentratornetze

Der →Konzentrator dient der Konzentration von Datenstationen, der Zwischenspeicherung von Daten und der Umsetzung
der Geschwindigkeit.

Bei Einsatz von Kleinrechnern können zusätzliche Koordina-
tions- und Prüfaufgaben erledigt werden, wie
-        Fehlerkontrolle
-        Codeumsetzung
-        Warteschlangensteuerung
-        Blocken / Entblocken
-        Pufferverwaltung
-        Zuordnung von Daten an bestimmte Datenstationen

Das Aufgabenprofil eines Konzentrators läßt sich beliebig
erweitern, der Übergang zum Netzrechner ist fließend.

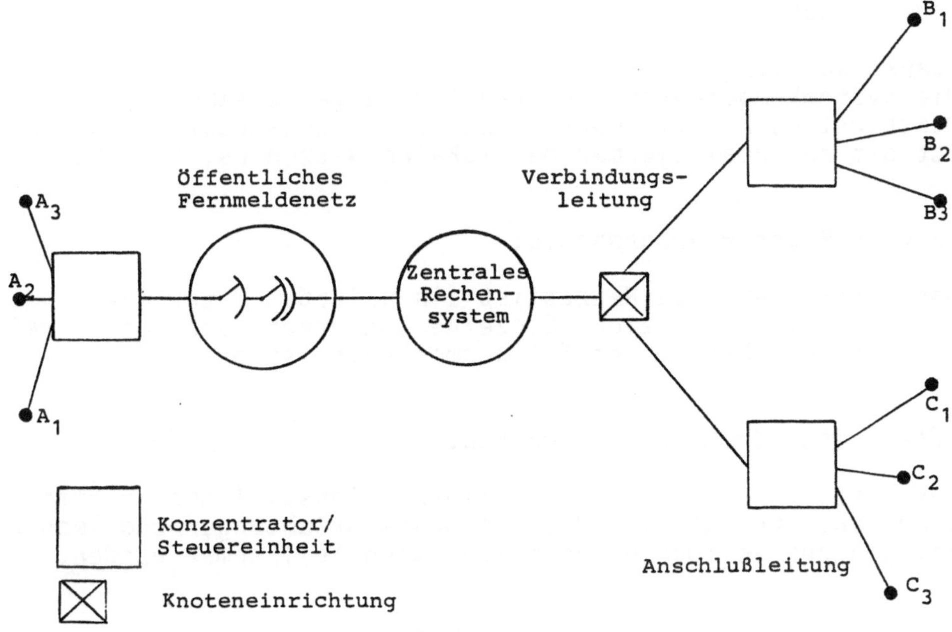

Abb. 3.9: Zentrales Rechensystem mit Konzentratoren

3.2.3 Rechnernetze

Ein Rechnernetz besteht aus einer →Kopplung von mehr als zwei Rechnern. In Rechnernetzen sind die Datenverarbeitungsfunktionen räumlich verteilt. Die Rechner selber haben zusätzlich Vermittlungsfunktionen.

Die Rechnerverbundnetze werden unterschieden nach:
- Grad der Kopplung
- Kreis der Zugangsberechtigten
- Topologie

geringe Kopplung:
Verschiedene Systeme arbeiten unabhängig voneinander, sie besitzen jedoch alle notwendigen Kommunikationsmöglichkeiten. Die Kopplung geschieht mit einem privaten oder öffentlichen Netz, teilweise unter Einsatz von Gateways.
Ein Gateway (Hardware und Software) ermöglicht den Übergang von einer Rechnerarchitektur zu einer anderen oder in ein anderes Netz.

starke Kopplung:
Die Systemkomponenten sind räumlich enger zusammen. Höherer Datenaustausch erfordert größere Leitungskapazitäten; das ist oft nur realisierbar bei lokalen Netzen (s. Kap. 5).

Private Rechnerverbundnetze:

Der Betreiber des Netzes ist ein privates Unternehmen oder der öffentliche Bereich. Einzelne Computerhersteller betreiben private Netze. Der Teilnehmerkreis ist beschränkt.

Öffentliche Rechnerverbundnetze:

Der Netzwerkbetreiber selbst bietet Dienstleistungen öffentlich an, er stellt Übertragungseinrichtungen und Rechenanlagen zur Verfügung. Jedermann kann Teilnehmer werden.

Netzstrukturen und ihre Eigenschaften:

Bei der Beschreibung der Netzstrukturen werden Standleitungen angenommen, um nicht vermittlungstechnisch bedingte Eigenschaften von Wählnetzen mit Struktureigenschaften der Netze zu vermengen. Außerdem wird im folgenden grundsätzlich von Datennetzen gesprochen. Diese bestehen im allgemeinen aus Rechnern, Netzknoten-(Rechnern) und Datenendgeräten.

Die Struktur der Netze ist nicht willkürlich, sondern
abhängig von dem Verwendungszweck, von Kostenkriterien,
Sicherheitsanforderungen u.a.m. In der Netzstruktur spiegeln
sich die organisatorischen und hierarchischen Prinzipien des
Teilnehmerkreises wider.

Es werden vier Netztypen unterschieden:

- →Sternnetz
- →Baumnetz
- →Ringnetz
- →Maschennetz

Sternnetz

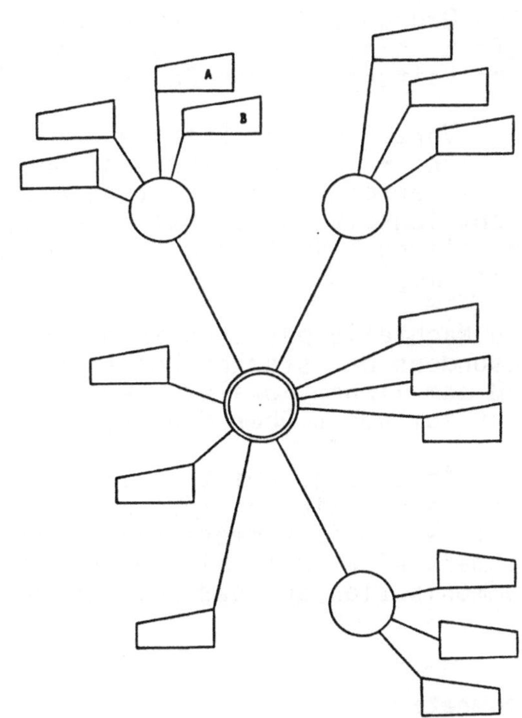

Abb. 3.10: Hierarchisches Sternnetz

Das →Sternnetz stellt den einfachsten Netztypus dar. Es
besteht aus einer Zentrale und sternförmig angeschlossenen
peripheren Stationen.

Ein Sternnetz hat mindestens zwei Rangstufen (Netzebenen) von Vermittlungsrechnern, bei denen jeweils Vermittlungsrechner der gleichen Rangstufe ausschließlich mit einem ihnen gemeinsam zugeordneten Vermittlungsrechner der nächsthöheren Rangstufe unmittelbar verbunden sind. Ein reines Sternnetz hat in der höchsten Rangstufe einen einzigen Vermittlungsrechner.

Die Steuerung der Kommunikation liegt grundsätzlich bei der Zentrale. Querverbindungen zwischen den Stationen sind nicht zugelassen. Will ein Teilnehmer am Endgeräte A mit einem anderen am Endgerät B kommunizieren, so erfolgt diese 'Querkommunikation' über den steuernden Rechner.

Das Sternnetz kann auch Unter-Sternnetze enthalten, d.h. eine Gruppe von entfernten Terminals, die räumlich zusammengefaßt sind, wird über eine Konzentrationseinrichtung und eine Leitung mit der Zentrale verbunden.

Die Vorteile des Sternnetzes liegen - im Falle der Konzentration - in den niedrigen Übertragungskosten und der damit korrelierten guten Leitungsauslastung sowie in der Übersichtlichkeit hinsichtlich Wartung, Wegewahl und Kompetenzverteilung; Konflikte sind wegen der zentralen Steuerung nicht möglich.

Die Nachteile bestehen in der geringen Ausfallsicherheit - besonders bei starker Konzentration - sowie in dem Umstand, daß sämtlicher lokaler Terminalverkehr über die Zentrale oder zumindest über den nächsten Netzknoten laufen muß.

Das Anwendungsgebiet erstreckt sich demgemäß auf alle zentral organisierten Systeme wie Auskunft- und Platzbuchungssysteme sowie kommerzielle Rechenzentren und sonstige Teilnehmerkreise mit mittlerem Datenaufkommen und wenig Querkommunikation auf der unteren Organisations-Ebene.

Baumnetz:

Das →Baumnetz ist eine besondere Form des Sternnetzes. Es besteht aus mehreren hintereinandergeschalteten oder geschachtelten Untersternnetzen. Dabei stellt jedes Untersternnetz ein Endgerät des ihm übergeordneten Knotens dar.

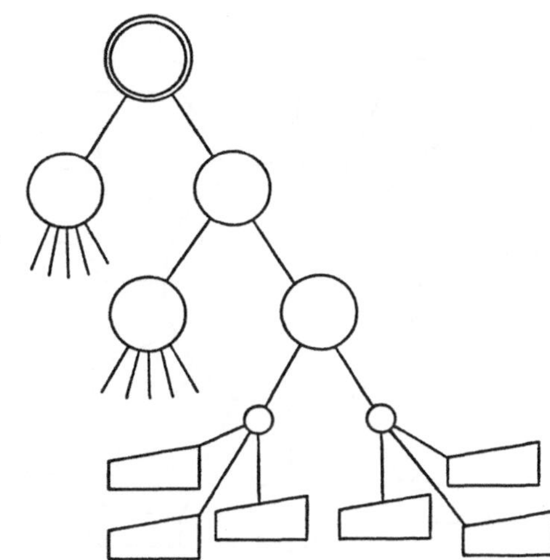

Abb. 3.11: Baumnetz

Die Eigenschaften sind denen des Sternnetzes sehr ähnlich,
nur wird der besondere Vorteil, durch die Schachtelung der
Unternetze entsprechende organisatorische Strukturen optimal
nachbilden zu können, wegen der Potenzierung der Anschluß-
zahl auf jeder nächsttieferen Ebene durch die Folgen eines
Leitungsausfalls wieder gemindert. Das Anwendungsgebiet erstreckt sich auf Probleme mit entsprechend abgestuften
Hierarchiestufen oder auf Fälle, bei denen bereits ein
Unternetz zu einer entfernten DVA besteht und die Kosten für
einen zweiten Fernanschluß zu hoch sind und stattdessen ein
neues Unternetz angeschlossen wird (Kaskadenschaltung).

Ringnetz:

Das →Ringnetz hat eine sehr einfache Struktur. An eine
kreisförmige Leitung werden Rechner und Endgerät angeschlossen. Sämtliche Kommunikation läuft über diese Leitung,
so daß immer nur zwei Partner zur Zeit kommunizieren können.
Die Zuordnung muß über Adreßinformationen erfolgen, die den
Nachrichten beigegeben und von allen angeschlossenen Stationen ausgewertet werden.

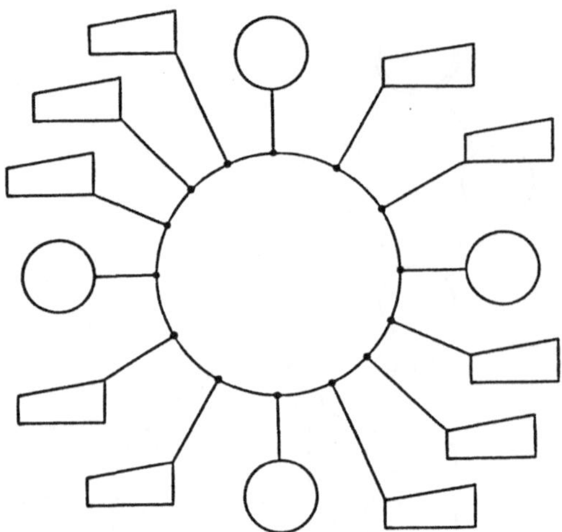

Abb. 3.12: Ringnetz

Die Vorteile sind in den geringen Leitungskosten zu sehen
sowie in der geringen Anfälligkeit gegen lokale Leitungs-
unterbrechungen, da jede Kommunikation grundsätzlich in zwei
Richtungen über den Ring laufen kann. Benachbarte Stationen
können bei Unterbrechung der Leitungsstrecke in der anderen
Richtung Nachrichten austauschen.

Der gravierende Nachteil liegt in dem geringen Datendurchsatz, auf alle angeschlossenen Stationen bezogen. Man wird
diese Struktur wählen, wenn die einzelnen Stationen weitgehend selbständig und unabhängig voneinander betrieben
werden und nur relativ selten mit anderen in Verbindung
treten. In lokalen Netzen treten andere Probleme auf (s.
Kap. 5).

Maschennetz

Das →Maschennetz hat keine Rangordnung der Vermittlungsstellen. Jede Vermittlungsstelle ist mit mindestens zwei, in
der Regel jedoch mit mehreren anderen Vermittlungsstellen
unmittelbar verbunden. Ein vollständig vermaschtes Netz
liegt vor, wenn jede Vermittlungsstelle mit jeder anderen
des Netzes unmittelbar verbunden ist. Ist n die Anzahl der
zu verbindenden Rechner, so errechnet sich die Anzahl der
Leitungen beim vollständig vermaschten Netz nach der Formel

$$\frac{n(n-1)}{2} \ .$$

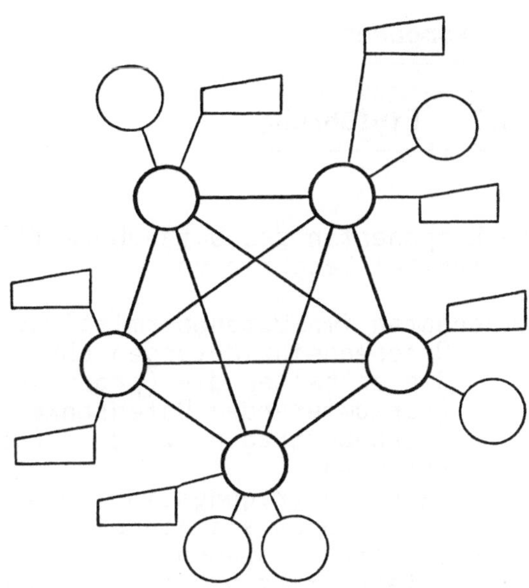

Abb. 3.13: Maschennetz

Das Maschennetz stellt die höchstentwickelte und aufwendig-
ste Struktur dar. Prinzipiell bilden die Knoten (nicht die
angeschlossenen Anlagen) im Idealfall ein völlig vermaschtes
Netz, d.h. jeder Netzknoten ist mit jedem anderen verbunden.
In der Praxis wird dieses Prinzip wegen des hohen Leitungs-
aufwandes auf eine teilweise Vermaschung reduziert, so daß
jeder Knoten nur mit einer begrenzten Zahl von anderen
Knoten verbunden ist.

Vorteile dieser Lösung sind die hohe Ausfallsicherheit des
Netzes, da bei Unterbrechung oder Überlastung einer Verbindung Ausweichmöglichkeiten zur Verfügung stehen. Die einfache Querkommunikation benachbarter Stationen ist möglich.

Der zentrale Rechner, falls ein solcher vohanden ist,
braucht nicht den Verkehr der peripheren Geräte untereinander abzuwickeln.

Gewisse Nachteile entstehen durch die relativ hohen Leitungskosten und in dem Aufwand, der in eine eindeutige und
zuverlässige Wegewahl für die Informationslenkung im Netz
eingesetzt werden muß, da allein durch die Adresse keine
eindeutige Wegzuordnung mehr im Gegensatz zum Sternnetz gegeben ist.

Der Anwendungsbereich erstreckt sich auf alle Systeme mit
intensiver Rechnerkommunikation und entsprechend hohen Anforderungen an Durchsatz, Reaktionszeit und Sicherheit.

3.3 Komponenten

3.3.1 Einführung

Die Komponenten des Datenübermittlungssystems werden in diesem Kapitel beschrieben.

Komponenten imn Datenübermittlungssystem sind :
- Datenendeinrichtungen (DEE), Terminal
  Sie enthalten die (produzierende) Datenquelle und die (konsumierende) Datensenke
- Datenübertragungswege (Übertragungsleitung, Funkstrecken)
- Datenübertragungseinrichtungen (DÜE)
  Sie dienen als Signalumsetzer zwischen DEE und Datenübertragungswegen
- Datenvermittlungseinrichtungen
  Sie stellen aufgrund einer Vermittlungsinformation eine Verbindung her

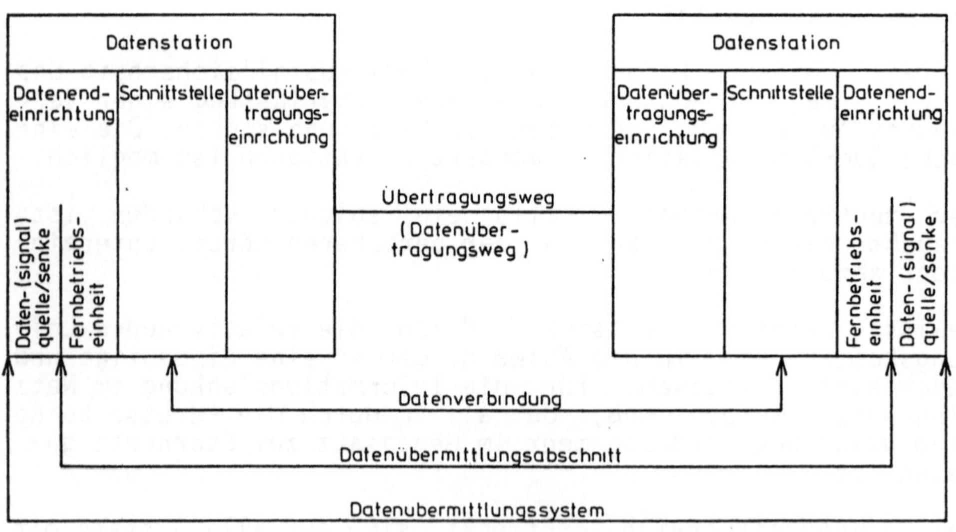

Abb. 3.14: Einteilung des Datenübermittlungssystems
/Tiet 76/

Datenstation						
Datenendeinrichtung			Datenübertragungseinrichtung			
Eingabe und/oder Ausgabe und/oder Rechen- und/oder Leitwerk und/oder Speicher	Fern-betriebs-einheit		Fehler-schutz- und/oder Synchro-nisier-einheit	Prüf-ein-heit	Signal-umsetzer	An-schalt-einheit
	Überwachungsteil / Datenaufbereitungsteil / Stationskennungsteil				Sendeteil / Empfangsteil / Schaltteil	

Übertragungsleitung

Abb. 3.15: Schematische Einteilung der Datenstation /Tiet 76/

Die Fernbetriebseinheit heißt bei zahlreichen Herstellern
Steuereinheit oder Datenfernübertragungssteuereinheit, sie
ist häufig programmierbar.

3.3.1.1 Übertragungsarten

Die Daten werden für die Übertragung in elektrische Signale
umgeformt. An der Schnittstelle zwischen DEE und DÜE werden
binäre Signale übergeben.

Zur Übertragung von Zeichen in einem Datenübermittlungssystem ist ein →Gleichlauf für die Sende- und Empfangsstation notwendig. Unter Gleichlauf wird die gleiche Phase
und gleiche Umlaufgeschwindigkeit der maßgeblichen mecha-
nischen der elektronischen Bauteile der DEEs verstanden.
/Krau 78/. Es werden folgende Arten unterschieden:

- →Asynchrone Übertragung (es findet ausschließlich das
                          →Start-Stop-Verfahren Anwendung)
- →Synchrone Übertragung

Die DÜEs (in Ausnahmefällen auch die DEEs) besitzen einen
Taktgeber, der die Schrittaktfolge aussendet. Die Daten
werden in einem festen Zeitraster zwischen den DÜEs übertragen. Netze mit einer zentralen Taktsteuerung werden vor
allem für synchrone Übertragung verwendet.

Asynchrone Übertragung:
Eine Übertragungsart, bei der die Binärzeichen einer Folge
von Binärzeichen in einem festen Zeitraster liegen und bei
der für diese Folge zwischen den Datenstationen Synchronismus besteht. Die Binärzeichen verschiedener Folgen von
Binärzeichen müssen nicht im gleichen Raster liegen /DIN
44302/. Die asynchrone Übertragung ist nicht taktgebunden.

Start-Stop-Verfahren:
Asynchrone Übertragung, bei der das Zeitraster für jedes zu
übertragende n-Bit-Zeichen durch ein Startbit neu festgelegt
wird. Der Empfangsmechanismus wird mit dem Stopbit in die
Ruhestellung zurückgesetzt /DIN 44302/. Das Stopbit hat die
1,5-fache Schrittdauer.

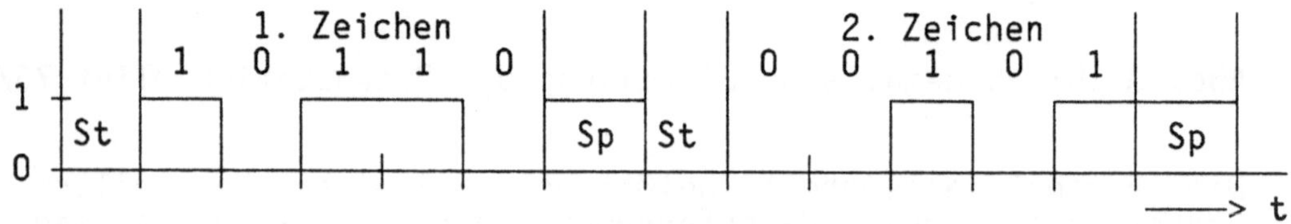

St=Startschritt
Sp=Stopschritt

Abb. 3.16: Start-Stop-Übertragung

Synchrone Übertragung:
Eine Übertragungsart, bei der alle Binärzeichen in einem
festen Zeitraster liegen und zwischen den Datenstationen
Synchronismus besteht /DIN 44302/. Die Synchronisierung erfolgt durch Taktgeber. Die Taktgeber befinden sich beim Sender und Empfänger, beide befinden sich im ständigen Gleichlauf. Die Synchronisation wird durch eine Synchronisierungs-
folge zu Beginn eines DÜ-Blockes erneut festgelegt. Voraussetzung ist, daß die DEEs über Puffer verfügen, um die
Blöcke aufnehmen zu können.

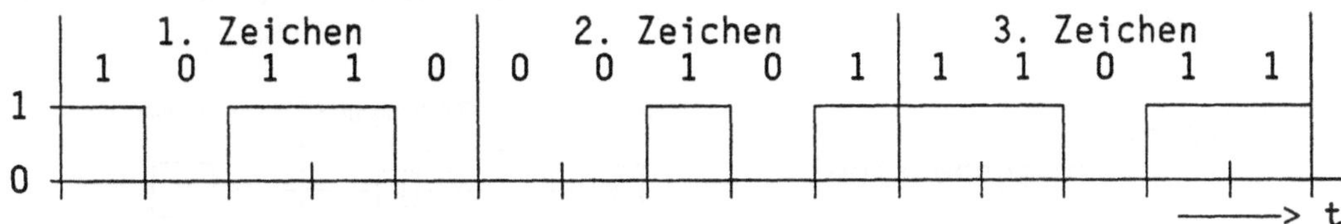

Abb. 3.17: Synchrone Übertragung

Anwendung:

Das Synchronverfahren wird bei mittelschneller und schneller
Datenübertragung verwendet. Das Start-Stop-Verfahren wird
hauptsächlich bei geringen Geschwindigkeiten benutzt.

3.3.1.2 Betriebsarten

Die →Betriebsart der Datenübertragung ist abhängig von dem
Netz und von den angeschlossenen DEEs. Im Telexnetz ist nur
Wechselbetrieb zulässig.

→Richtungsbetrieb:

Betriebsart, bei der an der Schnittstelle nur Sendebetrieb
oder nur Empfangsbetrieb durchgeführt wird /DIN 44302/.

Dieser Betrieb wird selten für die Datenverarbeitung verwendet, da kein Kanal für Rückmeldungen vorhanden ist; es
gibt keine Quittungen und Fehlermeldungen.
Anwendung: Rundfunk, Fernsehen, Fernwirken.

→Wechselbetrieb:

Betriebsart, bei der an der Schnittstelle, von der DEE
bestimmt, abwechselnd Sendebetrieb und Empfangsbetrieb
stattfindet /DIN 44302/.

→Gegenbetrieb:

Eine Betriebsart, bei der an der Schnittstelle gleichzeitig
Sendebetrieb und Empfangsbetrieb durchgeführt wird /DIN
44302/.

simplex
(sx, Richtungsbetrieb)

halbduplex
(hx, Wechselbetrieb)

duplex
(dx, Gegenbetrieb)

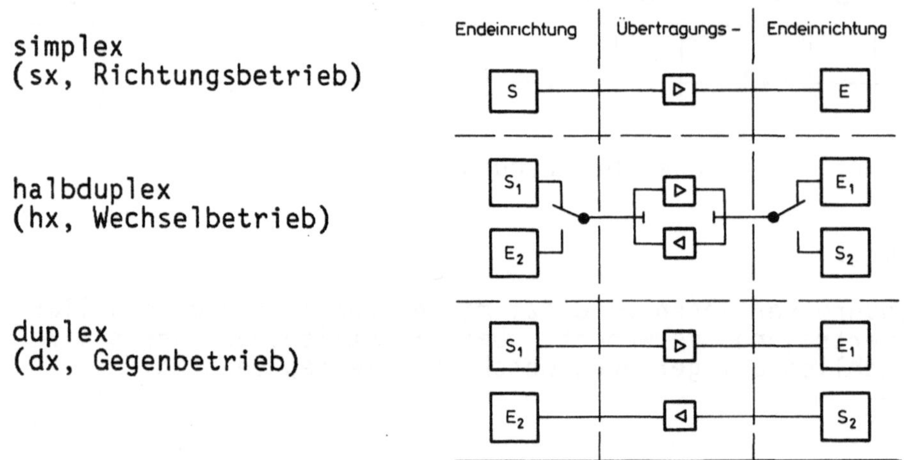

Abb. 3.18: Betriebsarten /Tiet 76/

3.3.1.3 Übertragungsprozeduren

Sollen zwischen mehreren DEEs Daten ausgetauscht werden,
dann muß es für die Kommunikation ein Protokoll geben. Ein
→Protokoll enthält die Regeln für die Kommunikation, insbesondere für die physikalischen Größen der Bitdarstellung,
der Datencodierung und der Datensicherung. Die ältere Bezeichnung für Protokoll ist →Prozedur oder auch Steuerungsverfahren. Diese Übertragungsprozeduren entsprechen den
Protokollen der Schichten 1 und 2 der OSI-Architektur.

Der ISO-7-Bit-Code (DIN 66003) wurde speziell für die
Datenübermittlung entworfen.

Code-Tabelle 2. **Deutsche Referenz-Version (mit Umlauten)**

Bit $b_7 b_6 b_5 b_4$	$b_3 b_2 b_1$ Zeile	Spalte	0	1	2	3	4	5	6	7
0 0 0 0	0		NUL	TC_7 (DLE)	SP	0	§	P	`	p
0 0 0 1	1		TC_1 (SOH)	DC_1	!	1	A	Q	a	q
0 0 1 0	2		TC_2 (STX)	DC_2	"	2	B	R	b	r
0 0 1 1	3		TC_3 (ETX)	DC_3	#	3	C	S	c	s
0 1 0 0	4		TC_4 (EOT)	DC_4	$	4	D	T	d	t
0 1 0 1	5		TC_5 (ENQ)	TC_8 (NAK)	%	5	E	U	e	u
0 1 1 0	6		TC_6 (ACK)	TC_9 (SYN)	&	6	F	V	f	v
0 1 1 1	7		BEL	TC_{10} (ETB)	'	7	G	W	g	w
1 0 0 0	8		FE_0 (BS)	CAN	(	8	H	X	h	x
1 0 0 1	9		FE_1 (HT)	EM	)	9	I	Y	i	y
1 0 1 0	10		FE_2 (LF)	SUB	*	:	J	Z	j	z
1 0 1 1	11		FE_3 (VT)	ESC	+	;	K	Ä	k	ä
1 1 0 0	12		FE_4 (FF)	IS_4 (FS)	,	<	L	Ö	l	ö
1 1 0 1	13		FE_5 (CR)	IS_3 (GS)	–	=	M	Ü	m	ü
1 1 1 0	14		SO	IS_2 (RS)	.	>	N	^	n	ß
1 1 1 1	15		SI	IS_1 (US)	/	?	O	_	o	DEL

Abb. 3.19: ISO-7-Bit-Code /DIN 66003/

Das zeichenorientierte Steuerungsverfahren (ISO-R 1745) für die wechselseitige Datenübermittlung nach DIN 66019 stützt sich auf die Übertragungssteuerzeichen der ISO-7-Bit-Codes. Die erste ECMA-Empfehlung wurde 1968 veröffentlicht, die entsprechende ISO-Norm 1971. Zu diesem Zeitpunkt hatten einige Unternehmen bereits eigene Leitungsprozeduren entwickelt.

Das Steuerungsverfahren gliedert sich in 5 Phasen:

1. Phase: Verbindungsaufbau im öffentlichen Wählnetz
2. Phase: Aufbau der Datenverbindung
3. Phase: Datenübertragung
4. Phase: Beendigung der Datenübertragung
5. Phase: Verbindungsabbau im öffentlichen Wählnetz

Bei festgeschalteten Verbindungen entfallen die Phasen 1 und 5. Die Steuerungsverfahren, die sich auf die Übertragungssteuerzeichenfolge des 7-Bit-Codes stützen, werden →Basic-Mode-Prozeduren genannt. Wesentliche Merkmale dieser Leitungsprozeduren sind:

- die Steuerung der Übertragung ist zeichenorientiert.
  Datensätze werden mit formatbestimmenden Steuerzeichen
  (Transmission Control Character, TC) eingefaßt, um Anfang und Ende zu kennzeichnen. Die Steuerzeichen dürfen
  im eigentlichen Datenfeld nicht vorkommen.
- Die Übertragungssteuerung erfolgt in der Betriebsart
  halbduplex.
  Der Empfänger muß jeden Satz dem Sender quittieren.
  Zu Beginn einer Datenübertragung wird das Senderecht im
  Rahmen einer Eröffnungsprozedur zwischen den Kommunikationspartnern entschieden. Für die Eröffnungsprozedur
  sind weitere TCs vorgesehen.

Prozedur	Übertragungs-art/Geschwindigkeit	Übertragungsweg	Netzkonfiguration	Übertragungssteuerung
LSV1 (SIEMENS)	asynchron 200-2400 bit/s	Standverbindung	Konzentrator-/ Mehrpunktverbindung	Aufrufbetrieb
LSV2 (SIEMENS)	asynchron 200-2400 bit/s	Stand-/Wählverbindung	Punkt zu Punkt-Verbindung	Konkurrenzbetrieb
MSV1 (SIEMENS)	synchron ab 600 bit/s	Standverbindung	Konzentrator-/ Mehrpunktverbindung	Aufrufbetrieb
MSV2 (SIEMENS)	synchron ab 600 bit/s	Stand-/Wählverbindung	Punkt zu Punkt-Verbindung	Konkurrenzbetrieb
Start/Stop (IBM, ungenormt)	asynchron bis 1200 bit/s	Stand-/Wählverbindung	Punkt zu Punkt-Verbindung	konkurrenzbetrieb
BSC (IBM)	synchron ab 600 bit/s	Stand-/Wählverbindung	Punkt zu Punkt-/Mehrpunktverbindg.	Aufrufbetrieb

LS: Low Speed
MS: Medium Speed
BSC: Binary Synchronous Communication
       (mit ASCII- und EBCDI-Code möglich)

Abb. 3.20: Merkmale der Basic-Mode-Prozeduren

Die folgende Abbildung zeigt den Verbindungsaufbau beim Aufrufbetrieb in eine Mehrpunktverbindung unter Verwendung der Steuerzeichen nach DIN 66003. Eine weitere Prozedur wird in Kap. 4.2 behandelt (X.21 nach der CCITT-Empfehlung).

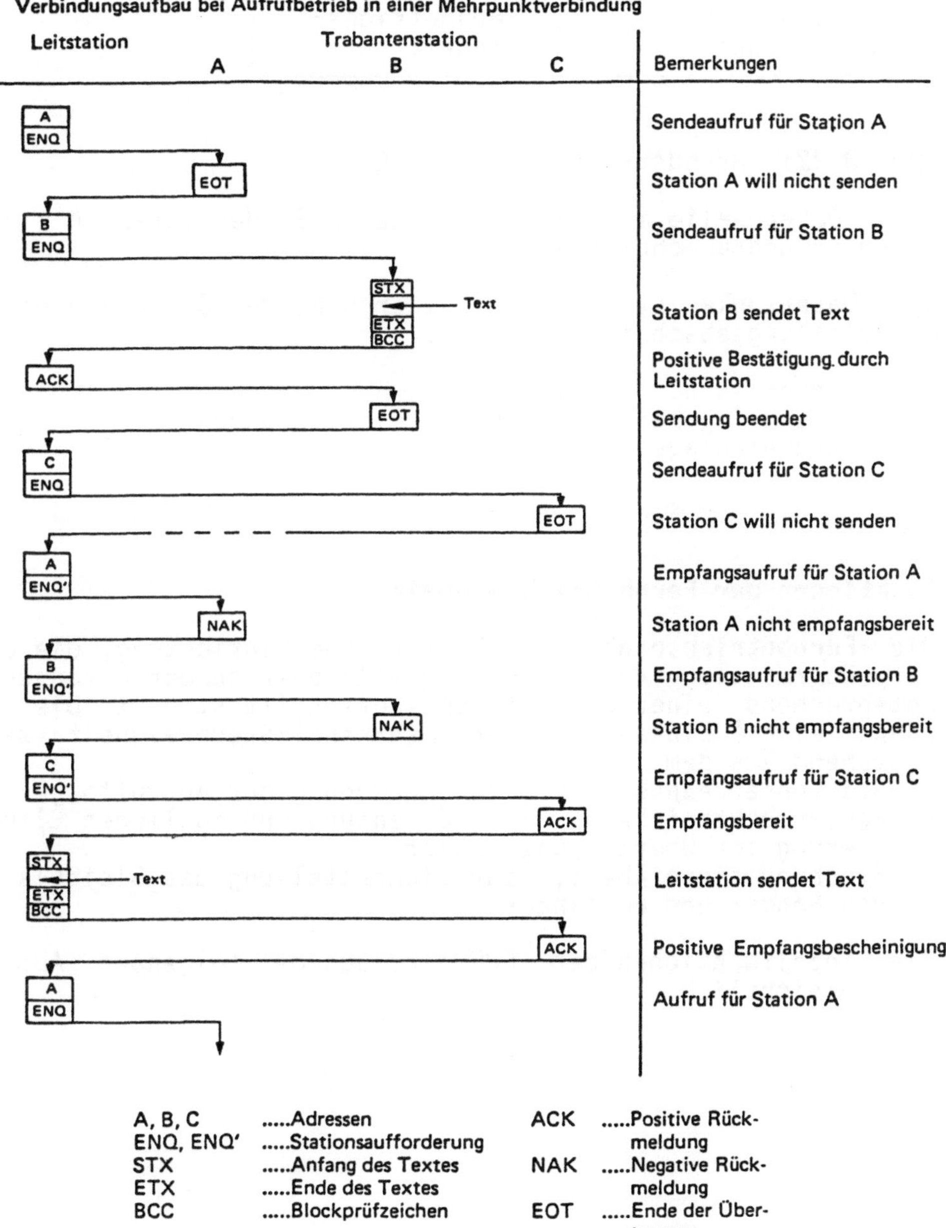

Abb. 3.21: Aufrufbetrieb bei einer Mehrpunktverbindung
/Tiet 76/

3.3.2 Datenendeinrichtungen

<table>
<tr><td>Datenquelle /
Datensenke</td><td>Fernbetriebs-
einheit</td></tr>
</table>

Abb. 3.22: Grundstruktur einer DEE

Die →**Datenquelle** ist der Teil einer DEE, der Daten an einen Übermittlungsabschnitt abgibt.

Die →**Datensenke** ist der Teil einer DEE, der Daten von einem Übermittlungsabschnitt aufnimmt.

DEEs können sein:
- Dateneingabe- /Datenausgabeeinrichtungen
- Rechenanlagen

Funktionen der Fernbetriebseinheit

Die →**Fernbetriebseinheit** (FBE) ist eine Einrichtung, die die Datenübermittlung von der Datenquelle oder zu der Datensenke entsprechend einer Übermittlungsvorschrift steuert. Die FBE kann eine Einkanal- oder Mehrkanal-Steuereinheit sein bestehend aus dem
- Stationserkennungsteil, zur Erkennung der Aufruffolge
- Fehlerschutzeinheit, zur Erkennung und möglichen Eliminierung der Übertragungsfehler
- Synchronisiereinheit, zur Sicherstellung des Gleichlaufs von Sender und Empfänger

Die Einzelfunktionen der FBE sind aus der folgenden Abbildung ersichtlich.

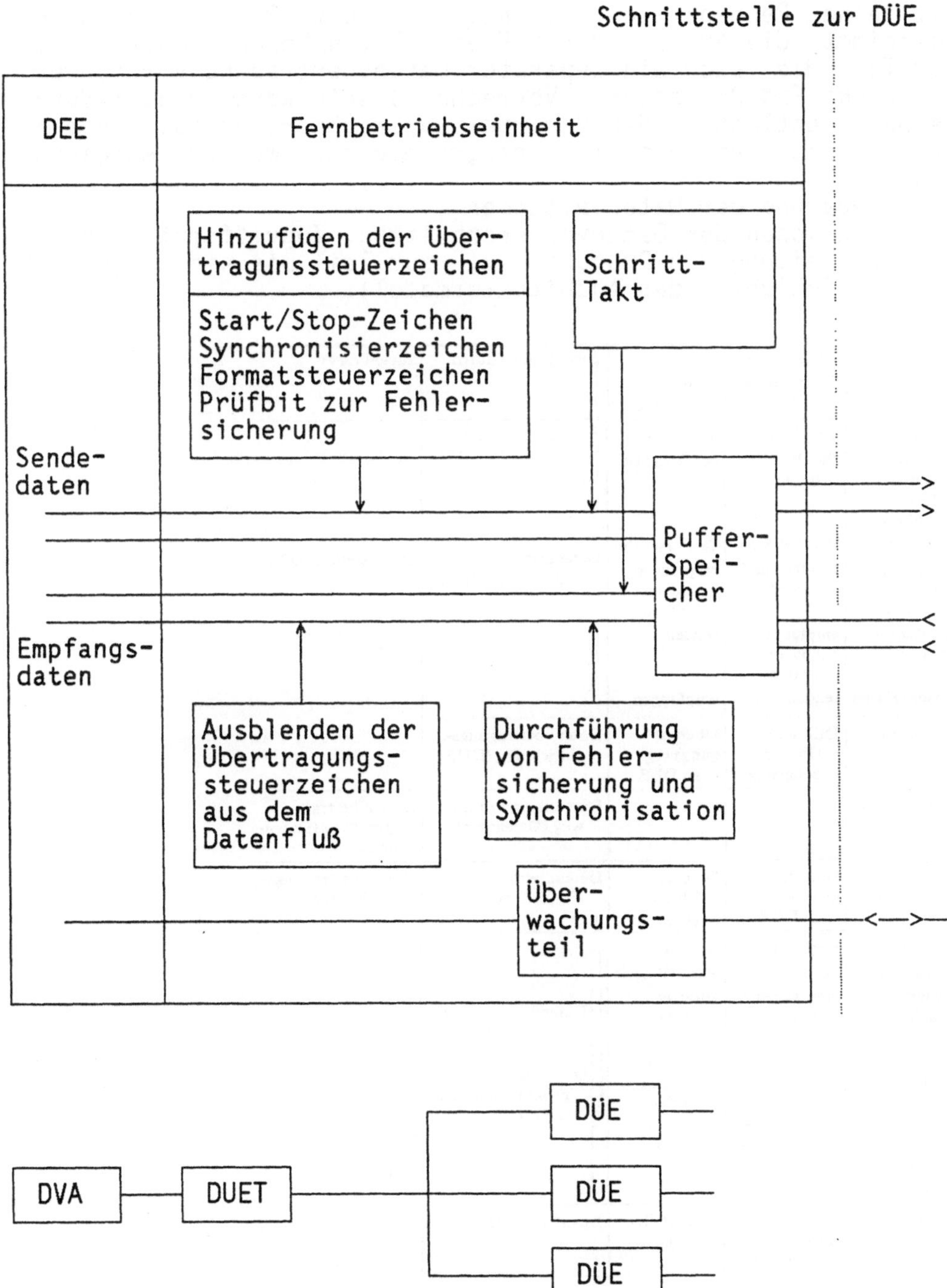

Abb. 3.23: Funktionen der FBE und DUET /Krau 78/

Ist eine Rechenanlage Datenquelle oder Datensenke, dann übernimmt die Aufgabe der FBE eine **Datenübertragungseinheit (DUET)**, die auch ein separater Datenübertragungsvorrechner (→Front End Processor, Vorrechner) sein kann. Dieser Vorrechner entlastet den Verarbeitungsrechner, er hat Konzentratorfunktionen und ist programmierbar. Weitere Aufgaben sind:
- Steuerung der Datenleitungen
- Funktionen der Datenvorverarbeitung, Zugriffsmethoden
- Abarbeitung von Protokollen, zum Teil bis einschließlich der Schicht 4 des Architekturmodells

Aufgaben bzw. Funktionen	Übertragungsrichtung		durchgeführt durch	zugehörig zu
	DSt→DVA	DVA→DSt		
Daten	eingeben	ausgeben		
Codieren, Datenformatbildung	für Übertragung	für Ausgabe		
Umsetzen	Parallel-Serie	Serie-Parallel	Datenendeinrichtung (DEE)	Datenstation (DSt)
Sicherungs- u. Steuerzeichen	zusetzen und senden	empfangen und auswerten		
Quittungszeichen	empfangen und auswerten	senden		
Datenzeichen	senden	empfangen		
Anpassen	DEE an Übertragungsweg	Übertragungsweg an DEE	Datenübertragungseinrichtung (DÜE)	
Übertragung			Datenübertragungsweg (Datennetz)	Datenübertragungsweg (Datennetz)
Anpassung	Übertragungsweg an DÜE	DÜE an Übertragungsweg	Datenübertragungseinrichtung	Datenübertragungseinrichtung
Datenzeichen	empfangen	senden		
Umsetzen	Serie-Parallel	Parallel-Serie		
Sicherungs- u. Steuerzeichen	empfangen und auswerten	zusetzen u. senden	Datenübertragungseinheit (DÜE)	
Quittungszeichen		empfangen und auswerten	Datenübertragungsprogrammsystem (DÜS)	
Codieren, Datenformatbildung	für Benutzerprogramm	für Übertragung		Datenverarbeitungsanlage (DVA)
Daten	übernehmen, auswerten, verarbeiten	bereitstellen für DÜS	Benutzerprogramm	

Abb. 3.24: Aufteilung der Funktionen auf Systemkomponenten /Tiet 76/

3.3.3 Datenübertragungswege

Arten der Datenübertragung

Zahlen, Zeiten und andere physikalische Größen können in digitaler und analoger Form dargestellt werden. Signale können analog oder digital sein, eine Umwandlung der Signale von der einen in die andere Form wird bei der analogen Datenübertragung durchgeführt. Die DEEs in der Datenverarbeitung liefern Signale in der digitalen Form. Digitale Daten bestehen nur aus Zeichen. Analoge Daten bestehen aus kontinuierlichen (fortlaufenden) Funktionen.

Im analogen Telefonnetz mit einer Frequenzbandbreite von 300 Hz -3400 Hz werden die Signale in Form von Wechselstromsignalen übertragen. Die akustischen Schwingungen der Sprache werden durch das Mikrofon in elektrische Schwingungen gewandelt.

Die Bandbreite (B) im Fernsprechnetz beträgt 3100 Hz. Die Größe der Frequenzbandbreite bestimmt bei der analogen Datenübertragung die Datenübertragungsgeschwindigkeit.

Werden digitale Daten in einem analogen Netz übertragen, dann erfolgen die Transformationen der Signale mit Hilfe eines Modems (**Mod**ulator-**Dem**odulator). Werden analoge Daten (Sprache) digital übertragen, so geschieht die Signalumwandlung mittels der Pulscode-Modulation (s. Kap. 3.3.4).

Folgende Arten von Übertragungen sind zu unterscheiden:

- Analoge Übertragung:
  Die DBP macht analoge Übertragung nur noch im Fe-Netz und teilweise noch im HfD-Netz (s. Kap. 3.4.2).

- Digitale Übertragung:
  TELEX-, DATEX-Netz, ISDN (s. Kap. 3.4.3 und 3.4.4).

- Drahtgebundene Übertragung:
  Übertragung über Leitungen, Kabel, Hohlleiter, Lichtwellenleiter

- Drahtlose Übertragung:
  Übertragung über Richtfunk, Satelliten

Kenngrößen von Übertragungswegen:

Die Übertragung wird beeinflußt durch die elektrischen
Eigenschaften des Übertragungsweges. Dämpfung (Exponentiel-
les Absinken von Spannung, Strom und Leistung auf einer
langen Leitung), Laufzeit der Signale, Verzerrung und
Störungen führen zu Bit- bzw. Zeichenverfälschungen. Die
Bitfehlerhäufigkeit ist der Quotient aus der Anzahl der
verfälschten Bits und der Anzahl der insgesamt übertragenen
Bits.

3.3.4 Datenübertragungseinrichtungen

Die Datenübertragungseinrichtung (DÜE) besteht aus dem
Signalumsetzer und der Anschalteinheit. Die DÜE ist
Bindeglied zwischen DEE und Übertragungsweg. Die Funktion
der DÜE, speziell des Signalumsetzers, besteht darin,

-       die von der DEE angelieferten Datensignale in eine für
        die Übertragung geeignete Form und/oder
-       die von der Übertragungsleitung empfangenen Daten-
        signale in die für die Schnittstelle vorgeschriebene
        Form zu bringen (DIN 44302).

Die Anschalteinheit sorgt für die Anschaltung der DÜE an den
Datenübertragungsweg.

Arten von DÜEs

Für die verschiedenen Datenübertragungswege gibt es auch
verschiedene Arten von DÜEs. Die Benennungen der Geräte
sind postalischen Ursprungs:

-       →Fernschaltgeräte (FGt), →Anschlußgeräte beim Teilneh-
        mer (AGT).
        Das FGt ermöglicht dem Auf- und Abbau der Verbindung
        und das Ein- und Ausschalten der DEEs. Das AGT ist
        eine Anpassungseinrichtung zwischen der Datenstation
        und der Datenvermittlungsstelle (DVST) beim Elek-
        tronischen Datenvermittlungssystem (EDS). FGt und AGT
        werden für das Telex- und Datexnetz und für postei-
        gene Telegrafenstromwege bis 300 bit/s benutzt.

-       Modems
        →Datenübertragungsgeräte (→Modems) bei wechselstrom-
        förmigen Trägern
        Datenanschlußgeräte (DAG) für Modemverfahren
                              für Basisbandverfahren

DEEs werden mit Hilfe des Basisbandübertragungsverfahrens
an eine Datenumsetzerstelle (DUST) angeschlossen. Im Basis-
bandgerät werden die digitalen Signale der DEE so umgeformt,
daß sie auf normalen Kupferleitungen bis zur nächsten DUST
übertragen werden können /Hill 81/.
        Diese Geräte werden benutzt für das
        * öffentliche Fernsprechnetz
        * posteigene Fernsprechstromwege
        * Breitbandstromwege
        * Hauptanschluß für Direktruf (HfD)
        Die DAGs werden für den HfD-Anschluß verwendet, sie
        enthalten keine Wähleinrichtung.

-       →Datenfernschaltgeräte (DFG)
        Die DFGs werden im DATEX-L-Netz eingesetzt.

Für den technischen Betrieb der DBP ist eine Datenverbindung
dann nicht mehr analog, wenn mittels DAG und DFG die
Binärsignale envelopeweise (8 Bits + 2 Bits für Synchronisa-
tion und Signalisierung übertragen werden.
Die Arbeitsgeschwindigkeit des Modems wird angegeben in bits
pro Sekunde (bps) oder Zeichen pro Sekunde.
DEE und DÜE befinden sich in beiden Fällen in den Räumen des
Anwenders.

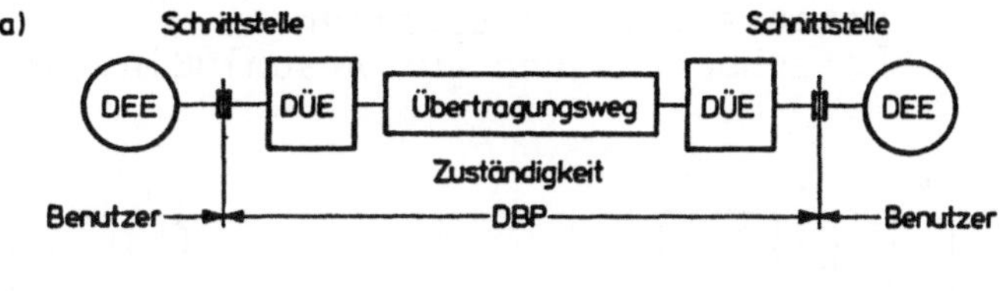

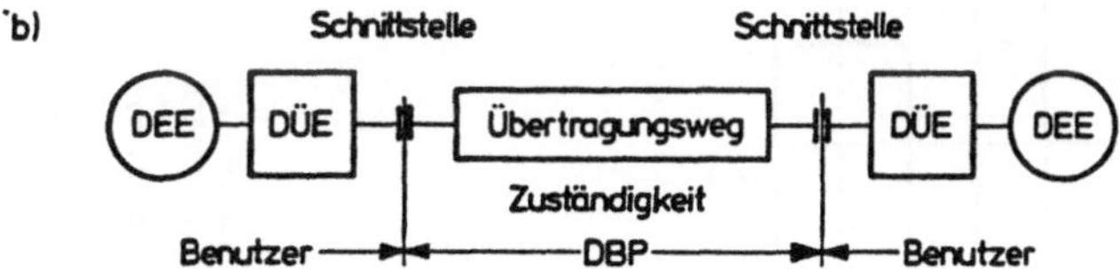

        a)   öffentliche Übertragungswege
        b)   posteigene Stromwege

Abb. 3.25: Schnittstellen-Anordnung /Krau 78/

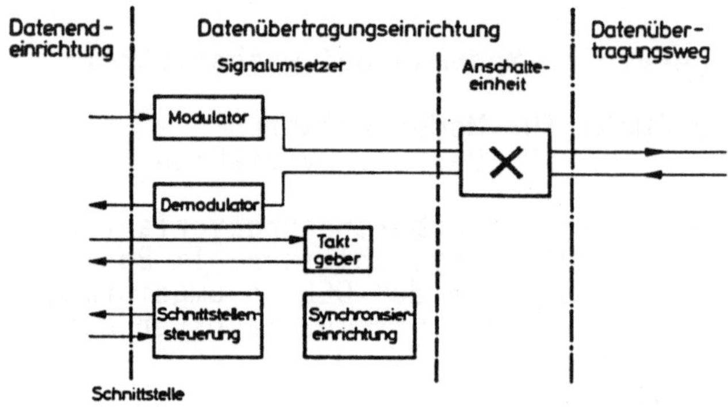

Abb. 3.26:   Schematischer Aufbau einer DÜE /Krau 78/

Gleichstrom-Datenüberagung

Die Gleichstrom-Datenübertragungsverfahren dient dem lang-
samen und mittelschnellen Datenverkehr (bis 300 Bps) im
Nahbereich über galvanisch verbundene Standleitungen; eine
andere Bezeichnung ist Binärmodulation. Verstärker oder
Funkstrecken werden nicht benutzt, Entfernungen bis zu 30 km
können überbrückt werden.

Anwendungsbereich:

-       Datenübertragung im Lokalbetrieb, innerhalb von
        Gebäuden, Grundstücken
-       Verbindungen zwischen Endgeräten innerhalb von
        Datenvermittlungsstellen
-       Datenübertragung auf Anschlußleitungen im Ortsnetz.

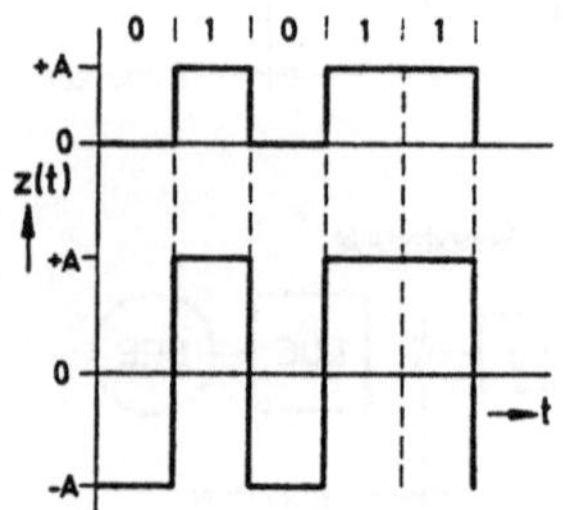

→Unipolare Tastung
(Einfachstrom)
vorwiegend auf 2dr-Leitungen

→Bipolare Tastung
(Doppelstrom)
vorwiegend auf 4dr-Leitungen

Abb. 3.27:   Gleichstrom-Tastverfahren /Krau 78/

Wechselstrom-Datenübertragung

Liegen in der DEE Gleichstromsignale vor, so müssen sie auf
einen Wechselstromträger moduliert werden. Signalparameter
der Wechselstromträger sind
-     Amplitude :   →Amplituden-Modulation (AM)
-     Frequenz :   →Frequenz-Modulation   (FM)
-     Phase   :   →Phasen-Modulation   (PM)

→Modulation:
Das Aufprägen von Datensignalen auf eine Trägerfrequenz
nennt man Modulation. Modulation ist eine Frequenzmischung.
Die Rückgewinnung der ursprünglichen Signale heißt Demodu-
lation.

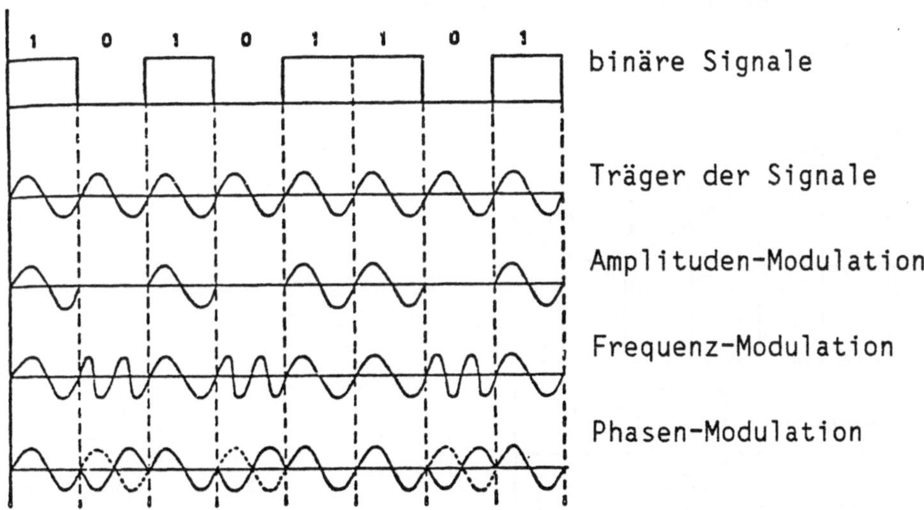

Abb. 3.28: Modulationsarten

Für Datenübertragung auf Telegrafenwegen (Übertragung
binärer Signale erlaubt) wird derzeit Amplituden- und Fre-
quenzmodulation verwendet. Für Datenübertragung auf Fern-
sprechwegen wird derzeit Phasenmodulation verwendet.

Digitale Datenübertragung

Die DEE liefern digitale Signale, sie sind für die Übertragung besser geeignet als analoge Signale. Sie sind
unempfindlich gegenüber Störungen, Dämpfungsprobleme treten
nicht auf und die Signale können besser regeneriert werden.

Durch die →Pulscodemodulation (PCM) werden analoge Signale
in digitale Signale gewandelt. Die PCM arbeitet mit einer
Abtastfrequenz von 8 kHz.

Grundlage ist das Nyquist-Theorem, das angibt, wie oft ein
analoges Signal abgetastet und quantisiert werden muß, damit
ohne Informationsverlust das ursprüngliche analoge Signal
zurückgewonnen werden kann. Die Abtastfrequenz muß größer
sein als das doppelte der höchsten Frequenz, die in dem
analogen Signal enthalten ist. Da im Telefonetz mit dem
Frequenzband von 300-3400 Hz gearbeitet wird, ist vom CCITT
eine Abtastfrequenz von 8000 Hz festgelegt worden; zwischen
zwei Abtastungen vergehen somit 125 Mikrosekunden.
Es sind 128 Quantisierungsintervalle für positive und
negative Signalwerte vorgesehen, für die 256 Stufen wird ein
achtstelliger Binärcode verwendet.

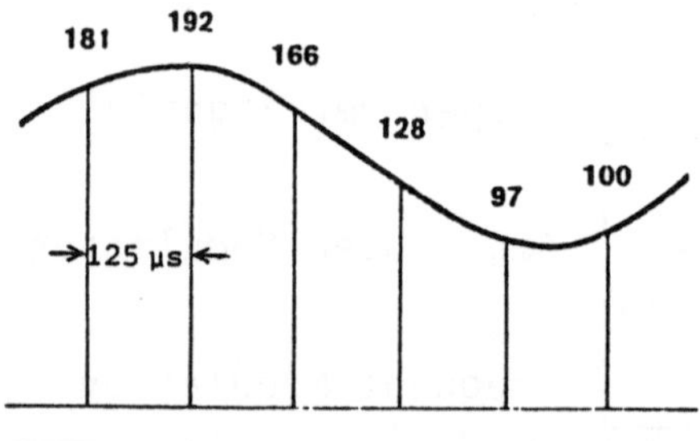

Abb. 3.29: Digitalisierung von analogen Signalen

Das IDN der DBP ist ein digitales Übertragungsnetz. Die
folgende Abbildung zeigt den Netzaufbau:

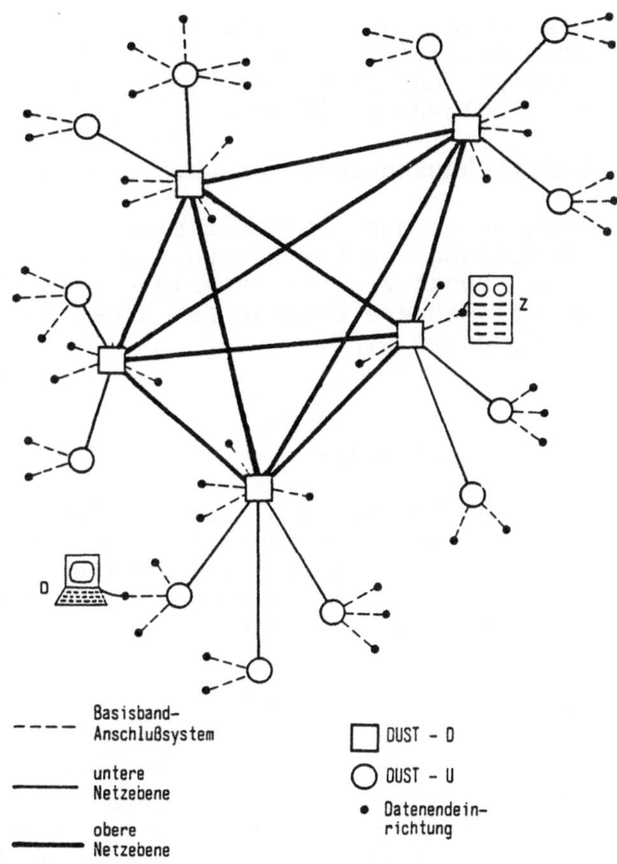

Abb. 3.30: Datenumsetzerstellen und ihre Verbindungen mit
digitalen 64 kbit/s-Übertragungsstrecken
(DUST-U = Datenumsetzerstelle der unteren Netzebene,
DUST-D = Datenumsetzerstelle am Sitz einer Daten-
vermittlungsstelle) /Hill 81/

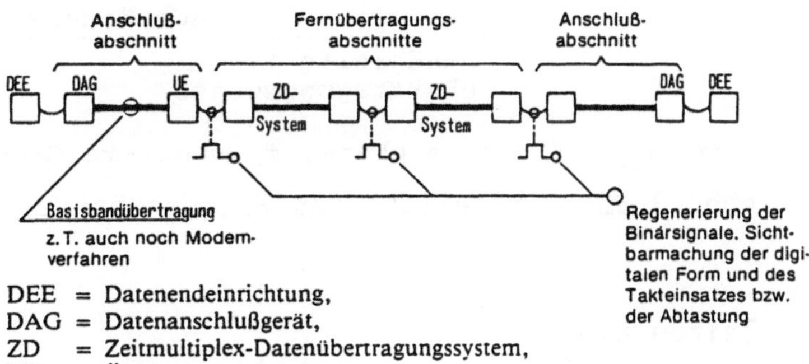

Abb. 3.31: Abschnittweise Datenübertragung im IDN /Hill 81/

Die Daten werden abschnittweise übertragen. Im IDN werden
den Netzinformationen (8 Bits) noch 2 Bits für Synchronisierung und Steuerung hinzugefügt, das geschieht in der DÜE
des Teilnehmers (DFG) (s. Kap. 3.4.4).

Mehrfachausnutzung von Übertragungswegen

Frequenz- und Zeitmultiplex sind Verfahren zur Mehrfach-
ausnutzung von Übertragungswegen. Multiplexer erlauben quasi
eine Punkt-zu-Punkt-Verbindung in einem Rechnerverbundnetz,
obwohl mehrere DEEs an der einen Seite des Multiplexers angeschlossen sind.

Frequenzmultiplex

Die Bandbreite des zur Verfügung stehenden Übertragungs-
kanales wird in gleichbreite Frequenzbänder aufgeteilt.
Zwischen den jeweiligen Kanälen liegen Frequenzlücken; sie
sind für die Kanaltrennung erforderlich. Die Kanäle werden
gleichzeitig übertragen.

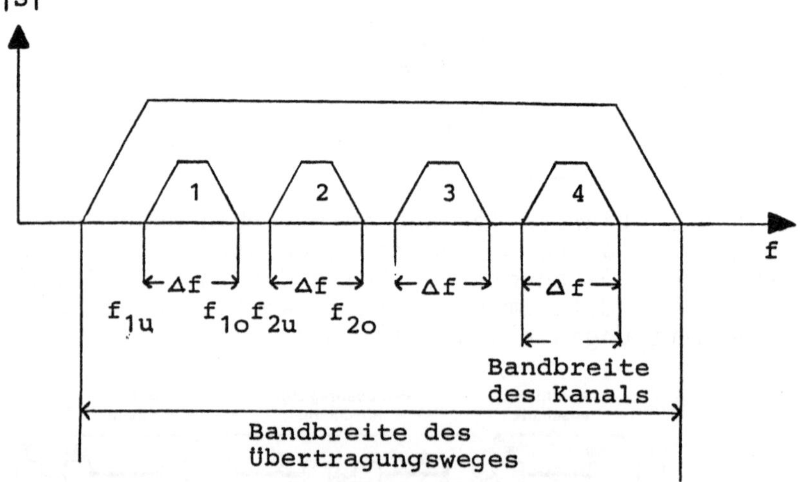

$\Delta f = f_o - f_u$, f_o = obere, f_u = untere Grenzfrequenz

Abb. 3.32: Aufteilung des Frequenzbandes /Brez 74/

Zeitmultiplex

Beim Zeitmultiplex werden die Kanäle zeitlich verschachtelt,
jedem Kanal ist ein fester Zeitschlitz zugeordnet, der

ausschließlich von diesem benutzt wird. Die Länge des Multiplexrahmens ist abhängig von der Zahl der der angeschlossenen DEEs und vom verwendeten Protokoll. Zeitmultiplex setzt ein taktgebundenes Netz voraus, es wird im Integrierten Text- und Datennetz (IDN) verwendet. Es gibt PCM- und Digital-Multiplexgeräte.

PCM-Multiplexgerätet haben sendeseitig einen analogen Eingang und eine digitale Ausgangsschnittstelle (Multiplexsignal). Die Analog-Digitalwandlung ist eine Funktion, die zum Multiplexen gehört.

Digital-Multiplexgeräte haben sendeseitig digitale Eingänge einer niedrigen Bitrate und auf der digitalen Ausgangsseite einen Ausgang einer hohen Bitrate.

Beim statistischen Zeitmultiplex steht jeder DEE die gesamte Übertragungskapazität zur Verfügung, nur bei Bedarf wird die Kapazität mit anderen DEEs geteilt. Grundlage des statistischen Zeitmultiplexverfahrens ist das Zeitmultiplexen, dieses Verfahren wird bei der Teilstreckenvermittlung angewandt.

Einen dynamischen Zeitmultiplexer gibt es im IDN, um bei DATEX-L die Kapazität einer Verbindungsleitung zur DVST nur dann zu belegen, wenn von der DEE Verbindungswünsche vorliegen.

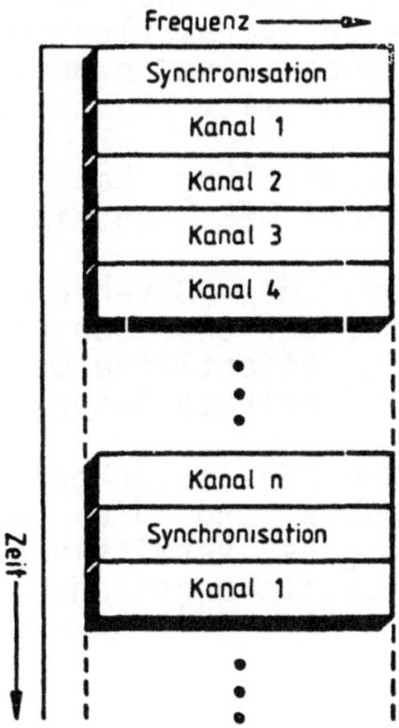

Abb. 3.33: Prinzip des Zeitmultiplexverfahrens /Kafk 83/

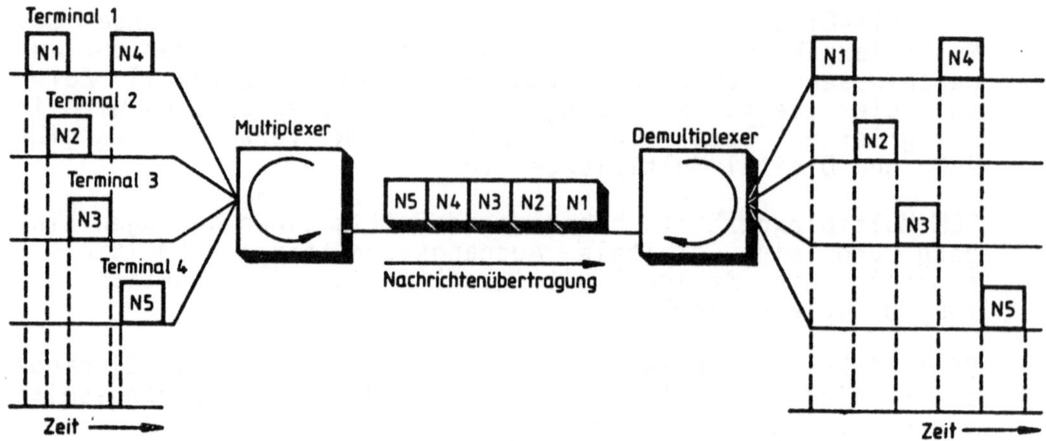

Abb. 3.34:   Prinzip des statistischen Zeitmultiplexers
/Kafk 83/

3.3.5 Datenvermittlungseinrichtungen

→Vermittlungseinrichtungen haben die Aufgabe, aus einer
Vielzahl von möglichen Verkehrsbeziehungen, die von einem
Teilnehmer jeweils gewünschte herzustellen. Wählverbindungen
im Durchschaltbetrieb sparen Übertragungskapazität, setzen
aber Vermittlungseinrichtungen voraus. Vermittlungseinrichtungen sind in herkömmlichen Netzen zentral angeordnet, d.h.
in Vermittlungsstellen zusammengefaßt.

Vermittlung kann aber auch dezentralisiert erfolgen, d.h.
jeder DEE kann eine Vermittlungseinrichtung zugeordnet sein.

Bei den Datenvermittlungseinrichtungen wird nach dem Betreiber unterschieden:
-    öffentliche Datenvermittlungseinrichtungen
-    private Datenvermittlungseinrichtungen

Die DBP als Träger der Fernmeldehoheit ist zuständig für die
Netze und die Vermittlungseinrichtungen. Jedes Netz hat
eigene Vermittlungsstellen und zum Teil unterschiedliche
Vermittlungstechnologien.

Öffentliche Vermittlungseinrichtungen

EDS:
Die DBP baut das Elektronische Datenvermittlungssystem (EDS)
für das Integrierte Fernschreib- und Datennetz (IDN) auf.
Das taktgesteuerte Durchschaltenetz, für das sich besonders
gut die Übertragung und Vermittlung im Zeitmultiplex eignet,
bildet die Grundlage des EDS. Das EDS arbeitet vollelektro-
nisch und programmgesteuert, es gibt 21 Datenvermittlungsstellen an 17 Standorten. EDS ist das Vermittlungssystem für
DATEX-L und den TELETEX-Dienst. Eine DVST kann etwa 16 000
Systemanschlüsse versorgen.

Über das EDS lassen sich alle derzeitigen Anforderungen für
asynchrone und synchrone Datendienste bis 9.6 kbit/s erfüllen.

Beim EDS erfolgt die Durchschaltung nach dem asynchronen
Zeitvielfach.

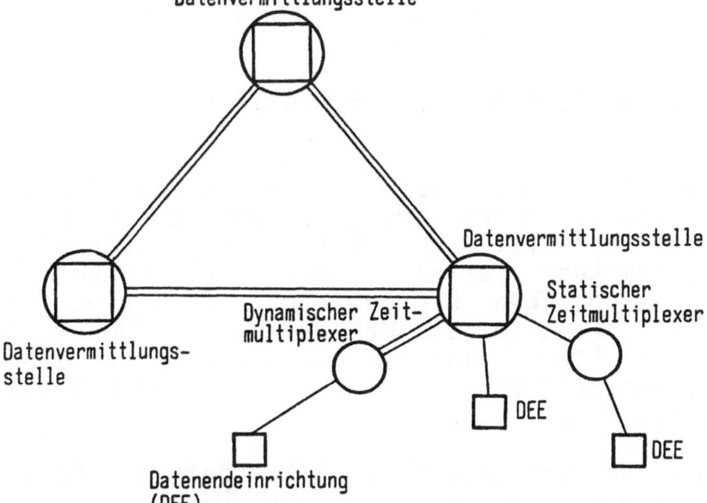

Abb. 3.35: Technische Einrichtungen für das DATEX-L-Netz
/Hill 81/

Beim asynchronen Zeitmultiplex werden nur die Zustandsänderungen innerhalb der Serie von Datensignalen abgetastet
und übertragen. Im Durchschnitt ist die Zahl der
Polaritätswechsel nur halb so groß wie die Zahl der zu
übertragenden Datensignale. Beim EDS überträgt man nur für
den Fall eines Polaritätswechsels eine Information. Damit
spart man gegenüber dem synchronen Zeitmultiplex etwa die
Hälfte der Abtastzyklen /Krau 78/.

Datenvermittlung im Tx-Netz und Fe-Netz

Das Tx-Netz ist noch mit elektromechanischen Bauteilen als
Raumvielfachnetz aufgebaut. Diese Technologie wird gegen das
EDS ausgewechselt. Beim Wählen wird der Kennzahlung durch
Querleitungen entlastet. Im Tx-Netz wird nur wenig Verkehr
im Bereich der EVST abgewickelt, deshalb ist es zweckmäßig,
die EVST direkt mit der ZVST zu verbinden. Das Tx-Netz ist
als Teilnetz im IDN enthalten.

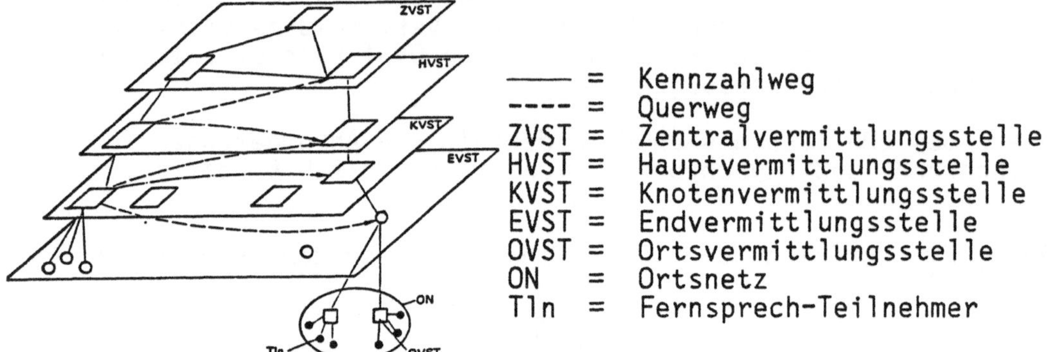

Abb. 3.36: Aufbau des öffentlichen Fernsprechnetzes

Das Fernsprechnetz ist ein öffentliches internationales
Wählnetz. Jedes Ortsnetz hat einen bestimmten Ortsnetz-
bereich; OVST und EVST sind miteinander vereinigt. Im
Weitverkehr erfolgt der Verbindungsaufbau nach einer
hierarchischen Ordnung. Die EVST sind sternförmig an eine
KVST angeschlossen. Mehrere KVST bilden wieder mit einer HST
einen Stern, maximal 10 HVST werden dann durch eine ZVST
zusammengefaßt, diese wiederum sind miteinander vollständig
vermascht.

Der Verbindungsaufbau ist über den Kennzahlweg oder über
Querverbindungswege möglich. Die Querverbindungen führen zu
einer optimalen Vermittlungstechnik und zu einem ausfall-
sicheren Netz. Derzeit werden im Fe-Netz der DBP noch fast
ausschließlich elektromechanische Vermittlungseinrichtungen
(Edelmetall-Motor-Dreher (Wähler),EMD) eingesetzt.

Die Durchschaltung von Verbindungen in der Koppelanordnung
geschieht nach zwei verschiedenen Verfahren. Das ältere
Verfahren arbeitet nach dem Raumvielfach. Für jede Verbindung ist ein getrennter Leitungsweg vorhanden, der für die
Dauer der Verbindung durchgeschaltet ist und verfügbar
bleibt. Die Verbindungswege werden über Wähler, z. B.
EMD-Wähler geschaltet. Das zweite Verfahren ist das Zeit-

vielfachverfahren, das auf dem Abtastverfahren (Zeitmultiplex) beruht /Krau 78, Brez 74/.

Die DBP begann im Jahre 1975 mit der Einführung des
Elektronischen Wählsystems (EWS) als Vermittlungssystem für
das öffentliche Fe-Netz. Das EWS ist ein rechnergestütztes
Raumvielfach-Vermittlungssystem für die Orts- und Fern-
vermittlungsstellen. Im Jahre 1983 begann die digitale
Orts- und Fernvermittlung in einigen Orten der Bundes-
republik. Mit dem Regeleinsatz (Betrieb) für digitale Fe-
Fernvermittlungstechnik (DIV-F) ist voraussichtlich ab
Mitte 1985, mit der Fe-Ortsvermittlung (DIV-O) ist voraus-
sichtlich ab Ende 1985 zu rechnen.

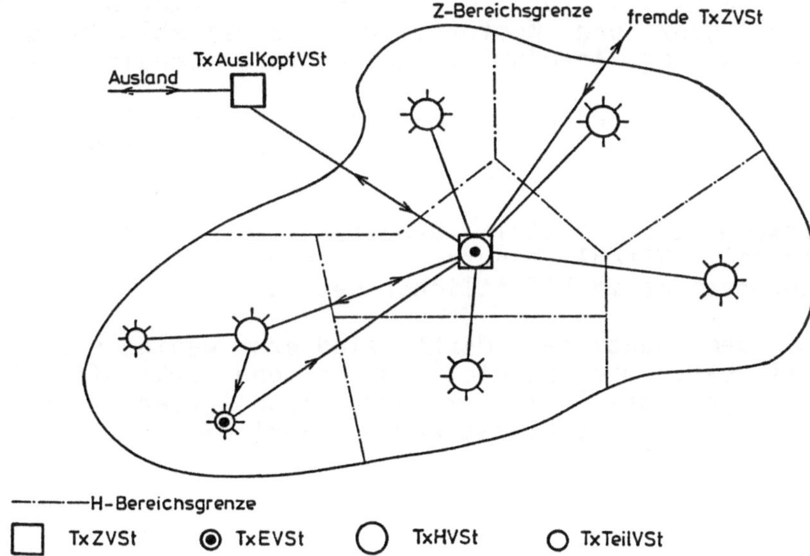

Abb. 3.37: Aufbau des öffentlichen Telexnetzes /Daut 78/

	Telex		
ZVST:	8		8
HVST:	50		68
EVST:	500	KVST:	525
		OVST:	3754

| | | Fernsprechen | |

Abb. 3.38: Anzahl der Vermittlungsstellen

Private Vermittlungsreinrichtungen

Nebenstellenanlagen (NStAnl) sind private Vermittlungseinrichtungen. Die NStAnl haben postseitig eine oder mehrere
Hauptanschlüsse (Amtsleitungen) und auf der Teilnehmerseite
über den Nebenstellenanschlußleitungen eine oder mehrere
Teilnehmerendeinrichtungen (Nebenstellen).

NStAnl sind beim Fe-, Tx- und Ttx-Dienst im Einsatz. Sie
dienen dem Verkehr innerhalb einer Organisation (gebühren-
freier Internverkehr) und dem Verkehr mit auswärtigen Teilnehmern.

Moderne NStAnl für die Sprachkommunikation bieten sehr viel
Intelligenz und Komfort, wie Tastenwahl, Kurzwahl, Wahl-
wiederholung, Anrufumleitung, Konferenzschaltung etc.

Ursprünglich waren NStAnl nur im Fe-Netz im Einsatz, sie
werden jedoch immer mehr in der Datenkommunikation eingesetzt.

Herkömmliche NStAnl arbeiten mit einer Analogtechnik.
Digitale NStAnl benutzen die gleiche Technik wie Vermittlungssysteme in öffentlichen Netzen.

Auf dem deutschen Markt sind erst wenige digitale NStAnl
verfügbar. Die Entwicklung ist eng verknüpft mit den Empfehlungen des CCITT zum ISDN, diese werden jedoch nicht vor
Ende 1984 verabschiedet werden /Höri 83/.

3.4 Netze für die Datenübertragung

3.4.1 Einführung

Der Deutschen Bundespost (DBP) steht in der Bundesrepublik
Deutschland das alleinige Recht zu, Fernmeldeanlagen zu
errichten und zu betreiben. Die Anlagen werden den Benutzern
zur Verfügung gestellt.

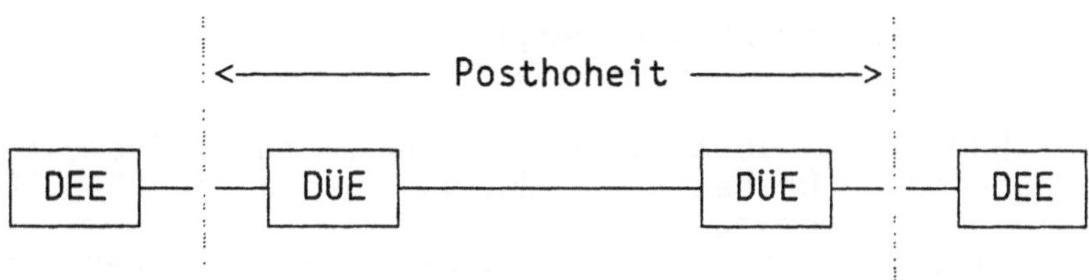

Abb. 3.39: Abgrenzung der Posthoheit

Die DBP ist bestrebt, die Datenübertragung in öffentlichen
Netzen durchzuführen. Posteigene Stromwege für private
Drahtfernmeldeanlagen werden nur bei besonderen Anwendungen
zur Verfügung gestellt. Die Dienste der DBP werden in Netzen
realisiert. Unter dem Kunstwort DATEL-Dienste (**DAta TELe**-
communication) wird die Datenübertragung in folgenden Netzen
und Leitungen zusammengefaßt:

- posteigene Stromwege
- internationale Mietleitungen
- Direktrufnetz
- Fernsprechnetz
- Telexnetz
- DATEX-Netz
- ISDN (als künftige Entwicklung)

Die DBP bietet die Dienste flächen- und kostendeckend an,
die Benutzungsbedingungen und Gebühren sind für die Anwender
gleich. Die Kosten werden bestimmt durch das Verkehrsaufkommen (Auslastung), die Verkehrsbeziehungen (z.B. Mehr-
punktbetrieb) und die Verkehrsstruktur (interaktive Benutzung, Länge der Pausen). Der Interessenausgleich zwischen
Anwendern, Herstellern und der DBP stellt oft große Anforderungen an alle Beteiligten.

3.4.2 Standleitungsnetze

Bei einer →Standverbindung (auch →Festverbindung) steht dem
Anwender ständig eine festgeschaltete Verbindung zu einem
anderen Anwender zur Verfügung. Diese feste Verbindung kann
unterschiedlich realisiert sein; dafür werden Übertragungseinrichtungen aus bestimmten Netzen unter Umgehung der
Vermittlungseinrichtungen geschaltet.

3.4.2.1 Posteigene Stromwege

Die DBP kann posteigene Stromwege für private Fernmelde-
anlagen oder für besondere Zwecke überlassen (§43 FO).
Posteigene Stromwege sind:
- →Fernsprechstromwege (Stromwege mit Fernsprechband-
   breite)
- →Telegrafenstromwege
- →Breitbandstromwege (Das Frequenzband ist breiter als
   im Fe-Netz, meistens 48kHz oder größer)
- →Stromwege für Ton- oder Fernsehsignalübertragung

Liegen die Endpunkte in demselben Fernsprechortsnetzbereich,
dann heißen sie →Regelstromwege, sonst →Ausnahmestromwege.

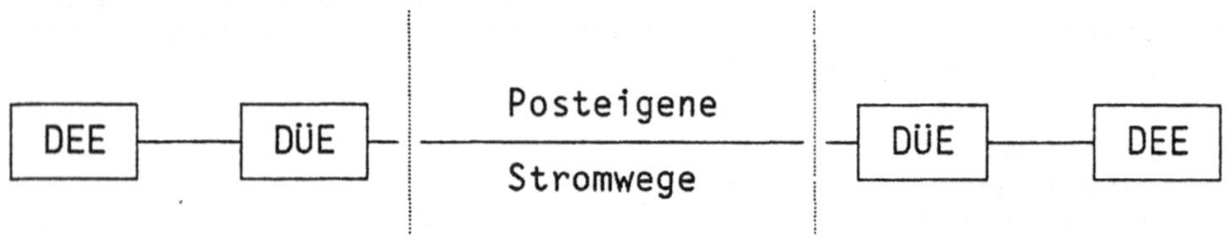

Abb. 3.40: Posteigene Stromwege

Kennzeichen:
- ältester Typ von Standleitungsnetzen
- kein öffentliches Netz
- genehmigungspflichtige private Drahtfernmeldeanlagen,
   sie dürfen nur der innerbetrieblichen Übertragung
   eigener Nachrichten dienen und sind beschränkt auf einen Benutzer (eine juristische Person)
- der gleichzeitige Anschluß einer DEE an ein öffentliches Netz ist nicht zulässig

Gebühren:
- 	einmalige Anschlußgebühren
- 	monatliche Stromwegegebühren (3 Entfernungszonen)
- 	Zuschläge für 4dr-Führung und erweiterte Ausnutzung (Multiplex)
- 	Ausgleichsgebühren
- 	Genehmigungsgebühren für private Drahtfernmeldeanlagen

Entwicklung:
Die DBP versucht, die Anwender in öffentliche Netze (mit speziellen Leistungsmerkmalen) zu verlagern.

3.4.2.2 Internationale Mietleitungen

Die DBP bietet für den Fernmeldeverkehr mit dem Ausland (Datenübertragungsdienst) einen Mietleitungsdienst an. →Mietleitungen für grenzüberschreitenden Verkehr sind (§7 FO Ausl):

- 	→Fernsprechmietleitungen (erweiterte Ausnutzung)
- 	→Telegrafenmietleitungen
- 	→digitale Mietleitungen
- 	→Breitbandmietleitungen

Abb. 3.41: Internationale Mietleitungen

Kennzeichen:
- 	Verbindung zu öffentlichen Fernmeldenetzen der DBP ist eingeschränkt (nur mittelbarer Zugang)
- 	Mindestmietzeit: im Regelfall 1 Monat

Gebühren:
-    monatliche Mietleitungsgebühren (kontinentaler, inter-
     kontinentaler Bereich)
-    monatliche Zuschläge und Gebühren
-    monatliche Gebühren für Datenübertragungseinrichtungen
-    monatliche Gebühren für den Genehmiger der privaten
     Drahtfernmeldeanlagen
-    einmalige Gebühren (Anschließung, Änderung, Bearbei-
     tung)

Entwicklung:
-    Übergang in internationale öffentliche Datennetze

3.4.2.3 Direktrufnetz

Die DBP hat aufgrund einer Rechtsverordnung seit 1972
Hauptanschlüsse für den Direktruf (→HfD) Anwendern überlassen. Für die Datenübertragung werden die HfDs gegenwärtig
noch am häufigsten benutzt. Die Anwendung ist wirtschaft-
lich sinnvoll bei hohem Verkehrsaufkommen. HfDs werden,
soweit es technisch möglich ist, über digitale Übertragungswege geschaltet. Der Aufbau eines privaten Anwendernetzes
ist möglich. Bei Bedarf werden posteigene digitale Knoten-
einrichtungen zur Verfügung gestellt, so daß ein fest-
geschaltetes Mehrpunktnetz entsteht.

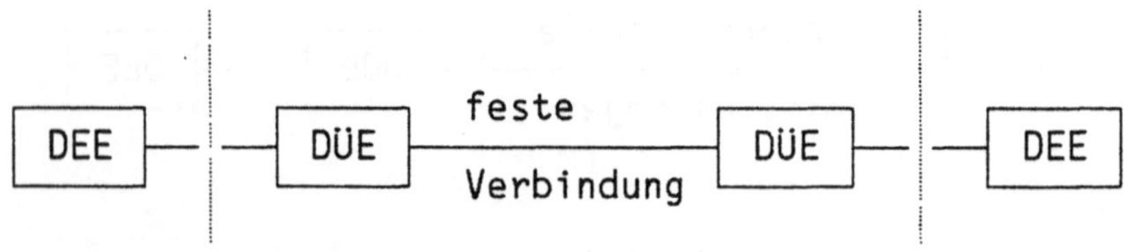

Abb. 3.42: Direktruf-Verbindung

Kennzeichen:
-    Freizügigkeit in der Wahl der festgeschalteten Ver-
     kehrsbeziehungen
-    gleichzeitige Anschaltung einer DEE an HfD und öffent-
     liche Netze möglich
-    gelegentliche oder ständige Mitbenutzung einer DEE
     durch Dritte ist zulässig (§6 DirRufV)

-       Vermittlung für andere ist nicht zulässig (§6, Abs. 6
        DirRufV)
-       DATEX-48M

Gebühren:
-       einmalige Einrichtungsgebühren
-       monatliche Mietgebühren (geschwindigkeits-, ent-
        fernungsabhängig)
-       monatliche Gebühren für DÜE und digitale Knoten-
        einrichtungen

Technisches Angebot:
-       Übertragungsgeschwindigkeiten 50 - 48000 bit/s
-       duplex, halbduplex
-       Fehlerrate : 10^{-6} Fehler/bit

Entwicklung:
-       weitere Digitalisierung
-       Harmonisierung der Gebührenordnung, möglicherweise
        Volumengebühr

Rechtsgrundlage:
-       Verordnung über das öffentliche Direktrufnetz für die
        Übertragung digitaler Nachrichten (DirRufV) vom
        24.6.1974

3.4.3 Wählnetze

Die DBP bietet neben Standverbindungen auch →Wählverbin-
dungen an, es gibt Wählnetze. Der Benutzer ist damit
flexibler beim Herstellen von Verbindungen. Die technische
Durchführung des Verbindungsauf- und -abbaus ist Aufgabe der
DBP. Die Einleitung des Auf- und Abbaues der Wählverbindung
ist Angelegenheit des Teilnehmers.

3.4.3.1 Fernsprechnetz

Das →Fernsprechnetz ist ein öffentliches (noch) analoges
Leitungsvermittlungsnetz für die Individualkommunikation.
Das Fe-Netz ist von der Größe und Flächendeckung besonders
attraktiv für die Mitbenutzung durch andere Dienste. Für die
Sondernutzung des Fe-Netzes zur Datenübertragung müssen
posteigene DÜEs (Modems) benutzt werden.

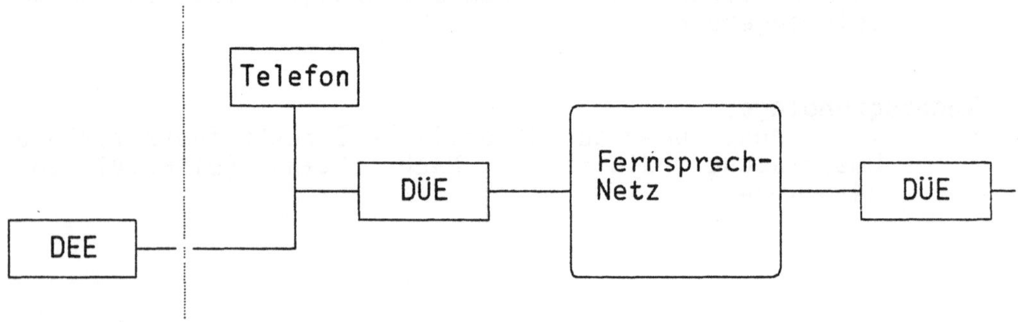

Abb. 3.43: Datenübertragung im Fe-Netz

Kennzeichen:
- internationale Verkehrsmöglichkeiten für die
  Individualkommunikation
- Transportnetz für Telefax und Bildschirmtext
- standardisierte Schnittstellen
- relativ geringe Übertragungsqualität
- transparentes Netz
- mehr als 70% der privaten Haushalte haben einen Hauptanschluß (HAs)
- Anwendungen in der DFV bei geringem Verkehrsaufkommen,
  Stapelbetrieb und Dialogbetrieb
- Zugang zum DATEX-L- und DATEX-P-Netz

Gebühren:
- einmalige Einrichtungsgebühren
- monatliche Grundgebühren für den HAs und Zusatzeinrichtungen
- Verbindungsgebühren (Dauer, Entfernung, Tageszeit)

Technisches Angebot:
- Übertragungsgeschwindigkeiten bis 4800 bit/s
- duplex bis 1200 bit/s
- manueller/automatischer Verbindungsaufbau
- akustische Ankopplung
- Fehlerrate : 10^{-5} Fehler/bit

Entwicklung:
- höhere Übertragungsgeschwindigkeiten (9600 bit/s)
- Einführung der digitalen Telefontechnik (64 kbit/s)
- Pulscodemodulation
- Tastenwahl mit Mehrfrequenzwählverfahren
- Verlagerung von 'Intelligenz' vom Netz zum Endgerät

Rechtsgrundlagen:
- Fernmeldeordnung (FO) vom 5.5.1971

3.4.3.2 Telexnetz

Das →Telexnetz wurde 1933 mit der Einführung des Telex-Dienstes (**Telegraphy Exchange**) geschaffen. Die Übertragung der Telegrafiezeichen über weite Entfernungen wurde ermöglicht durch die Wechselstromtelegrafie. Die weltumspannende Ausbreitung ist eine Folge der internationalen Normung. Die Übertragungsgeschwindigkeit von 50 bit/s (400 Zeichen/min) ist der Schreibgeschwindigkeit einer Bedienkraft angepaßt. Im digitalen Tx-Netz ist Datenkommunikation möglich.

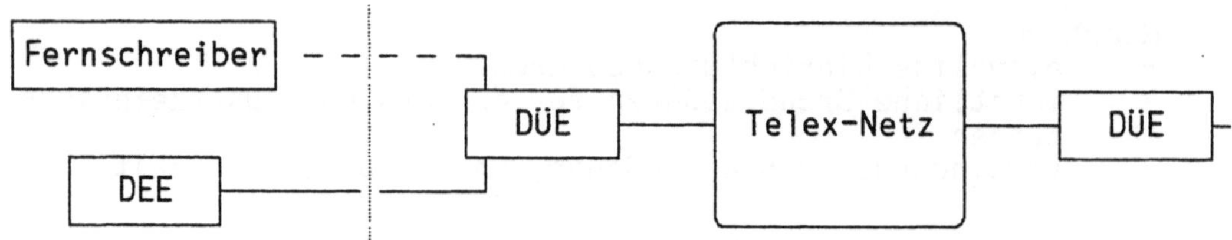

Abb. 3.44: Datenübertragung im Telexnetz

Kennzeichen:
-     internationales offenes System
-     Kompatibilität ist gewährleistet
-     Verbindungsaufbau   mit   der   Fernschreibmaschine,   anschließend manuelle oder automatische Umschaltung   auf
      Datenverkehr
-     amtliches Telexverzeichnis

Gebühren:
-     einmalige Einrichtungsgebühren
-     monatliche Grundgebühren
-     monatliche Unterhaltungsgebühr
-     Verbindungsgebühren (Dauer, Entfernung, Tageszeit)

Technisches Angebot:
-     Übertragungsgeschwindigkeit 50 bit/s
-     halbduplex
-     nur 5-Bit-Code, vorzugsweise ITA Nr. 2
-     Fehlerrate : 10^{-6} Fehler/bit (national)
-     Zugang zum DATEX-P-Netz

Entwicklung:
Die zukünftige Entwicklung ist abhängig von der Akzeptanz
des Teletex-Dienstes. Ein weiterer kontinuierlicher Anstieg
der Anschlüsse ist im Bereich der DBP nicht zu erwarten.

Rechtsgrundlage:
-     Verordnung   für   den   Fernschreib-   und DATEX-Dienst
      (VFsDx) vom 26.2.1974

3.4.3.3 DATEX-L-Netz

Das →DATEX-L-Netz ist speziell für die Datenkommunikation
eingerichtet worden; es ist Teil des IDN (s. Kap. 3.4.4).
Seit der Einführung von **Teletex** wird in diesem digitalen
bittransparenten Leitungsvermittlungsnetz auch Textkommunikation abgewickelt.

Dieses Netz zeichnet sich durch einen sehr schnellen Verbindungsaufbau (0,4 - 1 s) nach Eingabe der Teilnehmernummer
aus. Typische Anwendung des Netzes liegen bei kleinen und
mittlerem Verkehrsaufkommen.

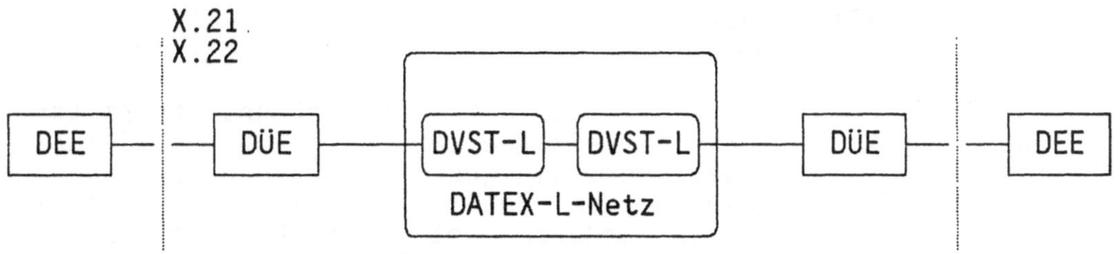

Abb. 3.45: Datenübertragung im DATEX-L-Netz

Kennzeichen:
-       Zugang zu internationalen Netzen
-       Übergang in andere öffentliche Netze (DATEX-P, Tx-Netz)
-       Transportnetz für Teletex (DATEX-L2400)
-       standardisierte Schnittstellen (X-, V-Schnittstellen)
-       Kurzwahl
-       Direktruf (Verbindungsaufbau immer zum gleichen Teil-
        nehmer)
-       Teilnehmer-Betriebsklasse (geschlossene Systeme bilden)
-       Einsatz dynamischer Zeitmultiplexer

Gebühren:
-       einmalige Anschließungsgebühr/Änderungsgebühr
-       Verbindungsgebühren (Dauer, 2 Entfernungszonen,
        Tageszeit)
-       monatliche Gebühren für DÜE
-       monatliche Zuschläge für Zusatzeinrichtungen

Entwicklung:
- entfernungsunabhängige Gebühren
- Übertragungsgeschwindikeit 64 kbit/s
- Ausbau des Auslandsverkehrs
- →DATEX-48M

Rechtsgrundlage:
- Verordnung für den Fernschreib- und den DATEX-Dienst (VFsDx) vom 26.2.1974

3.4.3.4 DATEX-P-Netz

Das DATEX-P-Netz ist ein Wählnetz mit →Datenpaketvermitt-lungstechnik. DATEX-P ist eine Weiterentwicklung des DATEX-Dienstes; es ist besonders geeignet für Dialoganwendungen. Im DATEX-P-Netz werden dem Benutzer zahlreiche Dienste angeboten, die es in anderen Netzen nicht gibt, z.B. Geschwindigkeitsanpassung.

Der für den Anwender nutzbare Teil eines Datenpaketes hat die max. Länge von 1024 Bits = 128 Oktetts = 2 Segmente.

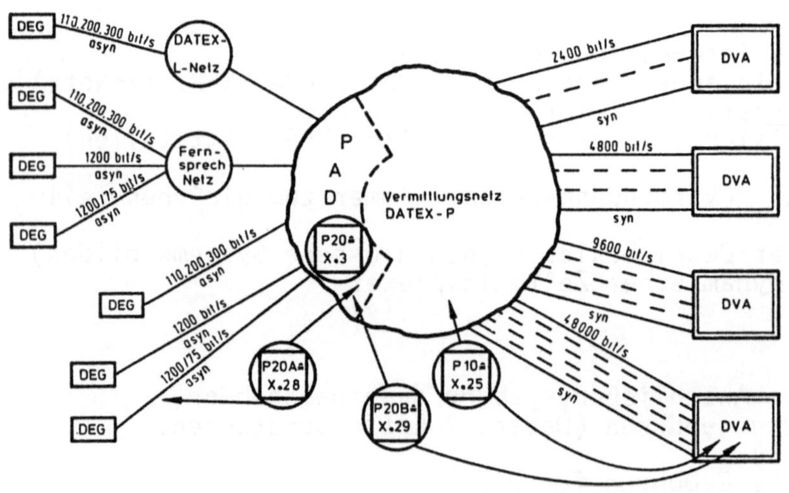

Abb. 3.46: DATEX-P-Netz /Gabl 81/

Kennzeichen:
- Hauptanschlüsse (an die PAD-Einrichtung) 110-1200 bit/s
  (→DATEX-P20-Dienst)
- Hauptanschlüsse von 1400 - 48 000 bit/s
  (→DATEX-P10-Dienst)
- Zugänge aus dem Fe-, Tx- und DATEX-L-Netz
- standardisierte Schnittstellen
- gewählte und feste virtuelle Verbindungen
- Mehrfachanschluß (Multiplex)
- Gebührenübernahme
- Teilnehmerbetriebsklasse
- Anpassungs-Dienstleistungen (PAD)
- →DATEX-P32-Dienst (HAs für DEEs vom Typ IBM 3270)
- →DATEX-P42-Dienst
  (Anpassungsdienst für DEEs vom Typ IBM 2780/3780)
- Übergang in andere nationale/internationale Netze
- amtliches DATEX-P-Verzeichnis
- Datentransportsystem für Bildschirmtext
- →DATEX-48M

Gebühren:
- einmalige Anschließungsgebühr
- monatliche Grundgebühr mit verschiedenen Zuschlägen
- Gebühren für den Zugang aus anderen öffentlichen Wähl-
  netzen
- Verbindungsgebühren, abhängig von:
  * Datenvolumen
  * Verbindungsdauer
  * Tageszeit
  * Anpassung

Technisches Angebot:
- Übertragungsgeschwindigkeit bis 48 000 bit/s
- duplex
- Fehlerrate: 10^{-9}

Entwicklung:
- →DATEX-P33-Dienst (bei Bedarf)
  HAs für DEEs vom Typ SIEMENS 8160
- Einführung weiterer Leistungsmerkmale

Rechtsgrundlage:
- Verordnung für den Fernschreib- und den DATEX-Dienst
  (VFsDx) vom 26.2.1974
- 2. ÄndVFsDx vom 19.12.1974

Zeitplan der Einführung:
Dez. 1978:   Verwaltungsrat stimmt der Diensteinführung zu
Jan. 1979:   Inkrafttreten der Benutzungsverordnung
Mai 1979:   Bildung des Teilnehmerarbeitskreises

Juli 1980 bis 25. August 1981: Teilnehmerprobebetrieb
26.8.1981:   Betriebsaufnahme
1.8.1982:   DATEX-P32, DATEX-P42

Die Deutsche Bundespost informiert.

Datexnetz mit Paketvermittlung DATEX-P
Hauptgebührenpositionen

Stand 1. April 1982

Auszug aus den Fernschreib- und Datexgebührenvorschriften und den Gebührenvorschriften für den Fernmeldeverkehr mit dem Ausland.

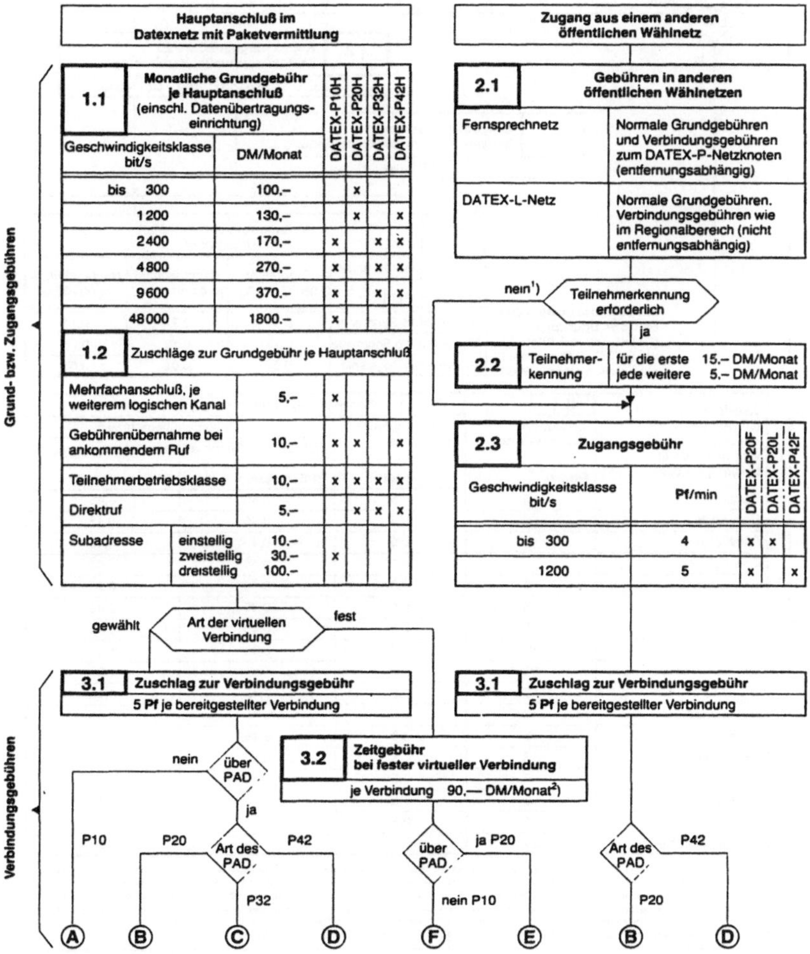

Hauptanschluß im Datexnetz mit Paketvermittlung

1.1 Monatliche Grundgebühr je Hauptanschluß (einschl. Datenübertragungseinrichtung)

Geschwindigkeitsklasse bit/s	DM/Monat	DATEX-P10H	DATEX-P20H	DATEX-P32H	DATEX-P42H
bis 300	100,-		x		
1200	130,-		x		x
2400	170,-	x		x	x
4800	270,-	x		x	x
9600	370,-	x		x	x
48000	1800,-	x			

1.2 Zuschläge zur Grundgebühr je Hauptanschluß

		DM	DATEX-P10H	DATEX-P20H	DATEX-P32H	DATEX-P42H
Mehrfachanschluß, je weiterem logischen Kanal		5,-	x			
Gebührenübernahme bei ankommendem Ruf		10,-	x	x		x
Teilnehmerbetriebsklasse		10,-	x	x	x	x
Direktruf		5,-		x	x	x
Subadresse	einstellig	10,-	x			
	zweistellig	30,-				
	dreistellig	100,-				

Zugang aus einem anderen öffentlichen Wählnetz

2.1 Gebühren in anderen öffentlichen Wählnetzen

Fernsprechnetz	Normale Grundgebühren und Verbindungsgebühren zum DATEX-P-Netzknoten (entfernungsabhängig)
DATEX-L-Netz	Normale Grundgebühren. Verbindungsgebühren wie im Regionalbereich (nicht entfernungsabhängig)

Teilnehmerkennung erforderlich — nein[1] / ja

2.2 Teilnehmerkennung für die erste 15,- DM/Monat; jede weitere 5,- DM/Monat

2.3 Zugangsgebühr

Geschwindigkeitsklasse bit/s	Pf/min	DATEX-P20F	DATEX-P20L	DATEX-P42F
bis 300	4	x	x	
1200	5	x		x

3.1 Zuschlag zur Verbindungsgebühr
5 Pf je bereitgestellter Verbindung

3.1 Zuschlag zur Verbindungsgebühr
5 Pf je bereitgestellter Verbindung

3.2 Zeitgebühr bei fester virtueller Verbindung
je Verbindung 90,— DM/Monat[2]

[1] Die Teilnehmerkennung kann dann entfallen, wenn bei nationalen Verbindungen der gerufene Anschluß die DATEX-P-Verbindungsgebühren übernimmt. Bei DATEX-P42 ist die Teilnehmerkennung nicht möglich

[2] Berechnung als Zuschlag zur Grundgebühr der beiden Hauptanschlüsse mit je 45.— DM

Abb. 3.47/1: Hauptgebührenpositionen /FTZ 79/
(Fortsetzung siehe nächste Seite)

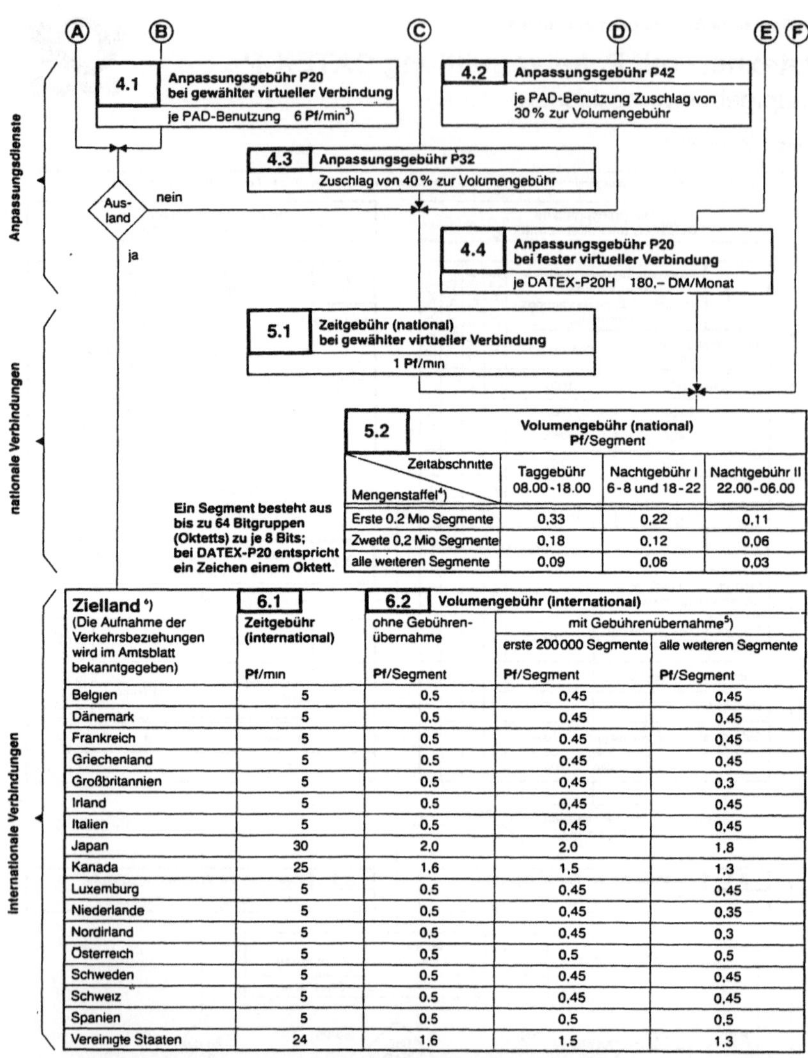

5.2 Volumengebühr (national) Pf/Segment

Zeitabschnitte / Mengenstaffel[4])	Taggebühr 08.00-18.00	Nachtgebühr I 6-8 und 18-22	Nachtgebühr II 22.00-06.00
Erste 0,2 Mio Segmente	0,33	0,22	0,11
Zweite 0,2 Mio Segmente	0,18	0,12	0,06
alle weiteren Segmente	0,09	0,06	0,03

6.1 Zeitgebühr (international) — 6.2 Volumengebühr (international)

Zielland[*]) (Die Aufnahme der Verkehrsbeziehungen wird im Amtsblatt bekanntgegeben)	6.1 Zeitgebühr (international) Pf/min	6.2 ohne Gebührenübernahme Pf/Segment	mit Gebührenübernahme[5]) erste 200 000 Segmente Pf/Segment	mit Gebührenübernahme[5]) alle weiteren Segmente Pf/Segment
Belgien	5	0,5	0,45	0,45
Dänemark	5	0,5	0,45	0,45
Frankreich	5	0,5	0,45	0,45
Griechenland	5	0,5	0,45	0,45
Großbritannien	5	0,5	0,45	0,3
Irland	5	0,5	0,45	0,45
Italien	5	0,5	0,45	0,45
Japan	30	2,0	2,0	1,8
Kanada	25	1,6	1,5	1,3
Luxemburg	5	0,5	0,45	0,45
Niederlande	5	0,5	0,45	0,35
Nordirland	5	0,5	0,45	0,3
Österreich	5	0,5	0,5	0,5
Schweden	5	0,5	0,45	0,45
Schweiz	5	0,5	0,45	0,45
Spanien	5	0,5	0,5	0,5
Vereinigte Staaten	24	1,6	1,5	1,3

[3]) Maximal 180 00 DM pro Abrechnungszeitraum (ca. 30 Tage) je DATEX-P20H für gewählte virtuelle Verbindungen im Bereich der DBP ohne Gebührenübernahme durch den Angerufenen. Die Anpassungsgebühr für Auslandsverbindungen wird getrennt erfaßt und ohne Begrenzung berechnet

[4]) Die genannten Segmentzahlen gelten jeweils für die Taggebühr, für die Nachtgebühr I oder für die Nachtgebühr II je Abrechnungszeitraum (ca. 30 Tage).

[5]) Für den Gebühreneinzug der vom ausländischen Teilnehmer übernommenen Gebühren gelten besondere Regelungen. bitte fragen Sie ggf. Ihr Fernmeldeamt. Die Anforderungen der Gebührenübernahme beim Verbindungsaufbau ist nicht möglich

[*]) Diese Gebühren werden auch für DATEX-P-Verbindungen zu ausländischen EURONET-Anschlüssen berechnet.

Beratung über die Dateldienste der Post durch die Anmeldestelle für Fernmeldeeinrichtungen Ihres Fernmeldeamtes

FTZ L 16-4 Bestell-Nr. 146 (07/82)   Änderungen vorbehalten   Stand: 01. 04 1982

Abb. 3.47/2: Hauptgebührenpositionen (Fortsetzung) /FTZ 79/

3.4.4 ISDN

Aus dem Integrated Digital Network (→IDN, Integriertes
Fernschreib- und Datennetz) wird sich das Integrated Services Digital Network (→ISDN, Dienstintegriertes Digitales
Fernsprechnetz) entwickeln. Die Entwicklung zum ISDN geschieht in zwei Phasen:

1. Digitalisierung des Fernsprechnetzes

Einführung der folgenden Komponenten:
* PCM-Systeme in der Übertragungstechnik (64 kbit/s je
  Kanal, CCITT-Empfehlung G.711)
* Digitale Vermittlungstechnik (1985: DIV-F, 1986:
  DIV-O)
* Zentral-Zeichengabesystem (neue Leistungsmerkmale für
  die Teilnehmer, CCITT-Zeichengabesystem Nr. 7)

2. Integration von Diensten in das Fernsprechnetz

Die Grundlage für die Integration von Diensten bildet
die CCITT-Empfehlung G.705:
* das ISDN entwickelt sich aus dem IDN
* zusätzliche Dienste werden verfügbar sein
* alle Dienste werden im gleichen Netz angeboten
* der ISDN soll mit wenigen standardisierten Schnittstellen auskommen

Im ISDN sind verschiedene Klassen von Diensten vorgesehen:

Transportdienste
Dem Anwender steht ein 64 kbit-Kanal zur Verfügung; geregelt
sind die Schichten 1 bis 3 des ISO-Referenzmodells.

Der Anwender kann Dienste, Übertragungsverfahren und DEEs
frei wählen. Es gibt festgeschaltete Verbindungen (Standverbindungen) und Wählverbindungen.

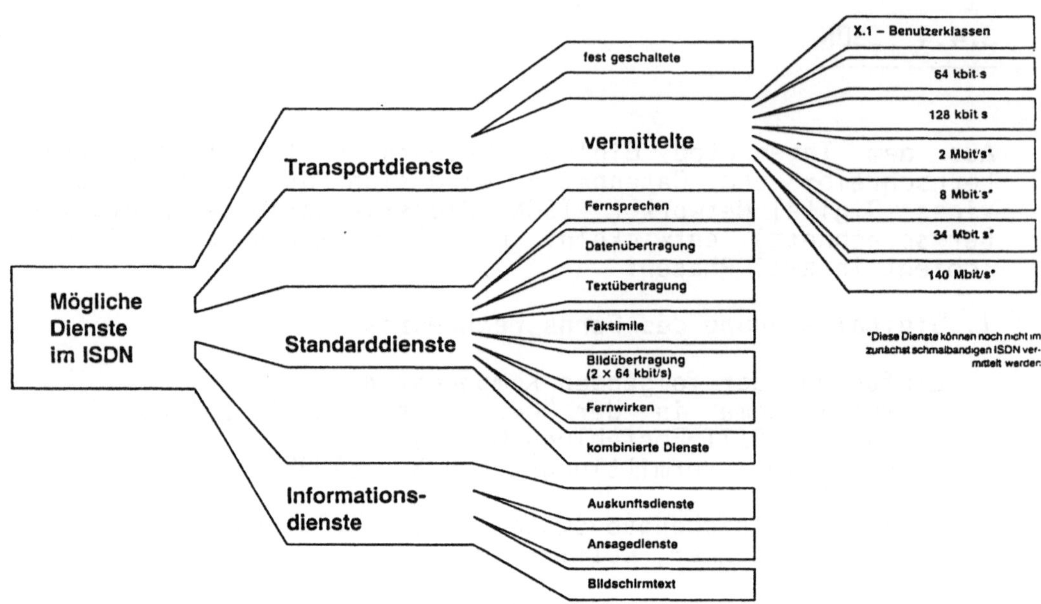

Abb. 3.48: Mögliche Dienste im ISDN /Rose 82/

Standarddienste

Dies sind abgeschlossene Anwendungsdienste, die gemäß den
Schichten 1 bis 7 des ISO-Referenzmodells geregelt sind.
Übertragungsverfahren, Endgeräte und die Schnittstellen der
Wählverbindungen sind fest vorgegeben. Im sogenannten
schmalbandigen ISDN mit 144 kbit/s (B + B + Do = 64 + 64 +
16), wobei Do der Signalisierungs-/Steuerungskanal ist,
können: Daten, Sprache, Text und Bilder übertragen werden.

Informationsdienste

Diese Dienste bewirken einen Nachrichtenaustausch zwischen
Benutzern und zwischen Benutzer und einem System. Hierzu
gehören Auskunfts- und Ansagedienste, Bildschirmtext und
die vom CCITT geplanten Message Handling Systems (MHS).

Zusatzdienste

Die Zusatzdienste werden als Ergänzungs- oder Zusatzdienst zu bestehenden Diensten angeboten, sie sind nicht selbständig nutzbar.

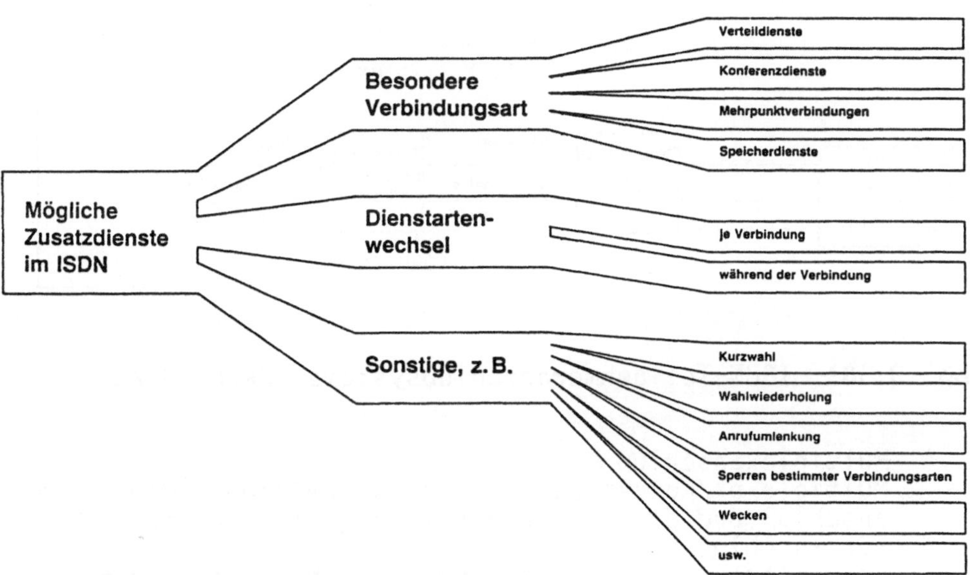

Abb. 3.49: Mögliche Zusatzdienste im ISDN   /Rose 82/

Teilnehmeranschluß

Im ISDN sind verschiedene Möglichkeiten beim Teilnehmeranschluß gegeben:

* Direktanschluß
  Es sind keine Zwischengeneratoren vorgesehen, bei einer Reichweite von 3 km können 85 bis 95 Prozent aller Fernsprechteilnehmer erreicht werden /Rose 82/.

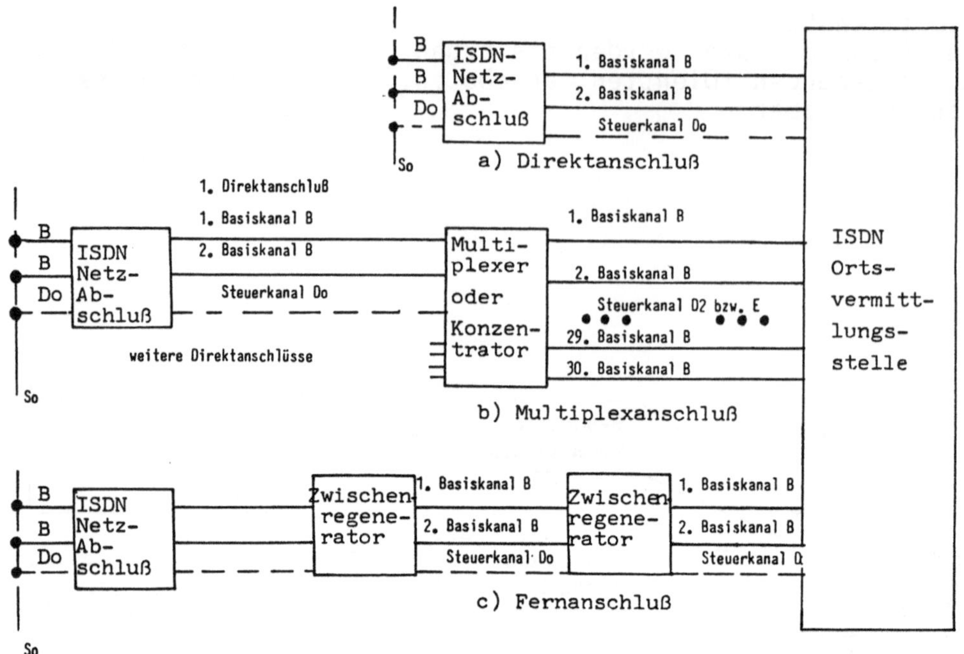

Abb. 3.50: ISDN-Teilnehmeranschlußsysteme /Kahl 83/

* Multiplexanschluß
Multiplexer/Konzentratoren sind zwischen dem Netz-
anschluß und der Ortsvermittlungsstelle geschaltet.
* Fernanschluß
Er besitzt einen oder mehrere Zwischengeneratoren.

Einführung des ISDN
Die DBP hat die beschleunigte Bereitstellung des ISDN
beschlossen. Den Zeitplan der Realisierung zeigt die folgende Abbildung, er ist auch abhängig von der Normungsarbeit bei
CEPT und CCITT.

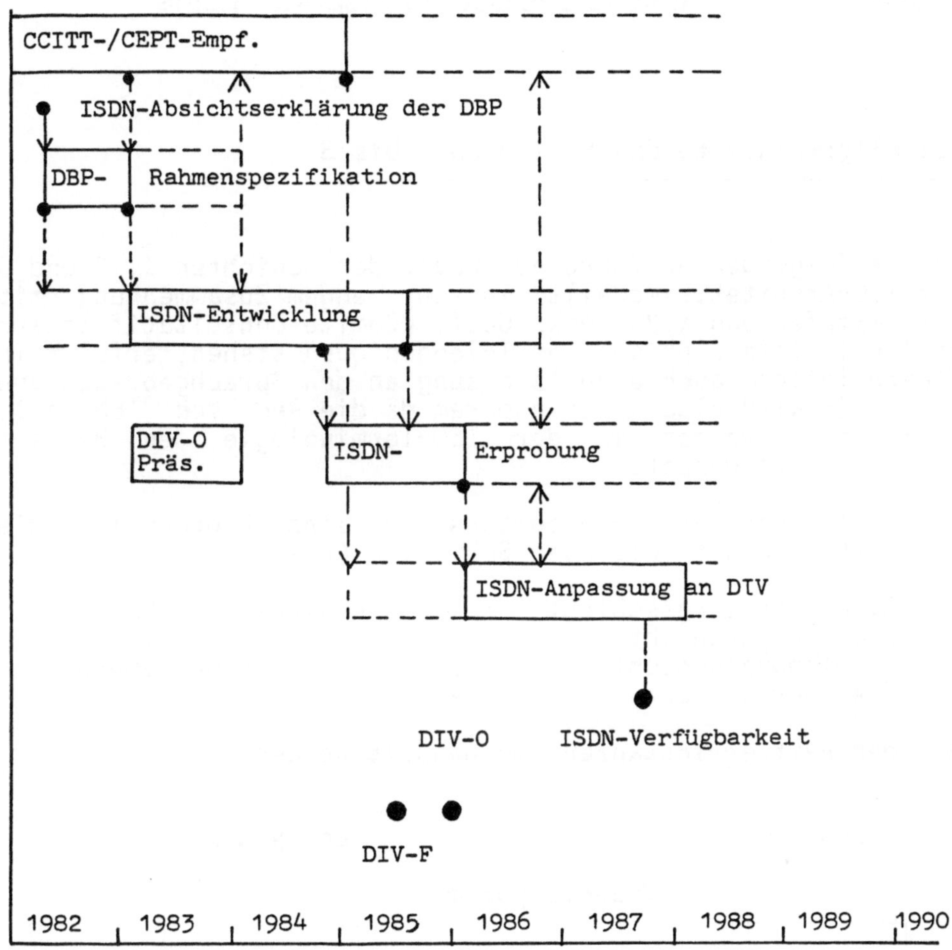

Abb. 3.51: Zeitplan für das ISDN /Kahl 83/

In den Jahren 1984/86 sind ISDN-Pilotprojekte vorgesehen, um
die Erprobung der Komponenten durchführen zu können (s. Kap.
7.6).

4 Dienste und Protokolle des Datentransportsystems

4.1 Allgemeines zu den Schichten 1 bis 3

Da die folgenden Ausführungen bzgl. der Schichten 1, 2 und 3
des ISO-Architekturmodells in sehr engem Zusammenhang mit
der →Empfehlung X.25 des CCITT (Comite Consultatif International Telegraphique et Telephonique) stehen, erfolgt in
diesen Teilen auch eine Anpassung an den Sprachgebrauch von
X.25. Es wird also unter anderem da die Rede von 'Ebene 1,
2, 3' sein, wo man in der ISO-Terminologie den Begriff
'Schicht' verwendet.

Protokolle des Datentransportsystems sind Protokolle, die
von Instanzen der folgenden Schichten (Ebenen)

Bitübertragungsschicht	1	Physikalische Ebene
Sicherungsschicht	2	Sicherungsebene
Verbindungsschicht	3	Netzwerkebene
Transportschicht	4	

mit den Partner-Instanzen abgehandelt werden.

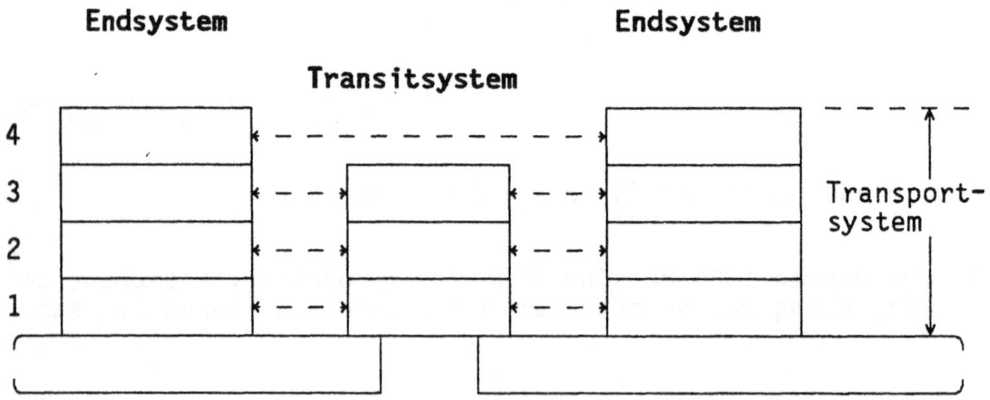

Abb. 4.1: Die Schichten des Datentransportsystems

Für die Schichten 1-3 gibt es heute internationale Protokollstandards. Sie haben ihren Ursprung in verschiedenen Normungs- und Standardisierungsgremien und sind zusammengefaßt in der Empfehlung X.25 des CCITT.

In der Terminologie des ISO-Referenzmodells umfaßt X.25 die untersten drei Schichten. Ordnet man die unteren drei Schichten des ISO-Referenzmodells den entsprechenden Empfehlungen der CCITT zu, so entspricht der Bitübertragunsschicht die CCITT-Empfehlung X.21.

Der Sicherungsschicht entspricht die HDLC-Norm (High-Level-Data-Link-Control) von ISO. Der Vermittlungsschicht entspricht die sogenannte Paket-Ebene von X.25.

Bevor innerhalb von ISO das Referenzmodell entwickelt wurde, gab CCITT die Empfehlung X.25 heraus. Daraus resultiert die etwas komplizierte Zuordnung der Begriffe für die einzelnen Ebenen.

Eine weitere Schwierigkeit der begrifflichen Einordung von X.25 resultiert aus der Tatsache, daß die scharfen Begriffsbildungen für Schicht, Instanz, Dienst erst im Verlaufe der neueren Arbeiten von ISO entwickelt wurden. Daher muß man zunächst versuchen, die Empfehlung X.25 aus ihrer eigenen Intention heraus zu verstehen. Danach erst kann sie mit den jetzt vorliegenden Begriffen beschrieben werden und in ein Gesamt-Modell (das Referenzmodell) eingeordnet werden. Dieser Prozeß dauert zur Zeit noch an.

Die Intention von X.25 ist, eine Schnittstelle zwischen einer Datenendeinrichtung (DEE) und einer Datenübertragungseinrichtung (DÜE) eines Paketvermittlungsnetzes festzulegen.

Datenendeinrichtungen (DEEs) sind in der Zuständigkeit des Benutzers. Datenübertragungseinrichtungen (DÜEs) befinden sich in der Zuständigkeit der Post. Somit wird durch die Empfehlung X.25 nicht nur eine funktionelle Schnittstelle beschrieben, sondern auch eine Grenze der Zuständigkeiten.

Der Dienst, zu dem ein Endbenutzer mit einer DEE Zugang über die Schnittstelle X.25 erlangt, ist das Herstellen einer Verbindung zwischen ihm und weiteren Endbenutzern unter Mehrfachnutzung seiner Netzanschlußleitung zum gleichzeitigen Datenaustausch mit mehreren Partnern. Dazu wird zunächst eine Anschlußleitung zwischen dem Endteilnehmer (DEE) und der ihm zugeordneten Übertragungseinrichtung (DÜE) etabliert. Die Regeln, die dabei beachtet werden müssen, und die Charakteristik dieser Anschlüsse, sind festgelegt in der Empfehlung X.21, welche die Schnittstellenempfehlung für den

Anschluß von Endeinrichtungen an ein Leitungsvermittlungsnetz ist. Damit wird ein bittransparenter Datenaustausch
zwischen einer DEE und einer DÜE erreicht. Dieser Vermittlungsabschnitt wird in der Übertragungsqualität angehoben,
d.h. die Bitfehlerrate wird gesenkt. Dazu sind von der DEE
und DÜE die Konventionen, wie sie in HDLC festgelegt sind,
einzuhalten.

Ein solcher Vermittlungsabschnitt kann nun mehrfach genutzt
werden. Die Funktion, die dabei von der DEE und DÜE ausgeführt wird, heißt Multiplexfunktion. Regeln, die dabei von
der DEE und DÜE befolgt werden, sind neben denen, die der
Herstellung einer Verbindung zwischen zwei DEEs (geleistet
durch netzinterne Funktionen) dienen, der zentrale Gegen-
stand der Paket-Ebene von X.25.

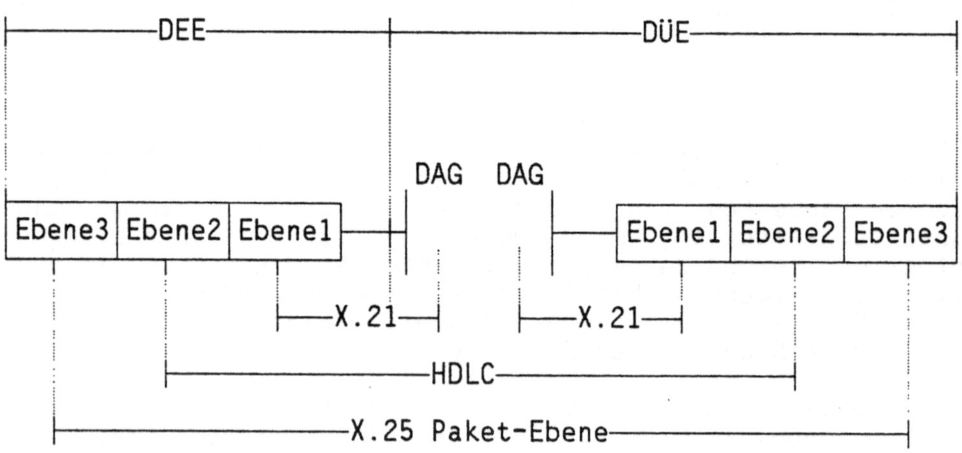

DAG: Datenanschlußgerät

Abb. 4.2: Protokoll-Ebenen an der X.25 DEE/DÜE Schnittstelle

4.2 Bitübertragungsschicht

(Schnittstelle für Synchronbetrieb nach X.21)

Die Empfehlung X.21 definiert die physikalische Schnittstelle zwischen einer DEE und einer DÜE (in diesem Fall einem DFG). In ihr sind spezifiziert:

-    die physikalische Charakteristik (Steckerbelegung)
-    die elektrische Charakteristik
-    synchrone, bitserielle Übertragung
-    Punkt-zu-Punkt, vollduplex Operation (kein Multipoint)
-    Prozeduren für das Einrichten einer geschalteten oder überlassenen Verbindung

Dazu werden 8 Schnittstellenleitungen verwendet:

Schnittstellen-leitung	Ab-kürzung	Richtung	
		von der DEE	zur DÜE
Schutzerde	P		
Betriebserde	G		
Senden	T		x
Empfangen	R	x	
Steuern	C		x
Melden	I	x	
Schrittakt	S	x	
Zeichentakt	B	x	

Die Abkürzungen der Bezeichnungen der Schnittstellenleitungen basieren auf deren englischen Namen. Im einzelnen sind die Funktionen der Leitungen wie folgt definiert:

Erd- und Rückleiter:

Leitung P - Schutzerde (engl. Protective Ground)

Diese Leitung dient zum Ausgleich gefährlicher Berührungsspannungen zwischen der DEE und der DÜE. Ihre Verwendung hängt von den vorgeschriebenen Schutzmaßnahmen bei der Datenstation ab (z.B. Schutzerdung, Nullung, Schutzisolation).

Leitung G - Betriebserde
        (engl. Signal Ground or Common Return)

Diese Leitung dient als gemeinsamer Rückleiter für die Schnittstellenstromkreise, falls diese der unsymmetrischen Doppelstromschnittstelle gemäß CCITT-Empfehlung V.28 entsprechen. Sie dient ferner als Potentialausgleichsleitung bei Verwendung von symmetrischen Doppelstromschnittstellen gemäß CCITT-Empfehlung X.27.

Datenleitungen:

Leitung T - Senden (engl. Transmit)

Auf dieser Leitung sendet die DEE die zu übertragenden Daten zur DÜE. Hinzu kommen noch die Signale, die zur Steuerung der Datenverbindung benötigt werden. Als Beispiele seien aufgeführt: Rufen, Wählzeichen, Auslösung, Anzeige von Betriebszuständen.

Leitung R - Empfangen (engl. Receive)

Diese Leitung hat die gleichen Aufgaben, allerdings in umgekehrter Richtung. Hier sendet die DÜE die zu übertragenden Daten zur DEE. Auch hier kommen noch Signale hinzu, die zur Steuerung der Datenverbindung benötigt werden, wie z.B. Wahlaufforderung, Identifizierung der fernen Datenstationen, Auslösezeichen.

Steuer- und Meldeleitungen:

Da bei Synchronbetrieb mit seiner bitfolgeunabhängigen Datenübertragungsphase die binärcodierten Signale auf den Leitungen T und R nicht ausreichen, den Übergang von der Verbindungskontrollphase zur 'transparenten' Datenübertragungsphase und umgekehrt eindeutig anzuzeigen, werden hier noch zwei zusätzliche Leitungen benötigt:

Leitung C - Steuern (engl. Control)

In Verbindung mit entsprechend festgelegten Signalen auf der Leitung T zeigt die DEE der DÜE an, in welcher Phase der Verbindung sie sich befindet.

Da während der Datenübertragungsphase der Zustand der Leitung C (EIN oder AUS) auch der fernen DEE über die Leitung I

- Melden - angezeigt wird, eignet sich die Leitung C auch
zur Übertragungssteuerung in der Datenübertragungsphase bei
Halbduplex-Betrieb zwischen den beiden Datenendeinrichtungen, d.h. der EIN-Zustand der Leitung C zeigt an, daß die
zugehörige DEE senden will.

Leitung I - Melden (Indication)

In Verbindung mit entsprechend festgelegten Signalen auf der
Leitung R meldet die DÜE der DEE erreichte Zustände in einer
Datenverbindung. Ihre Bedeutung ist:

    EIN-Zustand = die ferne Station will senden
    AUS-Zustand = Sendeerlaubnis für die eigene DEE.

Taktleitungen:

Auf Grund internationaler Vereinbarungen wurde festgelegt,
daß synchron arbeitende DEE von der DÜE, d.h. vom Datennetz
her mit Takt, und zwar für Senden und Empfangen versorgt
werden.

Leitung S - Schrittakt (engl. Signal Element Timing)

Diese Leitung dient zur Taktversorgung sowohl der Sende- als
auch der Empfangsrichtung.

Bestimmte Datennetze bieten der DEE noch eine zusätzliche
Zeichentaktversorgung an, welche zur Synchronisierung der
Zeichen (z.B. Wählzeichen) in der Verbindungsaufbauphase
verwendet werden kann. Es handelt sich um die

Leitung B - Zeichentakt (engl. Byte Timing)

Da zur Verbindungsaufbausignalisierung Zeichen des Internationalen Alphabetes Nr. 5 (7 Zeichenbit + 1 Paritätsbit =
8 Bit) verwendet werden, legt der auf dieser Leitung übertragene Zeichentakt das Raster der 8-Bit-Zeichen fest.

Neben ihrer Funktion als übertragungstechnische Um-
setzerschaltung hat die DÜE noch die Aufgabe, den EIN- oder
AUS-Zustand der Leitung C in den von der DEE kommenden
Bitstrom einzublenden bzw. in umgekehrter Richtung muß sie
die für Leitung I bestimmte Information aus dem von der
Übertragungsleitung kommenden Bitstrom ausblenden.

Um die C- und I-Zustände (Status) übertragen zu können, wird ein Bit-Rahmen gebildet, z.B. 8+2, das entspricht 8 Informationsbit + 1 Statusbit + 1 Rahmensynchronisierbit.

Da die DEE kontinuierlich sendet und empfängt, bedingt das Einblenden dieser beiden Bit eine Geschwindigkeitsumsetzung in der DÜE.

Bei einem 8+2 Rahmen ist die Geschwindigkeit auf der Übertragungsleitung um ein Viertel höher als auf den Datenleitungen T und R, bei einem 6+2 Rahmen ist sie um ein Drittel höher.

Beispiel: 2400 bit/s = 3000 bit/s bei 8+2 Rahmen
                  2400 bit/s = 3200 bit/s bei 6+2 Rahmen

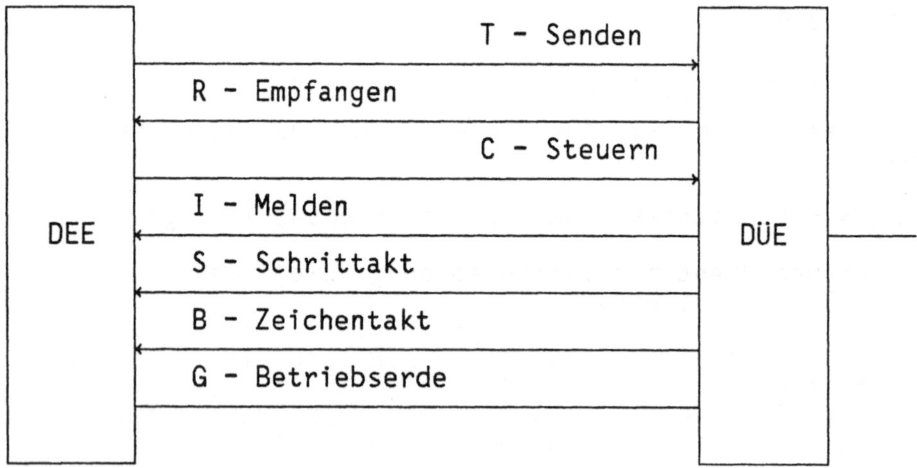

DÜE = Modem

Abb. 4.3: Schnittstelle nach CCITT-X.21

V-kompatible Schnittstellen

Da es zum Zeitpunkt der Eröffnung eines neuen Datennetzes nur sehr wenige Datenendeinrichtungen geben wird, die den hier beschriebenen Schnittstellenfestlegungen entsprechen, wurden Anpassungsnormen geschaffen, die den Anschluß von DEE mit V-Schnittstellen für Fernsprechnetze ermöglichen.

Es handelt sich dabei um die Schnittstellenempfehlung X.21bis vorerst für Synchron DEE mit der V.26/V.26bis Schnittstelle. Im Bereich der Deutschen Bundespost sind diese V-kompatiblen Schnittstellen in Form des Datenfernschaltgerätes DFG 2400 vorhanden.

Das Datenfernschaltgerät DFG 2400 wird als Leitungsabschluß im neuen öffentlichen Fernschreib- und Datennetz der Deutschen Bundespost eingesetzt. Es ermöglicht den Anschluß von Datenendeinrichtungen (DEE) mit einer Schnittstelle gemäß der CCITT-Empfehlung V.26. Das DFG 2400 wird in der Datenklasse 4 eingesetzt, die gemäß CCITT-Empfehlung X.21 den Anschluß von DEEs für Synchron-Betrieb mit einer Übertragungsgeschwindigkeit von 2400 bit/s erlaubt.

Das DFG 2400 ist mit folgenden Schnittstellenleitungen ausgestattet:

D1	–	Sendedaten
D2	–	Empfangsdaten
S1.2	–	DEE betriebsbereit
S2	–	Sendeteil einschalten
M1	–	Betriebsbereitschaft
M2	–	Sendebereitschaft
M3	–	Ankommender Ruf
T2	–	Sendeschrittakt
T4	–	Empfangsschrittakt

Die Signalisierung zum Verbindungsaufbau zwischen dem DFG 2400 und der Vermittlung entspricht dem in der CCITT-Empfehlung X.20 festgelegten Verfahren. Erst nach der Durchschaltung beginnt die synchrone Datenübertragungsphase.

Zum Auf- und Abbauen von Verbindungen ist das DFG 2400 mit Bedienungstasten, zum Aussenden der Wahlinformation mit einer Wähltastatur und zur Signalisierung der Verbindungszustände mit Anzeigelampen ausgestattet.

Das DFG 2400 bietet außerdem die Möglichkeit, lokalen Schreibbetrieb durchzuführen, d.h. eine angeschlossende DEE in Betrieb zu nehmen, ohne dabei eine Verbindung aufzubauen.

Im DFG 2400 ist ein Übertragungsteil, je nach Entfernung ein Basisband- oder Modem-Einschub enthalten. Im Steuerteil des Gerätes werden alle Funktionen zur Zusammenarbeit der Schnittstellen nach V.26 und X.20 realisiert. Zu einem späteren Zeitpunkt nach Einführung eines synchronen Vermittlungssystems wird es dann eine Anpassung von V.26 auf X.21 sein.

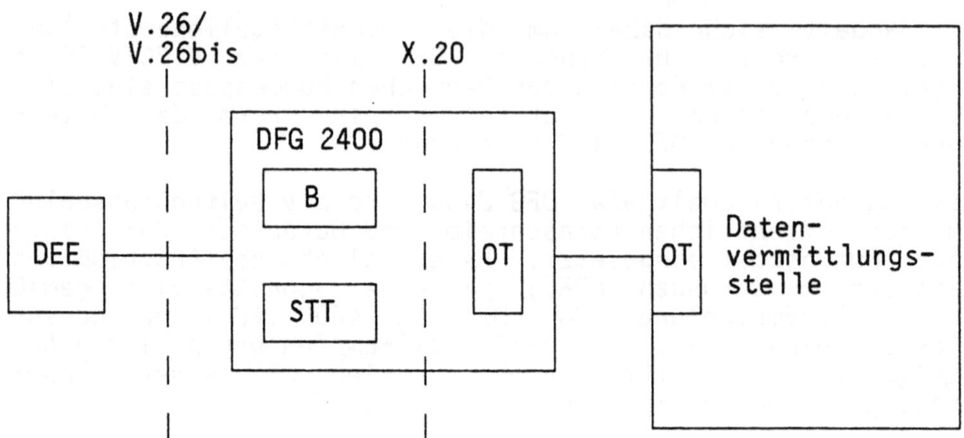

B: Bedienungsteil
DEE: Datenendeinrichung
OT: Übertragungstechnischer Einschub
        OEB 12 oder OEM 13
STT: Steuerteil

Abb. 4.4 : Anschaltung des DFG 2400

4.3 Sicherungsschicht

Der CCITT hat in der →Empfehlung X.25 für die Ebene 2 die
Prozedur LAP B (link access procedure balanced) empfohlen.
LAP B ist eine bestimmte Prozedurklasse der ISO-Prozedur
HDLC (high level data link control). Sie beschreibt die
Schnittstelle zwischen DEE und DÜE, also zwischen Benutzer
und paketvermittelndem Netz.

Diese Prozedur legt als Betriebsweise den gleichberechtigten
Spontanbetrieb fest, erlaubt somit jeder Station, unaufge-
fordert zu senden.

4.3.1 Dienste von X.25 Ebene 2

Die wichtigste Funktion der Ebene 2 ist die Sicherung der
unterlagerten Schicht, die hier durch eine Verringerung der
Bitfehlerrate von 10^{-5} auf 10^{-12} erreicht wird.
An Diensten wird der Ebene 3 der Auf- und Abbau von
gesicherten Systemverbindungen zur Verfügung gestellt,
weiterhin die transparente Übertragung von Benutzerdaten der
Ebene 3 (Pakete) und die Meldung von in der Ebene 2 nicht
behebbaren Fehlern.

4.3.2 Protokoll von X.25 Ebene 2

Protokoll-Dateneinheiten

Die Protokoll-Dateneinheiten der Ebene 2 heißen →Blöcke
(→frames). Sie bestehen je nach Blocktyp aus maximal
137 Bytes. Die Bedeutung der einzelnen Bytes ist genau
festgelegt.

flag	address	control	information	FCS	flag
1b	1b	1b	0-131b	2b	1b

(b: Byte)

Abb. 4.5 : Format der Protokoll-Dateneinheiten

Bedeutung der Felder:

flag: Der Begrenzer steht am Anfang und am Ende
                eines Blocks und grenzt ihn vom nächsten ab
                (Dartstellung als Bitfolge 0111 1110).
                Zwischen 2 Blöcken reicht 1 flag.

address: Das Adreßfeld wird zur Unterscheidung von Be-
                fehlen und Meldungen benutzt.

control: Hier werden die verschiedenen Blocktypen ver-
                schlüsselt.

information: Dieses Feld (max. 131 Bytes lang) ist nur bei
                2 Blocktypen besetzt, dem FRMR- und I-Block.
                Bei einem I-Block enthält es als Daten die
                Pakete der Ebene 3.

FCS: frame checking sequence
                Das Blockprüfungsfeld ist 2 Bytes lang. In ihm
                wird ein Bitmuster abgelegt, welches aus dem
                Bitmuster der vorangehenden Felder (ab ein-
                schließlich Adreßfeld) berechnet wird. Wird
                beim Empfänger ein Fehler festgestellt, so
                wird der Block weggeworfen und vom Sender wie-
                derholt.

Transparenz

→**Transparenz** bedeutet, daß innerhalb der Blöcke beliebige
Bitmuster übertragen werden können.

Um transparente Datenübertragung zu gewährleisten, muß aus-
geschlossen werden, daß flagartige Bitmuster innerhalb der
Benutzerdaten auftreten. Dazu fügt der Sender **nach** je fünf
'1'-en eine '0' ein, die der Empfänger wieder ausblendet
(→bit-stuffing).

Beispiel: 0   0
                                 | |
Sender: 011111 101011111 0101
auf der Leitung: 0111110101011111100101
Empfänger: 011111 101011111 0101

Bedeutung der Blöcke:

Aufbauphase

SABM: set asynchronous balanced mode
Mit SABM fordert eine Station die andere zur Datenphase auf.

UA: unnumbered acknowledge
Die andere Station kann mit UA bestätigen.

Abbauphase

DISC: disconnect
Eine Station kann mit DISC die Verbindung beenden.

UA: unnumbered acknowledge
Die andere Station muß auch beenden und mit UA bestätigen.

Datenphase

I: information
Dieser Blocktyp transportiert Daten der Ebene 3. Das Kontrollfeld enthält außer der Kennzeichnung für einen I-Block noch andere Informationen:

Format des Kontrollfeldes: $N(R)$ $N(S)$ I
(s. Abb. 4.6)

Jeder ausgesendete I-Block wird fortlaufend mod 8 $(0,1,....7,0,1...)$ numeriert. Die Gegenstation quittiert empfangene Blöcke, solange sie in der fortlaufenden Nummernfolge ankommen.

- $N(S)$: send sequence number ist die Sendefolgenummmer.

- $N(R)$: received sequence number ist die Empfangsfolgenummer.
$N(R)$ signalisiert: als nächstes wird der Block $N(R)$ erwartet, bis $N(R)-1$ sind alle Blöcke korrekt empfangen.

RNR: receive not ready
               Mit RNR kann eine Station der anderen anzeigen,
               daß sie zur Zeit keine Datenblöcke annehmen kann,
               da sie überlastet ist. Im Kontrollfeld können
               mit N(R) bereits empfangene Blöcke quittiert
               werden.

               Format des Kontrollfeldes: N(R) RNR

RR: receive ready
               Mit RR zeigt eine Station, die vorher RNR gesen-
               det hat, ihre Bereitschaft an, weitere I-Blöcke
               aufzunehmen.

               Format des Kontrollfeldes: N(R) RR

               Es kann also beim Bereitmelden quittiert werden.
               Dieses Quittieren allein ist auch eine wichtige
               Aufgabe des RR. Wenn eine Station gar keine
               I-Blöcke zu senden hat, kann sie mit dem RR-Block
               explizit quittieren.

REJ: reject
               Mit REJ kann eine Station von ihrer Partner-
               Station eine Wiederholung von I-Blöcken anfor-
               dern, und zwar soll ab Blocknummer N(R) wieder-
               holt werden. REJ wird gesendet, wenn ein Block
               mit falscher Folgenummer ankommt.

               Format des Kontrollfeldes: N(R) REJ

Rücksetzphase

Schwere Fehler, die eine Station nicht durch Blockwieder-
holung beheben kann, werden durch einen der folgenden Blöcke
angezeigt:

FRMR: frame reject
               Dieser Block wird als Anwort auf eine unbekannte
               Blockkennung, einen fehlerhaften Block oder bei
               einem N(R)-Fehler gesendet

DM: disconnected mode
               Dieser Block wird bei Protokoll-, P/F- oder
               Zeitfehlern gesendet

               Dieser Fehlerzustand wird durch einen Neuaufbau
               (SABM) beendet.

Protokollablauf

Eine Station fordert mit dem Senden eines SABM-Blockes die andere Station zum Beginn der Datenphase auf. Bestätigt die andere Station mit einem UA-Block, so ist damit die Aufbau- phase beendet.

In der nun folgenden Datenphase können beide Stationen I-Blöcke senden. Eine Station hebt ihre gesendeten I-Blöcke so lange auf, bis sie von der anderen Station quittiert sind. Es darf nur eine bestimmte Anzahl w von Blöcken un- quittiert sein. (Die Zahl w heißt →Fenster (→window), es gilt 1<=w<=7.) Sind also w Blöcke gesendet, darf kein weiterer Block mehr gesendet werden. Es kann erst dann wieder gesendet werden, wenn eine Quittierung - im N(R)-Feld eines I-, RR-, RNR- oder REJ-Blockes - eintrifft.

Diese Quittierung dient der Sicherheit, ist aber auch wich- tig für die →Flußregelung. Unter Flußregelung versteht man, daß kein Sender einen Empfänger beliebig mit I-Blöcken über- fluten kann. Ein Sender darf ja höchstens w Blöcke unbe- stätigt senden. Mit der Schnelligkeit, mit der der Empfänger quittiert, hat er die "Hand am Hahn" und kann den Datenstrom mehr oder weniger stark fließen lassen.

Kommt von der anderen Station ein I-Block mit unerwarteter Sendenummer (in N(S)), so wird dieser Block ignoriert und mit dem REJ-Block die Sendung des erwarteten Blockes (in N(R)) gefordert.

Kann eine Station keine weiteren I-Blöcke aufnehmen, so teilt sie das mit dem RNR-Block mit. Sie kann natürlich selbst weiter I-Blöcke senden. Die Beendigung dieses 'busy- Zustandes' teilt sie der anderen Station mit einem RR-Block (oder REJ-Block) mit.

Im Fehlerfall, wenn ein nicht interpretierbarer Block oder eine Quittierungsnummer eintrifft, die gar nicht zulässig ist, wird ein FRMR-Block gesendet (von der Gegenseite kann dann neu aufgebaut werden).

Die Abbauphase wird durch einen DISC-Block eingeleitet, der von der Gegenstation mit UA bestätigt werden muß. Damit ist die Abbauphase beendet.

Beispiel zum Protokollablauf

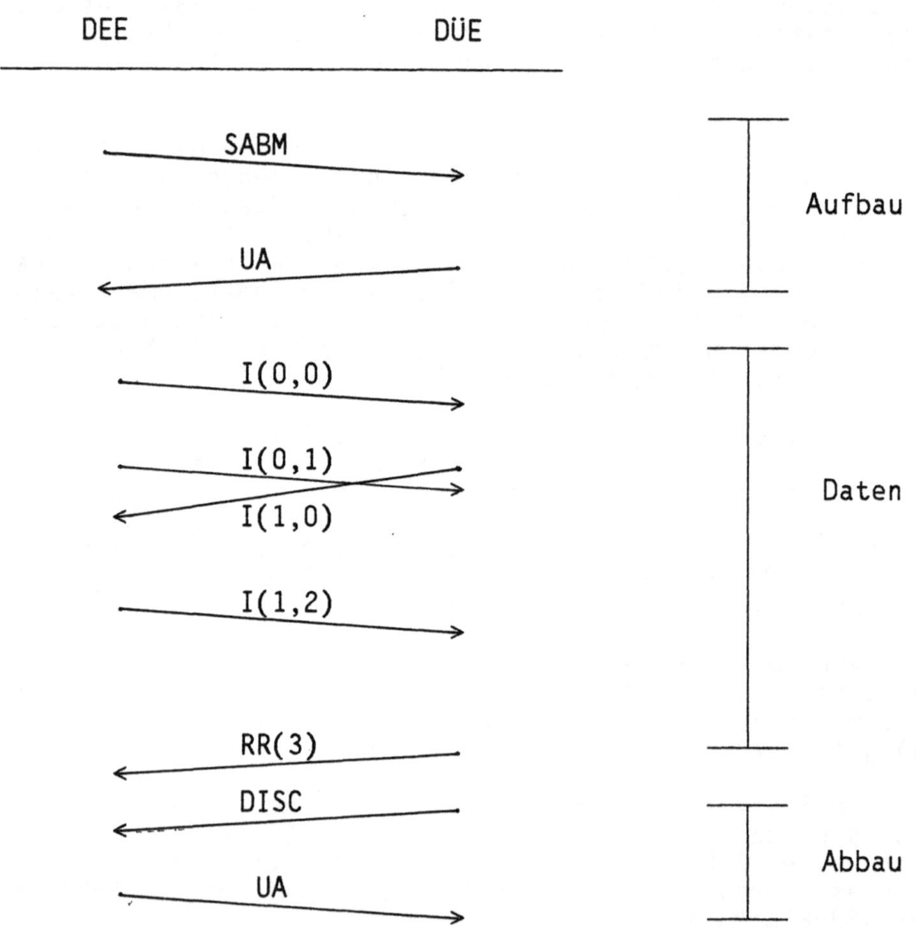

Es ist w mit 2 angenommen. Angegeben sind die Sende- und Empfangsfolgenummern in der Form I(N(R),N(S)) bzw. RR(N(R)).

In der Datenphase schickt die DEE 2 Blöcke 0 und 1, mehr darf sie nicht (w=2). Die DÜE schickt einen Block 0, sie bestätigt gleichzeitig den Block 0 der DEE. Jetzt darf die DEE wieder einen Block senden, sie sendet den Block 2 und bestätigt den Block 0 der DÜE. Die DÜE quittiert dann mit RR die Blöcke der DEE bis 2 einschließlich, als nächsten Block erwartet sie den Block 3.

Abb. 4.6 gibt zur Übersicht eine Liste aller Blöcke. Man teilt sie in 3 Gruppen ein:

   information (I-Block)

   unnumbered (alle Blöcke ohne Nummer)

   supervisory (alle Blöcke mit nur N(R) Nummer)

FORMAT	COMMANDS	RESPONSES	CODIERUNG
information transfer	I-information		N(R) P N(S) 0
supervisory	RR-receive ready		N(R) P/F 000 1
	RNR-receive not ready		N(R) P/F 010 1
	REJ-reject		N(R) P/F 100 1
unnumbered	SABM-set asynchronous balanced-mode		000 P 111 1
	DISC-disconnect		010 P 001 1
		UA-unnumbered acknowledge	011 F 001 1
		FRMR-frame reject	100 F 011 1
		DM-disconnected mode	000 F 111 1

Abb. 4.6 : HDLC-Blöcke
      P/F: poll/final bit

4.4 Vermittlungsschicht

Die Ebene 3 der CCITT-Empfehlung X.25 heißt →**Paket-Ebene**.
Die Aufgabe der Ebene 3 des ISO-Architekturmodells ist
Herstellen und Unterhalten von Endsystemverbindungen zwischen Endsystemen. Die Ebene 3 von X.25 beschreibt dabei
i.w. die Schnittstelle zwischen DEE und DÜE eines Paket-
vermittlungssystems. Da die Ebene 3 symmetrisch beide
Schnittstellen zwischen den Datenendeinrichtungen und den
zugehörigen Übertragungseinrichtungen einer Endsystemverbindung beschreibt, wird das Verhalten der gesamten Verbindung aus Sicht der DEE vollständig beschrieben.

4.4.1 Dienste von X.25 Ebene 3

Als wesentliche Funktion ist in der Ebene 3 außer der
Realisierung der Dienste das Multiplexen angesiedelt.

Unter Multiplexen versteht man, daß eine Anschlußleitung
(von DEE zu DÜE) mehrfach genutzt wird. Es können also
logisch mehrere Kanäle auf einer physischen Leitung betrieben werden (bis zu 4095).

An Diensten bietet die Ebene 3 der Ebene 4 an :

> - Auf- und Abbau von Endsystemverbindungen
> - Datentransport
> - Rücksetzen einer Verbindung
> - Schnelle Signalübermittlung (interrupt)

Verbindungsarten

Die Ebene 3 unterscheidet zwei Verbindungsarten zwischen
zwei DEEs :

> PVC: permanent virtual call
> SVC: switched virtual call

Bei einem PVC ist der Partner fest zugeordnet (wie festgeschaltete Verbindung).

Bei einem SVC wird der Partner bei jedem Gespräch ausgewählt
(entsprechend einer Wählverbindung).

Eine PVC-Verbindung braucht - im Unterschied zu einer SVC-
Verbindung - keine Auf/Abbauphase, sie ist immer in der Datenphase.

Verbindungen in paketvermittelnden Netzen sind "virtuelle"
Verbindungen, die physischen Verbindungen werden nur während
der Übertragung von Paketen benutzt. Bei Stand- und Wählverbindungen ist die Leitung immer bzw. bis zur Abmeldung belegt.

4.4.2   Protokoll von X.25 Ebene 3

Protokoll-Dateneinheiten

Die →Protokoll-Dateneinheiten der Ebene 3 heißen →**Pakete**. Es
gibt 14 verschiedene →Pakettypen.

format identifier	channel group no.
channel number	
packet type	
0-128 bytes	

Abb. 4.7: Format der Protokoll-Dateneinheiten

Bei allen Pakettypen haben die ersten 3 Bytes den gleichen
Aufbau. Danach können - je nach Pakettyp - zwischen 0-128
Bytes folgen.

Bedeutung der ersten 3 Bytes:

format identifier:
        legt fest, ob die Datenpakete mod 8 oder mod 128 ge-
        zählt werden sollen

channel group - channel number:
Die logischen Kanäle - zwischen DEE und DÜE - werden durch Nummern identifiziert. Die Nummer setzt sich aus der Kanalgruppe und der Kanalnummer zusammen. (Es sind max 4095 Nummern möglich, die Nummer mit Kanalgruppe und Kanalnummer 0 ist reserviert.)

Bei der Einrichtung eines Anschlusses einer DEE an ein paketvermittelndes Netz werden die Anzahl, die Nummern und die Art (PVC/SVC) der logischen Kanäle festgelegt.

packet type:
Die Codierung in diesem Byte spezifiert den Pakettyp.

Die Abbildung 4.8 zeigt in einem Beispiel die Zuordnung von logischen Kanälen der DEE-DÜE-Strecken zu einer virtuellen Verbindung. Einer Endsystemverbindung zwischen DEE A und DEE B ist auf der A-Seite der logische Kanal 1 zugeordnet, auf der B-Seite der logische Kanal 10.

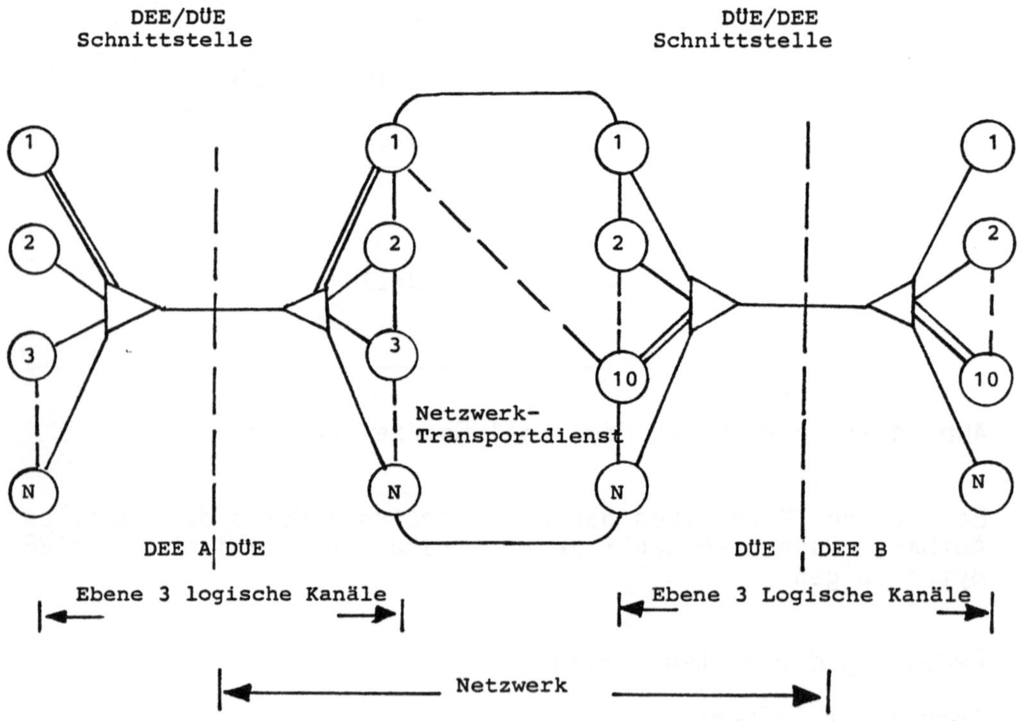

Abb. 4.8: Zuordnung von logischen Kanälen zu virtuellen Verbindungen

Bedeutung der Pakete:

Aufbauphase

Zum Aufbau einer SVC-Verbindung schickt ein Benutzer einer DEE ein call request Paket, sofern ein logischer Kanal frei ist. Die Partner-DEE erfährt von dem Gesprächswunsch durch ein incoming call Paket. Sofern sie das Gespräch annehmen möchte, schickt sie ein call accepted Paket. Von dem Zustandekommen des Gesprächs erfährt die rufende DEE durch ein call connected Paket.

Die Pakete haben folgenden Aufbau:

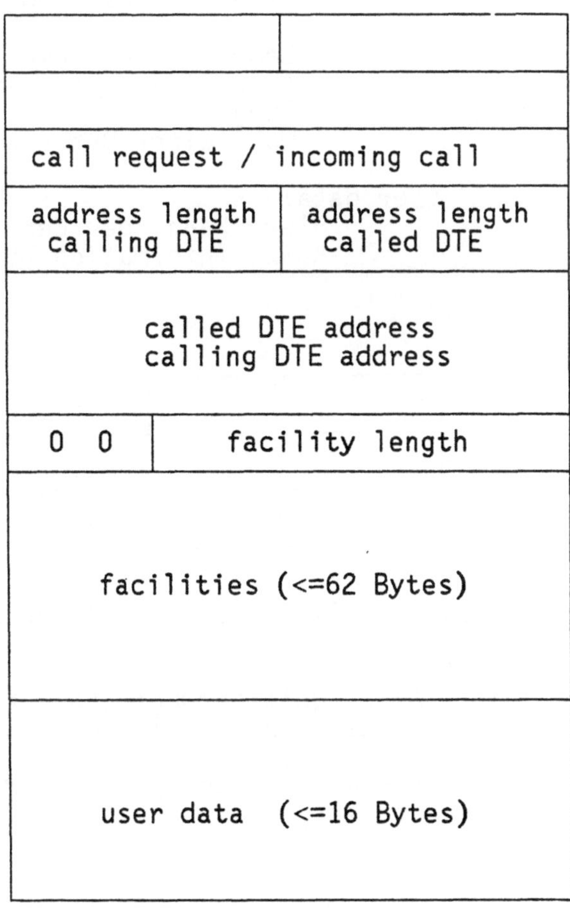

Abb. 4.9 : call request/incoming call - Paket

Bedeutung der Parameter

address length:
Hier werden in je einem Halbbyte die Adress-
längen (Anzahl der Ziffern) von rufender und
gerufener DEE angegeben.

address:
Ab 5. Byte werden die Adressen von gerufener
und   rufender   DEE   (ziffernweise)   verschlüsselt.

facility length, facilities:
Es wird die Anzahl der Leistungsmerkmale und
in den folgenden Bytes die Leistungsmerkmale
angegeben. Das sind

- Gebührenübernahme   durch die gerufene DEE
- Auswahl von Parametern für die Flußrege-
  lung
- Wahl einer Durchsatzklasse

user data:
Hier   kann der Benutzer seinem Partner eine
kurze Information übermitteln

call conn./accepted	

Abb. 4.10 :   call connected/call accepted - Paket

Alle Quittierungspakete haben dieses Format, sie
werden daher im folgenden nicht mehr gezeigt.

(Byte 3 ist entsprechend dem Quittierungs-Pakettyp
codiert)

Abbauphase

Ein Benutzer einer SVC-Verbindung kann das Gespräch mit einem clear request Paket beenden, die zugehörige DÜE quittiert mit einem clear confirmation Paket an die DEE und
sendet gleichzeitig den Abbauwunsch weiter. Die Partner-DEE
bekommt ein clear indication Paket und quittiert mit dem
clear confirmation Paket. Die benutzten logischen Kanäle
sind dann wieder frei, alle evtl. noch existierenden Pakete
dieser Verbindung werden weggeworfen.

Das Format für das clear Paket ist folgendes:

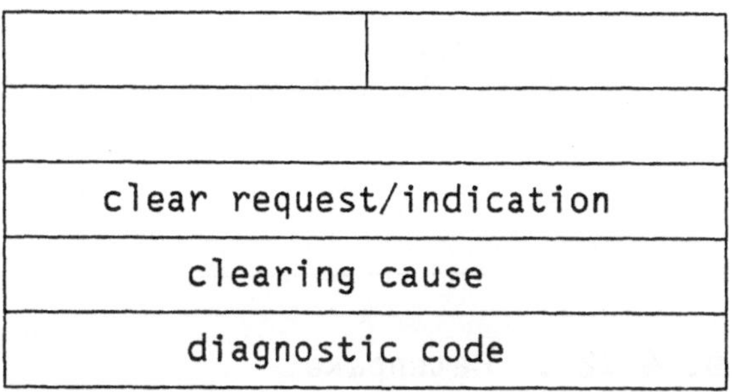

Abb. 4.11 : clear request/indication - Paket

Ein clear kann auch vom Netz ausgehen. Dann enthält das Feld
clearing cause Informationen über die Gründe. Das Feld dia-
gnostic code spezifiziert den clearing cause noch etwas genauer, auch wenn ein clear von der DEE ausging.

Datenphase

Datenpaket

In der Datenphase können von beiden DEEs Datenpakete geschickt werden.

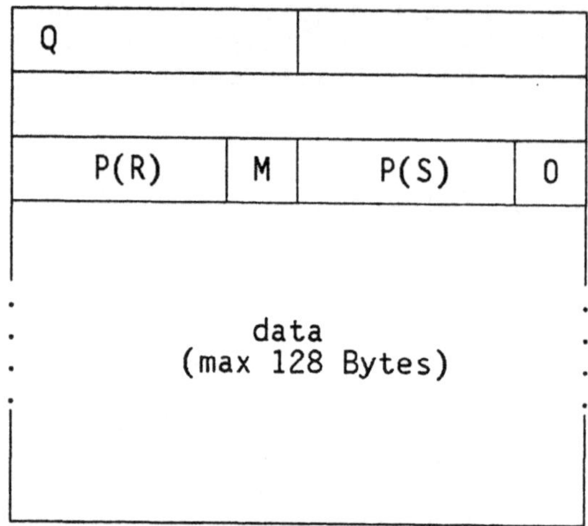

Abb. 4.12 : Datenpaket

Bedeutung der Parameter:

P(S):   Die Pakete werden fortlaufend numeriert
        (mod 8)
        (send sequence number)

P(R):   In P(R) werden die empfangenen Pakete quit-
        tiert, d.h. das nächste erwartete Paket ist
        P(R), die Pakete bis P(R)-1 sind quittiert.
        (received sequence number)

M: kennzeichnet zusammengehörige Paketfolgen,
        es bedeutet:
        M=1 : es gibt noch Folgepakete
        M=0 : Paket ist letztes (oder einziges) der
               Folge
        (more data bit)

Q: Das Q-Bit hat in der Empfehlung X.29 Bedeu-
        tung.
        Q muß in einer Paketfolge den gleichen Wert
        haben.

Die Paketnumerierung und -quittierung wird für jeden Kanal durchgeführt. Jeder Kanal hat seine Flußregelung, es dürfen höchstens w Pakete unquittiert
sein. Dieses →Fenster w wird bei Einrichtung festgelegt (PVC) oder kann im Verbindungsaufbau (SVC)
mit dem Netz vereinbart werden (z.Z. bei Datex-P
nicht möglich).

RR-Paket (receive ready)

Das RR-Paket wird zum expliziten Quittieren von
Paketen benutzt, wenn kein Datenpaket vorliegt,
welches P(R) 'huckepack' mitnehmen könnte. Nach einem 'busy'-Zustand meldet das RR-Paket wieder den
'bereit'-Zustand und quittiert gleichzeitig vor dem
'busy'-Zustand eingegangene Pakete.

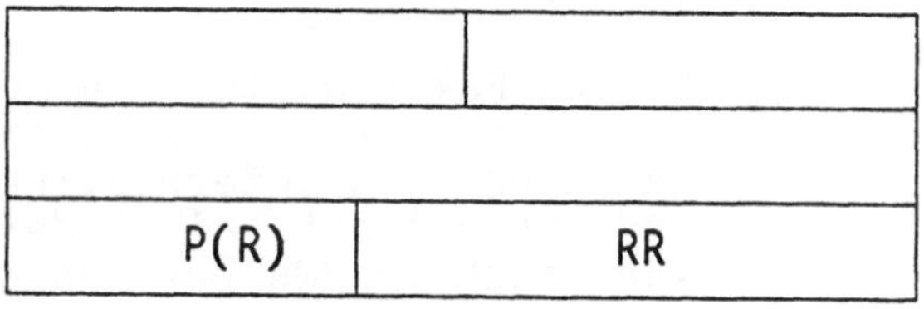

P(R)	RR

Abb. 4.13 : RR-Paket

RNR-Paket (receive not ready)

Ist eine Station überlastet, kann sie also keine
Datenpakete mehr annehmen, so zeigt sie das durch
ein RNR-Paket an.
(Aufhebung durch RR oder reset-Paket)

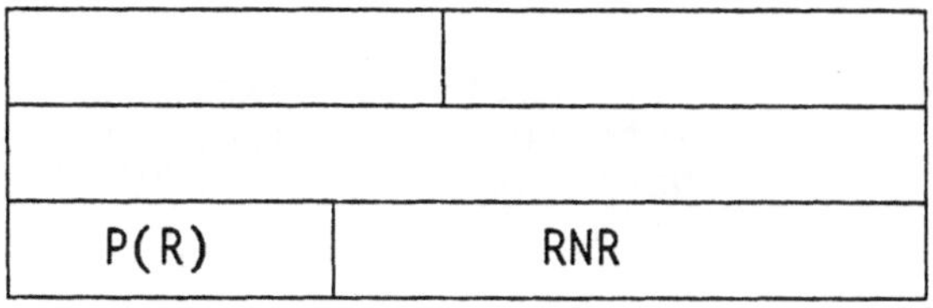

P(R)	RNR

Abb. 4.14 : RNR-Paket

reject-Paket

Mit einem reject-Paket wird der Partner auf-
gefordert, alle Pakete ab der Folgenummer N(R)
erneut zu senden. Dieses Paket darf nur dann
benutzt werden, wenn das Leistungsmerkmal Paket-
wiederholung vereinbart ist.

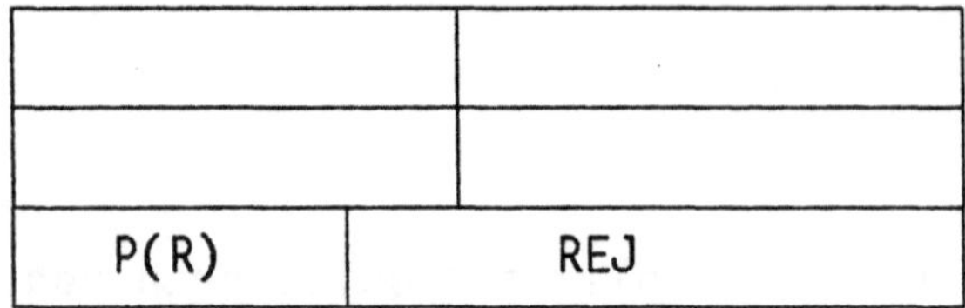

Abb. 4.15: reject-Paket

interrupt-Paket

Dieses Paket bietet die Möglichkeit, zwischen zwei
Endteilnehmern kurze Informationen (1 Byte) auszu-
tauschen. Das interrupt-Paket hat keine Sendenummer
und unterliegt nicht der Flußregelung, d.h. es
kann auch im RNR-Zustand gesendet werden, oder wenn
schon w Pakete unquittiert vorliegen.

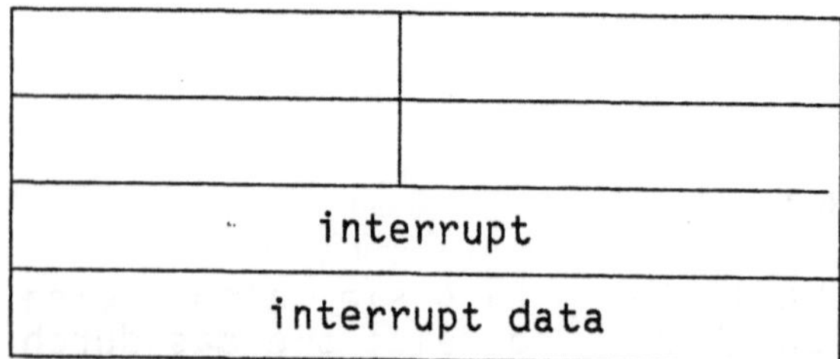

Abb. 4.16: interrupt-Paket

Das interrupt-Paket muß von dem Partner mit einem
interrupt confirmation Paket bestätigt werden. Es
darf immer nur ein interrupt-Paket unbestätigt
sein.

reset-Paket

> Das reset-Paket reinitialisiert eine Verbindung zwischen zwei DEEs. Es werden alle Pakete, die sich in dieser Verbindung befinden, vernichtet.
> P(S)- und P(R)-Zählung fangen wieder bei 0 an.
>
> Ein reset kann von einer DEE (mit einem reset request-Paket) ausgelöst werden, weil z.B. die empfangene Sendenummer oder die Quittierungsnummer falsch ist. Die zugehörige DÜE quittiert mit einem reset confirmation Paket. Der Partner der Verbindung bekommt ein reset indication Paket und quittiert mit einem reset confirmation Paket.
>
> Ein reset kann auch vom Netz ausgehen (beide DEEs bekommen ein reset indication Paket).

<table>
<tr><td colspan="2"></td></tr>
<tr><td colspan="2"></td></tr>
<tr><td colspan="2">reset request/indication</td></tr>
<tr><td colspan="2">resetting cause</td></tr>
<tr><td colspan="2">diagnostic code</td></tr>
</table>

Abb. 4.17: reset-Paket

> Im Feld resetting cause gibt das Netz seine Gründe für einen reset an, im Feld diagnostic code können die Gründe (auch wenn der reset von einer DEE ausging) näher spezifiziert werden.

restart Paket

Das restart-Paket ist das einzige Paket, das alle Verbindungen einer Station betrifft. Es wirkt bei

- PVC-Verbindungen: wie ein reset-Paket, Verbindungen werden re-initialisiert
- SVC-Verbindungen: wie ein clear-Paket, (Verbindungen werden aufge-löst)

Da der restart alle Kanäle betrifft, hat das Paket keine spezielle Kanalnummer, sondern die Nummer 0.

	0
0	
restart	
restarting cause	
diagnostic code	

Abb. 4.18:   restart-Paket

Der restart kann von einer DEE ausgehen (meist, wenn eine DEE ihre Arbeit aufnimmt, "putzt" sie alle ihre Kanäle) oder vom Netz. Wenn der restart vom Netz ausgeht, wird im Feld restarting cause der Grund angegeben.

Protokollablauf

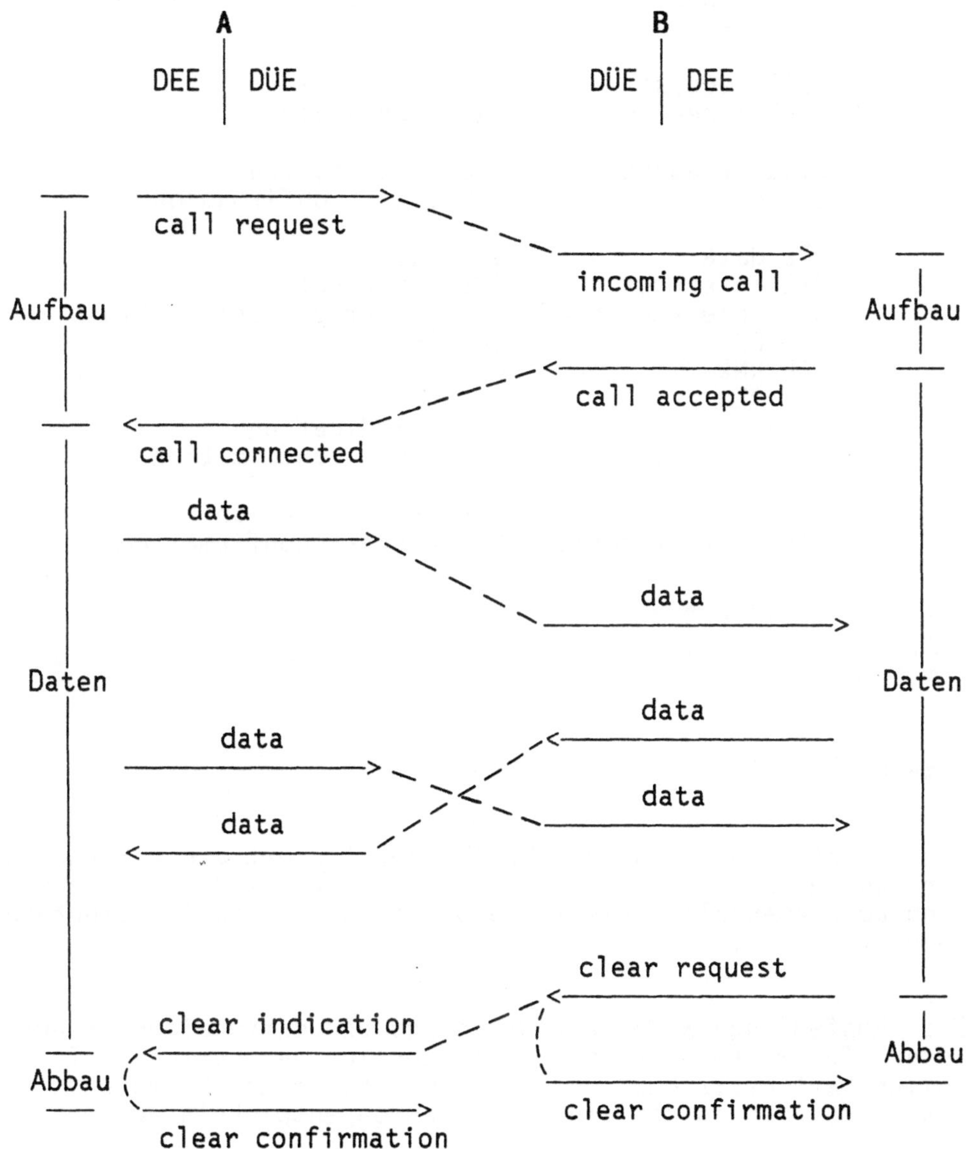

Abb. 4.19: Protokollablauf zwischen zwei Partner-DEEs

Zum Abschluß in einer Übersicht alle 14 Pakettypen:

```
        DEE -> DÜE              DÜE -> DEE
        ──────────             ──────────

        call request           incoming call
        call accepted          call connected

        clear request          clear indication
        DTE clear conf.        DCE clear confirmation

        DTE data               DCE data
        DTE interrupt          DCE interrupt
        DTE interrupt conf.    DCE interrupt confirmation
        DTE RR                 DCE RR
        DTE RNR                DCE RNR
        DTE REJ
        reset request          reset indication
        DTE reset confirm.     DCE reset confirmation

        restart request        restart indication
        DTE restart conf.      DCE restart confirmation
```

Bemerkung

Die →Empfehlung X.25 des CCITT spezifiziert einen Standard
für den Zugang zu einem öffentlichen Paketvermittlungsnetz,
kann aber ebenfalls als Protokoll zwischen zwei Computern
benutzt werden.

Die Empfehlung X.25 war Grundlage und entscheidender Aus-
löser für weltweites Bemühen im Bereich der Normung offener
Kommunikationssysteme und ist damit einer der bedeutendsten
Standards, der in den siebziger Jahren entwickelt wurde.

4.5 Transportschicht

4.5.1 Einführung

Die Aufgabe der →Transportschicht im ISO-Architekturmodell
ist die Erweiterung von Verbindungen zwischen Endsystemen
zu Verbindungen zwischen Teilnehmern unter optimaler Nutzung
des zugrunde liegenden Vermittlungsdienstes. Dabei ist unter
einem →**Teilnehmer** eine Zuordnung zwischen einer Anwendungsinstanz, einer Darstellungsinstanz und einer Kommunikationssteuerungsinstanz (aus den Schichten 7, 6 und 5) zu verstehen.

Für die Transportschicht gibt es einige Standards und Vor-
schläge für Dienste und Protokolle, z. B. das CCITT Teletex-
Transportprotokoll S.70, die ECMA-Klassen der Transport-
protokolle, das Einheitliche Höhere Kommunikationsprotokoll
EHKP4, bei der ISO ein 'Draft International Standard' zur
Transportschicht mit fünf verschiedenen Protokollklassen.
Es sollen hier Konzepte zu den Diensten und Funktionen der
Transportschicht behandelt werden. Dabei wird der ISO-
Entwurf zugrunde gelegt, der in seiner Klasse 0 mit dem
Protokoll CCITT S.70 übereinstimmt.

4.5.2 Anforderungen an die Transportschicht

Aus der Sicht des Teilnehmers, d.h. Benutzers der Transportschicht wird die Transport-Dienstleistung nur über einen
Transportsystem-Dienstschnitt sichtbar. Er sieht dagegen
nicht, wie sie erbracht wird; die funktionelle Aufteilung in
die vier unterlagerten Schichten bleibt ihm verborgen. Er
sieht das Transportsystem vielmehr als einen systemübergreifenden Transportdienst-Erbringer (Abb. 4.20).

Der den Teilnehmern zur Verfügung gestellte →Transportdienst
überträgt zwischen ihnen transparent Daten über die Transportverbindung. Die Teilnehmer sollen befreit sein von un-
nötigen Details, wie unterlagerte Kommunikationsdienste im
speziellen Fall benutzt werden. Der Transportdienst muß
daher folgende primäre Zielsetzungen erfüllen:

(1) Auswahl der Dienstgüte:
    Dem Teilnehmer wird die Möglichkeit geboten, Güteanfor-
    derungen in Form von ·Wertezuweisungen zu speziellen
    Dienstgüteparametern zu stellen. Es ist Aufgabe des

Transportsystems, die vorhandenen Kommunikations-
betriebsmittel optimal hinsichtlich der Anforderungen
auszunutzen. Die Parameter für die Dienstgüte stellen
Eigenschaften dar, wie z. B. Datendurchsatz, Übertragungsverzögerung, Sicherheitsanforderungen, Zuverlässig-
keit.

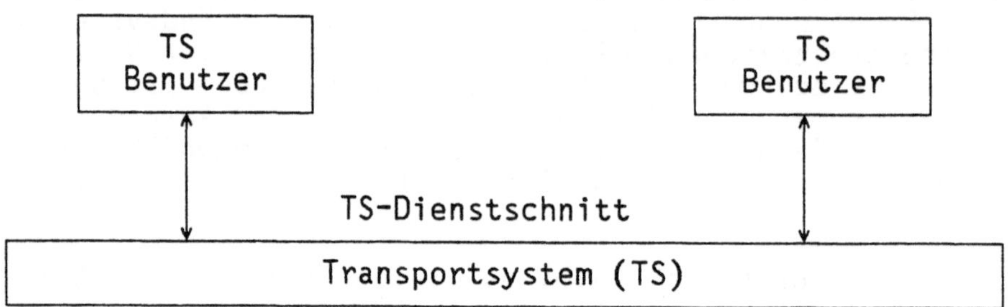

Abb. 4.20: Beziehung zwischen Transportsystem und
Transportsystem-Benutzer

(2) Unabhängigkeit unterlagerter Kommunikation:
    Es bleiben dem Teilnehmer die unterschiedlichen Dienst-
    güten der Vermittlungsdienste verborgen. Diese Unter-
    schiede resultieren aus der Benutzung verschiedener
    Kommunikationsdienstleistungen, die einen Vermittlungs-
    dienst erbringen.

(3) End-zu-End Verbindung:
    Das Transportsystem verbindet zwei Teilnehmer in End-
    systemen und transportiert Daten zwischen ihnen. Funk-
    tionen der Wegewahl über mögliche Vermittlungsknoten
    bleiben für den Benutzer verborgen. Alle Leistungsmerk-
    male sind End-zu-End bezogen, obwohl das unterlagerte
    System eine beliebige Anzahl von zwischengeschalteten
    Vermittlungsknoten benutzen kann.

(4) Transparenz der übermittelten Informationen:
    Der Transportdienst übermittelt transparent oktaden-
    orientierte Teilnehmerdaten. Er beschränkt weder den In-
    halt, das Format noch die Codierung der Information und
    braucht nie die Datenstruktur oder die Bedeutung zu
    interpretieren.

(5) Teilnehmeradressierung:
    Das Transportsystem unterstützt ein eigenes Transport-
    adressierungssystem. Dieses Adressierungssystem ist für
    das gesamte Netz gültig; es ist unabhängig von der

realen Lokalität bzw. von Endsystem-Adressen. Das Transportsystem nimmt dem Teilnehmer die Abbildung der Teilnehmerdressen auf die Endsystem-Adressen ab.

Im folgenden werden noch einige Beispiele zu den obigen Anforderungen gegeben, die darstellen helfen, wie aus diesen allgemeinen Bedingungen Anforderungen an die Funktionen der Schicht 4 auf der Grundlage von X.25 als unterlagertem Vermittlungsdienst abgeleitet werden können:

- X.25 Netz-resets sollen nicht zum Teilnehmer durchschlagen. Die X.25 Reset-Funktionen können Daten zerstören; dies ist aber von den X.25-Schichten weder feststellbar noch reparierbar. Für die Schicht 4 ist daher ein eigener Mechanismus zur →Fehlererkennung (→error detection) und →Fehlerbehebung (→error recovery) bezogen auf Übertragungsverlust von Daten zu fordern.

- Schicht 4 verwaltet ein eigenes Telefonbuch, in dem die Zuordnung von Teilnehmeradressen und X.25 Endsystemadressen enthalten ist. X.25 Konfigurationsänderungen bleiben dann dem Teilnehmer verborgen.

- Beschränkungen der Größe der Transport-Protokolldateneinheiten oder der Vermittlungs-Dienstdateneinheiten bleiben dem Teilnehmer verborgen; er kann beliebig viele Daten in einem Schritt übergeben und dieselbe Einheit auch wieder empfangen. Die Schicht 4 übernimmt die erforderlichen Funktionen für Segmentieren bzw. Blocken der Daten.

- Innerhalb des Transportsystems können evtl. mehrere Alternativen als Vermittlungsdienste zur Verfügung stehen, z.B. neben Paketvermittlung auch Leitungsvermittlung (Datex-L). Der Teilnehmer übergibt lediglich seine Anforderungen in Form von Durchsatz- und Transit-Verzögerungswerten vor, und die Transportschicht entscheidet sich daraufhin für einen der alternativen Dienste.

- Falls nur kleine Durchsatzklassen gefordert werden, aber nach Gebühren optimiert werden soll, kann die Transportschicht mehrere Teilnehmerverbindungen über eine Endsystemverbindung multiplexen. Das ist allerdings nur möglich bei Verbindungen zwischen Teilnehmern in denselben Endsystempaaren.

- Zur Erhöhung von Sicherheit und Güte kann eine Teilnehmerverbindung auch auf mehrere Endsystemverbindungen aufgespalten werden.

4.5.3 Modell des Transportsystems

Die ISO hat ein abstraktes Modell definiert, welches das Transportsystem mittels zweier voneinander unabhängiger →Warteschlangen modelliert (Abb. 4.21).

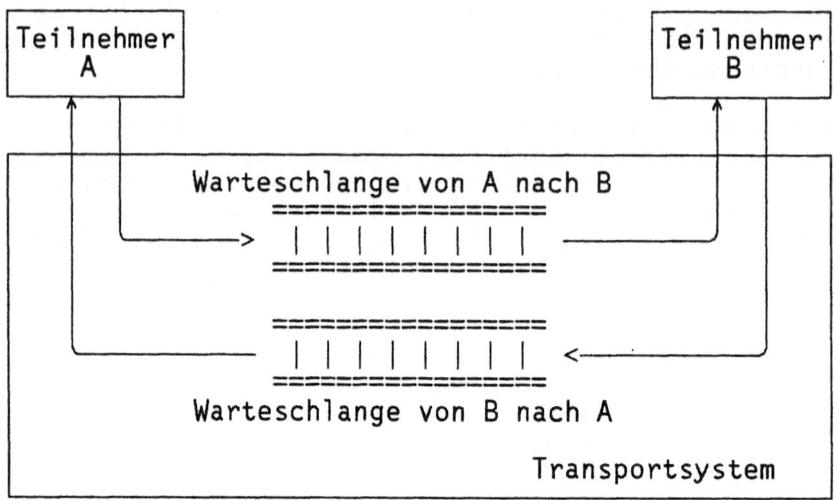

Abb. 4.21: Abstraktes →Modell des Transportsystems

Die Warteschlangen modellieren einen flußkontrollierten Datentransfer. Solange noch Platz vorhanden ist, kann ein Teilnehmer Daten in Form eines neuen Warteschlangenelementes übergeben. Ist die Warteschlange gefüllt, wird die Datenübergabe durch lokale Rückstauquittungen gebremst, bis durch Abnahme am anderen Ende wieder Platz geschaffen wurde. Nachdem ein Datum in die Warteschlange übergeben wurde, liegt es außerhalb der Kontrolle des betreffenden Teilnehmers; er weiß auch nicht, wann das Datum den Empfänger erreicht hat und von ihm angenommen wurde. Synchronisierungen dieser Art zwischen den beiden Partnern müssen bei Bedarf in den höheren Schichten erfolgen. Die maximale Länge der Warteschlange beschreibt sozusagen den maximalen Schlupf zwischen beiden Teilnehmern. Dateneinheiten werden in der gleichen Reihenfolge aus den Warteschlangen herausgenommen, in der sie auch hineingegeben wurden (FIFO-Prinzip). Eine Ausnahme bilden vorrangige Daten, die Vorrang in der Warteschlange haben und 'disconnect'-Elemente zur Verbindungsauslösung, die normale Daten in der Warteschlange zerstören.

4.5.4 Dienste der Transportschicht

Aus den besprochenen Anforderungen an die Leistungen des Transportsystems lassen sich folgende Dienste ableiten, die auch den verschiedenen existierenden Protokollvorschlägen zugrunde liegen. Diese Dienste stehen dem Benutzer der Transportschicht, dem Teilnehmer, an den 4/5-Dienstzugangspunkten zur Verfügung.

(1) Verbindungsaufbau (connection establishment):
    Parameter: Adressen des gerufenen und des rufenden Teilnehmers, Option für Vorrang-Datenübermittlung, Dienstgüte, Benutzerdaten.

Dieser Dienst etabliert bei Gelingen zwischen den beiden durch ihre Adressen identifizierten Teilnehmern eine Teilnehmerverbindung. In der Terminologie des Modells werden die beiden Warteschlangen eingerichtet. Zwischen denselben Teilnehmerpaaren können gleichzeitig mehrere Teilnehmerverbindungen hergestellt werden. Der Parameter 'vorrangiger Datentransport' gibt an, ob auch Signalisierungsdaten während der Datenphase übertragen werden sollen. Signalisierungsdaten sind kurze Nachrichten (bis zu 16 Oktaden), die an den Warteschlangen vorbei übermittelt werden können. Die Benutzerdaten sind transparente Daten, die in der Form, wie sie übergeben wurden, auch dem Empfänger übermittelt werden. Dies können z. B. für eine Initialisierung (Auswahl einer möglichen Alternative) auf der höheren Schicht verwendet werden.

(2) Datentransport (normal data transfer):
    Parameter: Benutzerdaten (des Transportdienstbenutzers)

Hiermit werden die zu übermittelnden Benutzerdaten in die Warteschlange eingereiht und vom Empfänger entnommen, sobald das betrachtete Warteschlangenelement an der Reihe ist. Die Information besteht aus einem Vielfachen von 8 bit. Sie wird transparent übermittelt, d. h. weder Struktur noch Inhalt werden durch das Transportsystem in irgendeiner Art interpretiert.

(3) Vorrang-Datenübermittlung
    (→expedited data transfer):
    Parameter: Benutzerdaten

    Mit diesem Dienst wird die Information, die in dem
    Parameter 'Benutzerdaten' enthalten ist, sozusagen per
    Express an den Empfänger geschickt. Das Datum wird nicht
    in die Warteschlange eingereiht, sondern an ihr vorbei-
    gereicht. Die Daten bestehen aus einer beschränkten
    Anzahl von wenigen Oktaden (z. Zt. sind 1 bis 16
    vorgesehen). Dieser Signalisierungspfad kann dazu be-
    nutzt werden, um z. B. 'break'- bzw. 'interrupt'-
    Funktionen zu realisieren.
    Dieser Dienst ist optional; er kann nur benutzt werden,
    wenn sich beide Teilnehmer auf diese Option während des
    Verbindungsaufbaues geeinigt haben.

(4) Verbindungsauslösung (connection termination)
    Parameter: Auslösegrund, Benutzerdaten

    Mit diesem Dienst wird die aktuelle Verbindung beendet,
    die Warteschlangen des Modells werden vernichtet. Dieses
    Beenden der Verbindung kann auf Anforderung jederzeit
    durchgeführt werden; dabei werden Daten, die sich noch
    in der Warteschlange befinden, vernichtet. Falls dieser
    Datenverlust garantiert verhindert werden soll, muß auf
    der höheren Schicht ein irgendwie gesicherter Kommu-
    nikationsabschluß erzielt werden, bevor die Beendigung
    der Verbindung angestoßen wird. Ein Beispiel einer
    solchen Abschlußprozedur ist in heutigen Systemen die
    LOGOFF-Prozedur.

4.5.5 Protokoll-Dateneinheiten

Die Protokoll-Dateneinheiten der Transportschicht dienen der
Kommunikation zwischen Partner-Transportinstanzen. Sie tra-
gen die Teilnehmerdaten sowie Kontrollinformationen der
Schicht 4. Die →Transport-Protokolldateneinheiten (T-PDE)
werden über den Dienst für Datentransport (N-DATA) bzw. für
vorrangigen Datentransport (N-EXPEDITED DATA) der Vermittlungsschicht übertragen.

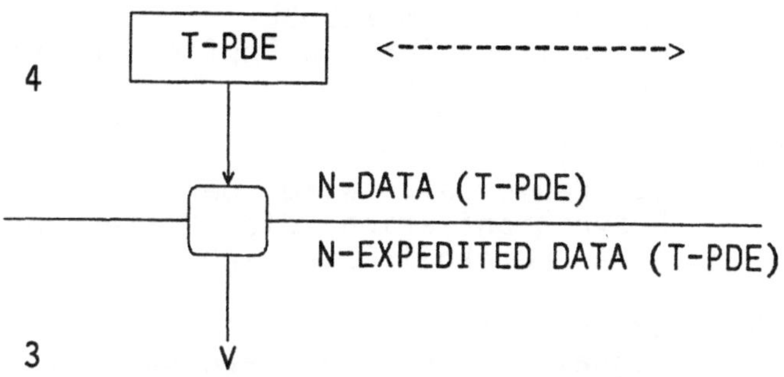

Abb. 4.22: Abbildung von Protokoll-Dateneinheiten
auf Dienst-Dateneinheiten

Es gibt folgende Arten von Protokoll-Dateneinheiten:

CR   CONNECTION REQUEST
       Aufbauwunsch für eine Teilnehmerverbindung

CC   CONNECTION CONFIRM
       Bestätigung eines Verbindungsaufbauwunsches

DR   DISCONNECT REQUEST
       Auslösewunsch für eine Teilnehmerverbindung bzw. Ab-
       lehnung eines Aufbauwunsches. Daten, die nach dem
       Senden von DR ankommen, werden ignoriert.

DC   DISCONNECT CONFIRM
       Bestätigung für die Auslösung der Teilnehmerverbindung

DT   DATA
       Übertragung von Teilnehmerdaten und Kontrollinforma-
       tionen zur Partnerinstanz

ED   EXPEDITED DATA
        Vorrangige Übertragung von   Daten   kurzer   Länge.
        Vorrang bedeutet, daß die Daten außerhalb der Fluß-
        regelung der Schicht 4 laufen, d.h. Vorrang in der
        Warteschlange (s. 4.5.3) haben. Damit können Stau-
        situationen in den Warteschlangen umgangen werden.

AK   DATA ACKNOWLEDGE
        Bestätigung   für   den Empfang von DATA-Protokoll-
        dateneinheiten. Dies wird für die Flußregelung be-
        nötigt.

EA   EXPEDITED ACKNOWLEDGE
        Bestätigung für den Empfang von vorrangigen Protokoll-
        dateneinheiten.

RJ   REJECT
        Im Fehlerfall wird der Partnerinstanz zum Zweck der
        Resynchronisation die Nummer der nächsten erwarteten
        DATA-Protokoll-Dateneinheit mitgeteilt.

ERR   ERROR
        Signalisierung von Protokollfehlern an die Partner-
        instanz.

4.5.6 Protokolle der Transportschicht

Das →Transportprotokoll ist vorgegeben durch die funktionale
Differenz des erwünschten Transportdienstes und des zur
Verfügung stehenden Vermittlungsdienstes. Um die in der
Transportschicht zu realisierenden Funktionen in Abhängigkeit von den Teilnehmeranforderungen und den verfügbaren
Leistungen der Vermittlungsschicht zu systematisieren, wurden von der ISO und der ECMA fünf →Klassen von Transport-
protokollen definiert. Diese können unabhängig voneinander
implementiert sein. Die jeweilige Protokollklasse kann -
sofern vorhanden - bei Aufbau der Teilnehmerverbindung
zwischen den Teilnehmern ausgehandelt oder aber von den
Transportinstanzen festgelegt werden.

Die wichtigsten Funktionen dieser 5 Protokollklassen sollen
hier kurz skizziert werden.

Klasse 0: Einfachklasse (simple class)

Diese Klasse ist identisch mit dem Teletex-Transportproto-
koll gemäß der CCITT-Empfehlung S.70. Sie umfaßt nur die
einfachsten Funktionen, die für den Verbindungsaufbau, Datentransport mit Segmentieren und Meldung von Protokoll-
fehlern benötigt werden.

- Nur die Instanz, welche die Endsystemverbindung einge-
  richtet hat, kann auch eine Teilnehmerverbindung er-
  öffnen.
- In der Datenphase können Transport-Dienstdateneinheiten
  segmentiert werden in eine Folge von Transport-Protokoll-
  dateneinheiten.
- Es gibt keine Flußregelung in der Schicht 4; die der
  Schicht 3 wird als ausreichend betrachtet.
- Kein Multiplexen von Teilnehmerverbindungen auf eine
  Endsystemverbindung
- Kein Aufspalten einer Teilnehmerverbindung auf mehrere
  Endsystemverbindungen
- Kein Vorrang-Datentransport
- Keine eigene Prozedur für Verbindungsauslösung. Eine
  Teilnehmerverbindung wird ausgelöst durch das Auslösen
  der unterlagerten Endsystemverbindung.
- Fehler der unterlagerten Vermittlungsschicht werden nicht
  erkannt und behoben; ein DISCONNECT oder RESET für die
  Endsystemverbindung gilt auch als Beendigung der Teil-
  nehmerverbindung.

Klasse 1: Einfache Fehlerbehebungsklasse
(basic error recovery class)

Diese erweitert die Leistungen der Klasse 0 um die folgenden Funktionen:

- Verbindungsaufbau durch beide Partner möglich
- Neuzuordnen einer Teilnehmerverbindung zu einer Endsystemverbindung nach einem N-DISCONNECT
- Numerieren der DATA-Protokolldateneinheiten und Zwischenspeichern bis zu ihrer Bestätigung durch AK
- Resynchronisation einer Teilnehmerverbindung nach einem N-RESET
- Vorrang-Datenübermittlung
- Explizites Auslösen einer Teilnehmerverbindung unter Erhaltung der Endsystemverbindung

Klasse 2: Multiplexklasse (multiplexing class)

Diese Klasse erweitert die Leistungen der Klasse 0 um die folgenden Funktionen:

- Verbindungsaufbau durch beide Partner möglich
- Multiplexen mehrerer Teilnehmerverbindungen auf eine Endsystemverbindung. Dazu erhält jede Teilnehmerverbindung eine Identifikation.
- Flußregelung (ihre Nicht-Anwendung kann vereinbart werden). Diese geschieht ähnlich der Flußregelung in Schicht 2 und 3 über einen Fenstermechanismus. In DATA-Protokoll-Dateneinheiten wird die Sendefolgenummer mitgegeben. Der Empfänger schickt in der AK-Protokolldateneinheit die Empfangsfolgenummer und die Größe w für das →Fenster mit (letztere ist variabel).
- Vorrang-Datentransport, sofern die Anwendung der Flußregelung vereinbart ist.
- Explizites Auslösen einer Teilnehmerverbindung unter Erhaltung der Endsystemverbindung

Klasse 3: Fehlerbehebungs- und Multiplexklasse
(error recovery and multiplexing class)

Diese Protokollklasse vereinigt im wesentlichen die Leistungen der Klassen 1 und 2

Klasse 4: Fehlererkennungs- und Fehlerbehebungsklasse
(error detection and recovery class)

Die Leistungen der Protokollklasse 3 werden im wesentlichen ergänzt um umfangreiche Mechanismen zur Erkennung von Fehlern des unterlagerten Vermittlungsdienstes wie Verlust von Daten, Verfälschung von Dateninhalten, falsche Reihenfolge von Protokoll-Dateneinheiten und Überschreitung von Zeitschranken. Durch entsprechende Protokollabläufe werden damit vor allem Güteanforderungen des Teilnehmers realisiert.

Einige der Protokollfunktionen, die zusätzlich zu der Klasse 3 vorgesehen werden, sind:

- Definition einer Anzahl von Zeitschranken (z.B. Verweilzeit von Daten in der Vermittlungsschicht, Antwortzeiten, Inaktivitätszeit des Partners usw.), deren Einhaltung überwacht wird
- Wiederholtes Senden von Protokoll-Dateneinheiten bei Zeitüberschreitung; Regeln zur Behandlung der dabei möglichen Verdopplung von Protokoll-Dateneinheiten
- Aufspalten einer Teilnehmerverbindung auf mehrere Endsystemverbindungen mit der zugehörigen Folgekontrolle für Protokoll-Dateneinheiten
- Benutzung einer Prüfsumme (checksum) zur Sicherung von Protokoll-Dateneinheiten
- Verfeinerte Kommunikationsregeln für den Fenstermechanismus zur Flußregelung
- 'Einfrieren' einer Verbindungsidentifikation nach Auslösung dieser Verbindung. Damit wird verhindert, daß etwa für die alte Verbindung noch später eintreffende Protokoll-Dateneinheiten einer neuen Verbindung zugerechnet werden.

5 Lokale Netze

5.1 Allgemeine Anforderungen an lokale Netze

Derzeitige und zu erwartende Datenverarbeitungs- und Kommunikationsanwendungen setzen im innerbetrieblichen Bereich eine Kommunikationsinfrastruktur voraus, deren Aufgaben wie folgt beschrieben werden können:

5.1.1 Private Untervermittlung im innerbetrieblichen Bereich zwischen Datenendgeräten

Aus wirtschaftlichen und technischen Gründen sind private Untervermittlungen sinnvoll und notwendig. Dies läßt sich vor allem auch daraus ableiten, daß etwa 80 Prozent der Kommunikationsanwendungen (z.B. Telefonie, Brief- und Nachrichtenverkehr) zwischen Partnern im eigenen Hause abgewickelt werden, während der Kommunikationsanteil mit externen Partnern 20 Prozent beträgt. Die notwendigen Kommunikationsbeziehungen kann man anhand des Typs der Datenendgeräte in drei Gruppen einteilen:

-   Terminal / Terminal - Kommunikation
-   Terminal / Server - Kommunikation
-   Server / Server - Kommunikation

Unter →**Terminal** werden hier diejenigen Endgeräte verstanden, die dem Menschen als Benutzer unmittelbar die gewünschten Dienstleistungen bereitstellen. Beispiele für Terminals in diesem Sinn sind das Telefon (Sprachterminal), das übliche Sichtgerät, intelligente Terminals (→Kommunikationsarbeitsplatzsysteme), Teletex-Schreibmaschinen usw.

Als →**Server** sind alle diejenigen Endgeräte zu betrachten, die als Betriebsmittel einer Vielfachnutzung unterliegen. Typische Server sind:

-   der zentrale Processing Server (Datenverarbeitungsanlage für Spezialsoftware-Nutzung, Produktionsläufe, number crunching)
-   der Print Server für Qualitäts- oder Massenausgabe, z. B. Laserdrucker, Microfilm/Microfiche-Erstellung
-   der File Server zur Ablage und Wiedergewinnung von Dateien und Dokumenten. Im Rahmen der Bürokommunikation gewinnt dabei die Bildplatte zunehmend an Bedeutung
-   der Mail Server für Senden, Empfangen und Verteilen

von elektronischer Post; er kann ggf. mit dem File
Server kombiniert werden
- der Graphics Server für spezielle grafische Verarbeitung
  sowie grafische Ein- und Ausgabe
- der Speech Server für Sprachausgabe und -speicherung,
  z. B. speech filing-Systeme
- der Communication Server als Vermittlungselement
  (→Gateway) zwischen Netzen

5.1.2 Unterstützung der benötigten Kommunikationsdienste

Zu den traditionellen Kommunikationsdiensten wie Telefonie,
Telex, Dialog zwischen Terminal und Rechner kommen in
zunehmendem Maße weitere Kommunikationsdienste wie z.B.
Teletex, Bildschirmtext, elektronische Nachrichtenvermittlung, Telekonferenzen, Dateiübermittlungsdienste, Video-
Anwendungen usw. hinzu. Die lokalen Netze müssen daher in
der Lage sein, die jeweils benötigten Kommunikationsdienste
unterstützen zu können. Da die lokalen Netze im engeren
Sinne jedoch nur reine Übertragungs- und Vermittlungsdienstleistungen bieten, müssen die Endsysteme mit in die Betrachtung einbezogen werden. Da nicht jeder Typ eines
lokalen Netzes für jede Anwendung geeignet ist, muß sorg-
fältig geprüft werden, welche Kommunikationsdienste benötigt
werden und über welche Geräte diese Dienste erbracht werden
sollen. Hieraus können dann die entsprechenden Anforderungen
an die Kommunikationsinfrastruktur abgeleitet werden. Das
Ergebnis der Analyse kann sein, daß nicht alle Anforderungen
von einem einzigen lokalen Netz erbracht werden können,
sondern daß verschiedene Typen, die gegebenenfallls zu
koppeln sind, eingesetzt werden müssen.

5.1.3 Bereitstellung der erforderlichen Übertragungskapazität und der notwendigen Übertragungskanäle

Aus dem möglicherweise komplexen Kommunikationsprofil eines
Unternehmens ist ableitbar, wieviele Übertragungskanäle in
Abhängigkeit von der Anzahl der jeweiligen Endgeräte und
deren Nutzungstyp benötigt werden. Weiter ergeben sich
daraus die Anforderungen an die Übertragungskapazität in
Abhängigkeit vom Endgerät und den zugehörigen Anwendungen
sowohl im Normalfall als auch im Fall hoher Belastungen.

Für die →Bandbreiten für die einzelnen Informationstypen
ergeben sich die folgenden unteren und oberen Grenzwerte:

```
Daten/Text:    300 bit/s - 1 Mbit/s (steigende Tendenz)
Bild:          9.6 kbit/s - 70 Mbit/s
Sprache:       64 kbit/s (mit Pulse Code Modulation)
```

Bei den Übertragungskanälen ist nicht nur die Anzahl der Leitungen bzw. der Verkehrswege wichtig, sondern auch die Anzahl der logischen bzw. virtuellen Kanäle pro Leitung. In vielen Fällen ergibt sich eine einfache Entsprechung von logischen und physikalischen Kanälen, in zunehmendem Maße ist jedoch die Unterstützung mehrerer logischer Kanäle auf einer Leitung z.B. mit Paketvermittlungstechnik entsprechend der CCITT-Empfehlung X.25 erforderlich. Werden Vermittlungssysteme wie z. B. Nebenstellenanlagen oder schnelle Inhouse-Netze eingesetzt, so ist auch die Zahl der anschließbaren Endgeräte sowie die Zahl der schaltbaren Verkehrsbeziehungen von Interesse. Bei Nebenstellenanlagen gibt z.B. der sogenannte →Erlang-Wert Auskunft über die Anzahl der möglichen koexistenten Verkehrsbeziehungen.

5.1.4 Unterstützung der Schnittstellen zu öffentlichen Netzen und Diensten

Inhouse-Netze ohne die Anbindung an die öffentlichen Netze und Dienste würden einen wesentlichen Bedarf der Kommunikationsbedürfnisse außer acht lassen. Für die Erreichung offener Kommunikation ist daher die Unterstützung der Schnittstellen zu den verschiedenen öffentlichen Netzen und später zu →ISDN unerläßlich. Kompatibilität auf der Vermittlungsschicht, der Schicht 3 nach dem ISO-Architekturmodell, sichert zwar noch nicht die Kommunikationsmöglichkeit zwischen zwei Partnern, ist jedoch unabdingbare Voraussetzung hierfür.

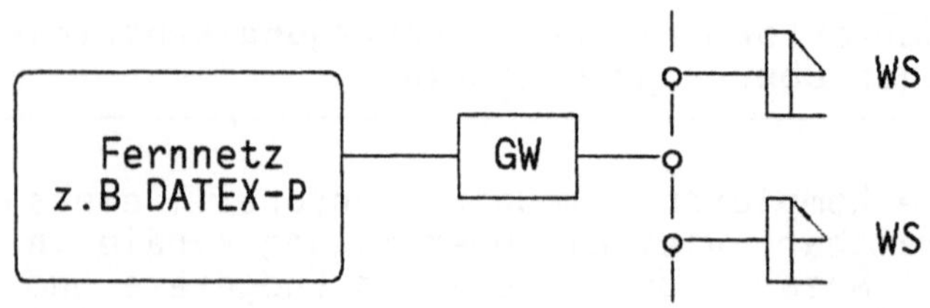

Abb. 5.1:   Kopplung von lokalen Netzen und Fernnetzen über 'Gateways'

5.2   Definition lokaler Netze

Zu den lokalen Netzen im allgemeinen Sinne werden heute
hauptsächlich zwei verschiedene Arten gerechnet, die
schnellen →Inhouse-Netze (→Local Area Networks, →LAN) und
die →digitalen Nebenstellenanlagen (Private Automatic Branch
Exchange Systems, →PABX). Digitale Nebenstellenanlagen werden nach Einführung von ISDN große Bedeutung erlangen und
neben Sprachkommunikation auch Datenkommunikation auf der
Basis von 64kbps-Kanälen unterstützen. Es soll jedoch hier
auf diese Systeme nicht näher eingegangen werden, sondern
nur die Technik der lokalen Netze im engeren Sinn und deren
Einbettung in die Kommunikationsarchitektur beschrieben
werden.

Der Begriff 'Local Area Network' wurde von IEEE und ECMA wie
folgt definiert:

"Ein 'Local Area Network' ist ein Datenkommunikations-
system, welches die Kommunikation zwischen mehreren unabhängigen Geräten ermöglicht. Ein LAN unterscheidet sich
von anderen Arten von Datennetzen dadurch, daß die Kommunikation üblicherweise auf ein in der Ausdehnung begrenztes
geografisches Gebiet wie ein Bürogebäude, ein Lagerhaus oder
ein Campus-Gelände beschränkt ist. Das Netz stützt sich auf
einen Kommunikationskanal mittlerer oder hoher Datenrate,
welcher eine durchweg niedrige Fehlerrate besitzt. Das Netz
befindet sich im Besitz und Gebrauch einer einzelnen Organisation. Dies steht im Gegensatz zu →Fernnetzen (Wide Area
Networks, →WAN), die Einrichtungen in verschiedenen Teilen
eines Landes miteinander verbinden oder die als öffentliche
Kommunikationsmittel benutzt werden."

Die wichtigsten Aspekte dieser Definition verdienen eine
weitere Erläuterung:

5.2.1   Kommunikation zwischen mehreren unabhängigen
Endgeräten

Die Endgeräte, die an ein LAN angeschlossen werden, sind in
der Regel selbständige DV-Anlagen, Minicomputer, Personal-
computer, Textautomaten und Computer-Terminals, Arbeitsplatzsysteme, Datenerfassungsgeräte, 'Server' (Print-Server,
File-Server) und andere kommunikationsfähige Endgeräte. Im
Prinzip können auch Telefonapparate an lokale Netze angeschlossen werden, der Anschluß an öffentliche Fernsprechnetze ist jedoch problematisch und bisher noch nicht realisierbar.

Kommunikation zwischen mehreren unabhängigen Endgeräten bedeutet nicht, daß jede an ein LAN angeschlossene Station mit jeder anderen an demselben LAN angeschlossenen Station kommunizieren kann. Eine Kommunikation zwischen zwei Partnern ist immer nur dann möglich, wenn beide Partner die für die jeweilige Kommunikationsanwendung vorgesehenen Kommunikationsregeln beherrschen. Wesentlich ist jedoch, daß an ein LAN Endgeräte verschiedener Hersteller anschließbar sind, wobei meistens die Geräte eines Herstellers einen 'geschlossenen Kulturkreis' bilden, d.h. die Kommunikationsfähigkeit zwischen Endgeräten desselben Herstellers ist gegeben (soweit eine Kommunikation zwischen den betreffenden Geräten vorgesehen und sinnvoll ist), wohingegen eine Kommunikation zwischen Endgeräten verschiedener Hersteller oft an dem unterschiedlichen Kommunikationsverhalten derselben scheitert. Werden jedoch dieselben Anwendungen und Kommunikationsprotokolle unterstützt, sei es durch Emulation, sei es durch die Verwendung standardisierter Protokolle, dann sind die Voraussetzungen für die Kommunikation zwischen Endgeräten verschiedener Hersteller gegeben.

5.2.2 Geografische Begrenzung

Bedingt durch ihren technischen Aufbau sind die meisten lokalen Netze in ihrer Ausdehnung begrenzt. Ihre maximale Ausdehnung variiert von einigen 100 m bis zu wenigen km. In Sonderfällen und je nach LAN-Typ sind auch Entfernungen von 20 Km und mehr überbrückbar.

Die Ankopplung von lokalen Netzen an andere Netze erfolgt über Gateways, die zur betreffenden Netzseite mit der dort erforderlichen Schnittstelle ausgestattet sind.

5.2.3   Hohe Datenrate, niedrige Fehlerrate

Lokale Netze zeichnen sich durch ihre Fähigkeit aus, mittlere und hohe Datenraten übertragen zu können. Die untere Grenze liegt etwa bei 1 Mbps (in Ausnahmefällen auch darunter), die obere Grenze zur Zeit etwa bei mehreren 100 Mbps (diese Grenze wird ständig weiter ausgedehnt). Die Angaben betreffen jedoch die Gesamtkapazität. Die für eine einzelne Verbindung bereitgestellte Übertragungskapazität ist system- und anwendungsabhängig und liegt etwa in dem Spektrum von 0.3 Kbps bis einige Megabit/Sekunde ('Burst'-Datenrate). Als Richtwert für die Fehlerrate kann etwa 10^{-9} angegeben werden.

5.2.4 Weitere Aspekte

Ein weiterer wichtiger Aspekt ist darin zu sehen, daß
die Hersteller bei der Konstruktion der Geräteschnitt-
stellen völlig frei und an keine CCITT-Empfehlungen oder
Normen gebunden sind. Es sind daher eine Vielzahl von
Geräte-Anschlußschnittstellen entstanden, wobei jedoch der
Trend deutlich ist, in diesem Bereich zu Industriestandards
zu kommen. Neue Endsysteme werden mit direkten Schnittstellen zu lokalen Netzen ausgestattet, vorhandene Systeme
werden über Adapter, die vorwiegend die üblichen V.24-
Schnittstellen haben, angeschlossen. Die Ankopplung an
öffentliche Netze, deren Schnittstellen durch die Post-
gesellschaften festgelegt werden, muß wegen der unterschiedlichen Architekturen von lokalen Netzen und von Fernnetzen
über Gateways erfolgen.

5.3 Strukturmodell lokaler Netze

Ein →lokales Netz ist ein dezentrales Übertragungs- und Vermittlungssystem, an das Endgeräte verschiedenen Typs
(Terminals, Arbeitsplatzsysteme, Rechner, Server usw.) angeschlossen werden können. Es besteht aus einem Kabelsystem
unterschiedlicher Struktur (Topologie), an das über Netzan-
schlußelemente die Endsysteme direkt oder indirekt angeschlossen werden. Direkt bedeutet, daß in dem Endgerät die
Netzzugangslogik (Netz-Controller) integriert ist, die den
Zugriff auf das Übertragungsmedium regelt. Beim indirekten
Anschluß wird zwischen Netz und Endgerät noch eine Netz-
schnittstelleneinheit geschaltet, die zum Endgerät hin z.B.
eine V.24- oder eine X.21-Schnittstelle aufweist. Die Ankopplung an die 'LAN-Außenwelt' erfolgt über Gateways.

Das prinzipielle Struktur-Modell ist daher relativ einfach,
wie die Abbildung 5.2 zeigt. Eine Netz-Steuereinheit wurde
nicht eingezeichnet, da sie nicht in jedem Fall vorkommt.
Wenn sie benötigt wird, kann sie funktionell in die Netzzugangslogik integriert sein kann.

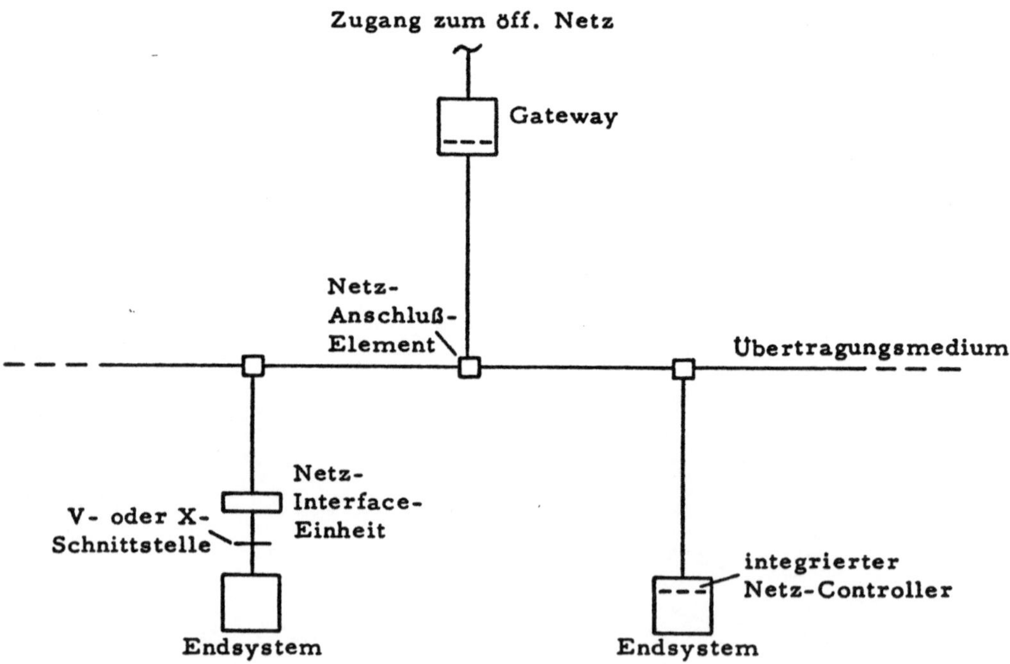

Abb. 5.2: Strukturmodell eines lokalen Netzes

Die Einfachheit des Strukturmodells darf jedoch nicht über die Vielfalt der Varianten und Merkmale von lokalen Netzen hinwegtäuschen.

Wichtige Unterschiede gibt es u.a. in folgenden Bereichen:

- Art des Übertragungsmediums

- Struktur des lokalen Netzes (Topologie)

- Zugangsverfahren

- Kanalaufteilung (Basisband/Breitband)

- Schnittstellen zu Endsystemen

Auf diese Unterschiede soll im folgenden näher eingegangen werden.

5.4 Übertragungsmedien

Folgende Übertragungsmedien finden bei lokalen Netzen Einsatz:

- verdrillte Kupferkabel
- Koaxialkabel
- Lichtwellenleiter

Diese Übertragungsmedien zeichnen sich durch unterschiedliche Kenndaten und Leistungsmerkmale aus. Die folgende Ver-
gleichstabelle gibt einen Einblick in wichtige Unterschiede.

	Verdrillte Kupferkabel	Koaxial-kabel	Lichtwellen-leiter
Preis	billig	teurer	am teuersten
Verlegbarkeit	sehr gut	z.T. problematisch	gut
Abhör-sicherheit	gering	gute Abschirmung möglich, Kabel jedoch anzapfbar	hoch
Datenrate	etwa bis 10 Mbps	etwa bis 300 Mbps	bis einige Gigabit/s (unter Labor-bedingungen)
Erdungs-probleme	keine	können vor-handen sein	keine
Störungs-empfindlichkeit	Störungen durch elktromagn. Wellen möglich	Störungen durch elektromagn. Wellen möglich	nicht stör-empfindlich

Tabelle 5/1:   Übertragungsmedien im Vergleich

Verdrillte Kupferkabel sind am leistungsschwächsten und
werden in der Regel bei 'lowcost-LANs' eingesetzt. Am
häufigsten werden Koaxialkabel verwendet, weil sie genügend
große Übertragungskapazität bieten, technisch gut beherrscht
werden, was sich auch durch das Vorhandensein von Industriestandards ausdrückt, und kostenmäßig günstiger als Lichtwellenleiter sind. Obwohl Lichtwellenleiter an Bedeutung
zunehmen, ist in den nächsten Jahren nach wie vor mit einer
Dominanz der Koaxialkabel als Übertragungsmedium zu rechnen.

5.5 Topologie

Bei lokalen Netzen treten folgende Strukturen auf:

- →Sternstruktur
- →Ringstruktur
- →Linienstruktur
- →Baumstruktur
- →Verzweigungsstruktur

Die Linien- und Verzweigungsstruktur können als Sonderfälle der Baumstruktur betrachtet werden. Die verschiedenen Strukturen sollen anhand von konkreten Beispielen veranschaulicht werden:

5.5.1 Sternstruktur

Die Abbildung 5.3 zeigt eine mögliche Konfigurationsform des Systems →DIKOS von ANT. Im Mittelpunkt befindet sich die zentrale Busstation (ZBS). In Kaskade geschaltete dezentrale Busstationen (DBS) sind über Lichtwellenleiter mit der zentralen Busstation verbunden. Der Leitungsabschluß wird durch sog. Synch-Reflex-Einheiten (SR) gebildet. Endsysteme werden an die DBS-Einheiten angeschlossen.

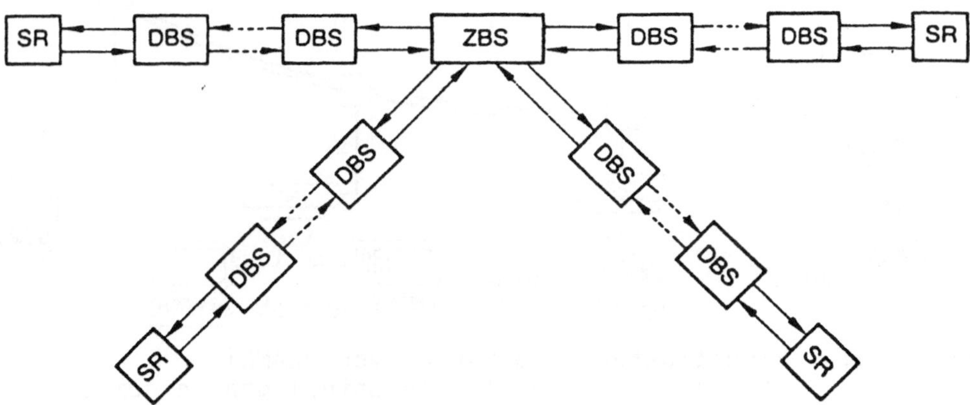

Abb. 5.3: Sternstruktur am Beispiel DIKOS
(Abb. den Herstellerunterlagen entnommen)

5.5.2 Ringstruktur

Die Abbildung 5.4 zeigt das System →PLANET der Firma Racal-
Milgo. Die Ring-Anschlußeinheiten werden als Cable-
Access-Points (CAPs) bezeichnet. Die Terminal-Access-Points
(TAPs) sind mit diesen über eine Leitung verbunden. An die
TAPs können Endsysteme verschiedener Hersteller über V.24-
Schnittstellen angeschlossen werden. Der 'Director' fungiert
als Ring-Überwachungssystem (Netz-Zentrale). Der Ring selbst
besteht aus 2 Koaxialkabeln, nämlich einer Primär- und einer
Sekundärleitung. Der Ausfall eines CAP führt nicht zum
Zusammenbruch des Übertragungssystems, da in diesem Fall die
Ringstruktur über die Sekundärleitung wieder geschlossen
werden kann.

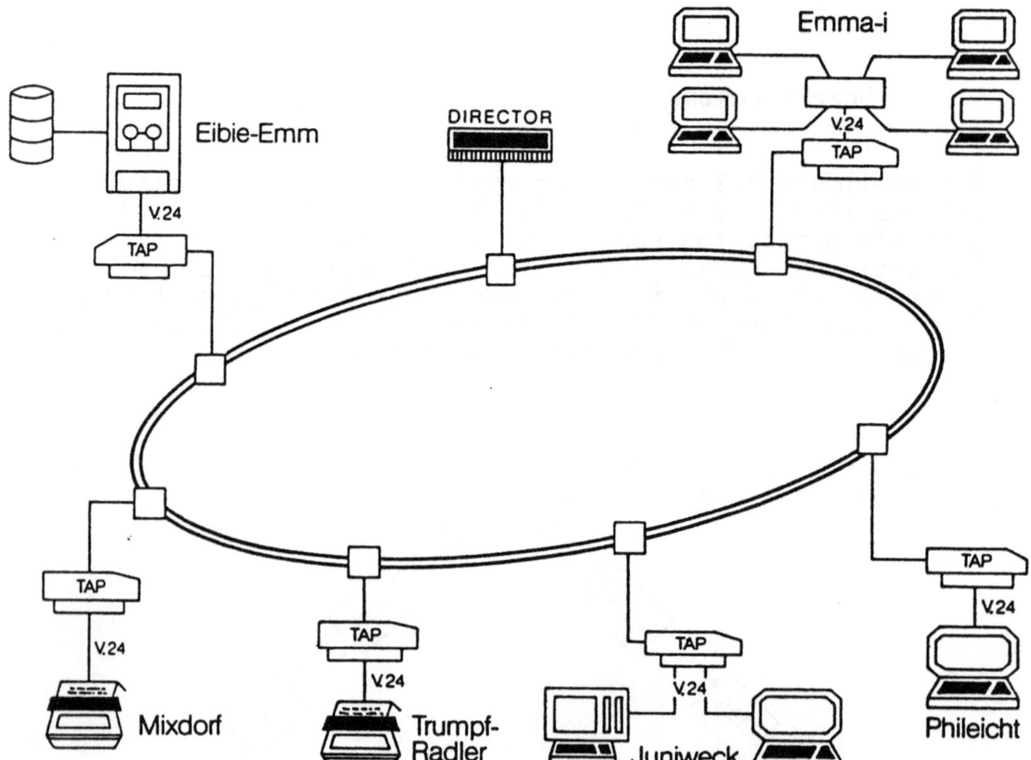

Abb. 5.4:   Ringstruktur am Beispiel von PLANET
              (Abbildung den Herstellerunterlagen entnommen)

5.5.3 Linienstruktur

Bei der Linienstruktur (→Busstruktur) besteht das Übertragungssystem aus einem einzigen Kabelsegment. Die nachfolgende Abbildung zeigt das System →EMS 5800 DOCUMENT der
Firma Siemens (weitgehend identisch mit dem System NS8000
der Firma Xerox). Das Übertragungsmedium (Koaxialkabel) ist
an den Enden mit einem sogenannten Terminator versehen
(Abschlußwiderstand), um die Reflektion der Übertragungs-
signale zu verhindern. Die Endsysteme werden über sog.
Transceiver (Sende- und Empfangseinrichtung) an das Netz
angeschlossen. In den Endsystemen befindet sich die Netzzugangslogik (Netz-Controller).

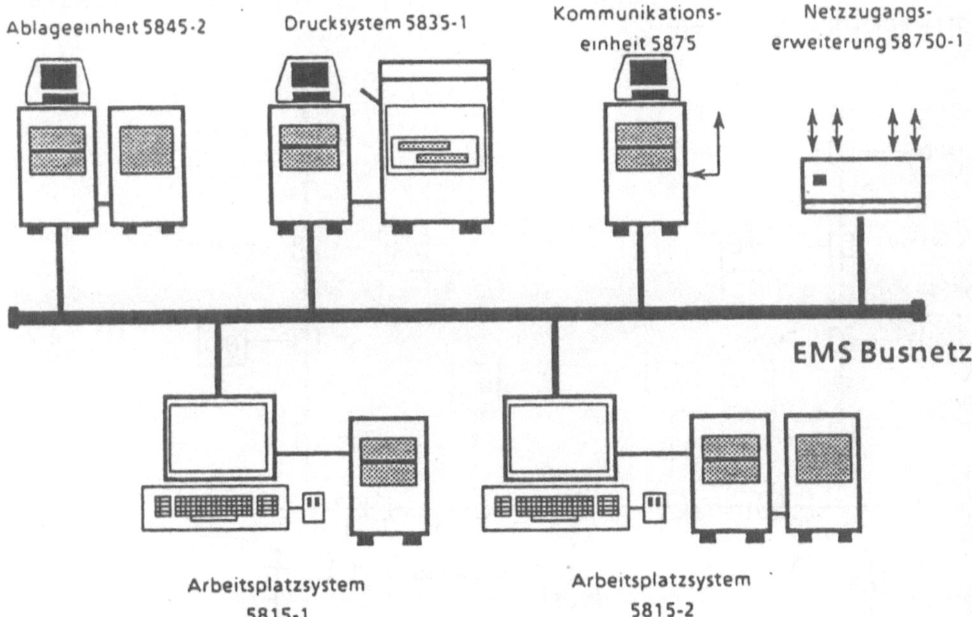

Abb. 5.5:   Linienstruktur am Beispiel von EMS 5800 DOCUMENT
(Abbildung den Herstellerunterlagen entnommen)

5.5.4 Baumstruktur

Die in Abb. 5.5 gezeigte Linienstruktur kann zu einer echten
Baumstruktur durch Hinzufügen weiterer Kabelsegmente
erweitert werden. Die einzelnen Segmente werden mit Hilfe
von Repeatern (Verstärkern) miteinander verbunden. Die nach-
folgende Abbildung zeigt eine mögliche Konfiguration des
Systems →NET/ONE von Ungermann-Buss, das in der Bundes-
republik von der Firma Kontron angeboten wird. Endsysteme
werden bei diesem lokalen Netz über die Network Interface
Units (NIUs) über übliche Schnittstellen wie z.B. V.24 oder
DMA angeschlossen. Die Konfigurierung des Netzes sowie das
Laden der NIUs werden von der Network Configuration Facility
(NCF) ausgeführt. Dort werden auch Werzeuge zur Software-
Entwicklung geboten.

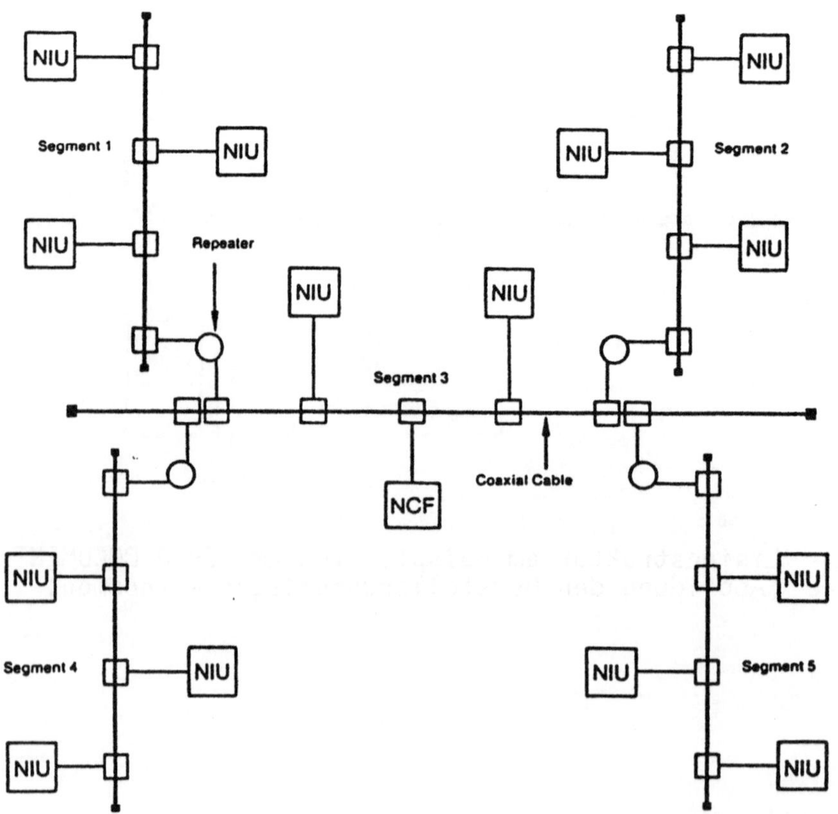

Abb. 5.6:   Baumstruktur am Beispiel von NET/ONE
                 (Abbildung den Herstellerunterlagen entnommen)

5.5.5 Verzweigungsstruktur

Die Verzweigungsstruktur kommt in der abgebildeten Form nur
bei Breitband-Koaxialkabelsystemen vor. Die Abbildung zeigt
die prinzipielle Struktur des →WANG-Netzes. An der mit
'Network Loop' bezeichneten Stelle befindet sich üblicherweise eine sogenannte Kopfstation (Headend), die bei Zwei-
kabelsystemen lediglich eine Verstärkerfunktion hat, bei
Einkabelsystemen jedoch zusätzlich eine Frequenzumsetzung
machen muß, da Sende- und Empfangskanäle physikalisch getrennt sein müssen. Die in diesen Systemen auftretenden
Vezweigungselemente werden als 'Splitter' bezeichnet. Endsysteme werden über Modems angeschlossen, von denen ein
Kabel zu den Netzanschlußelementen führt.

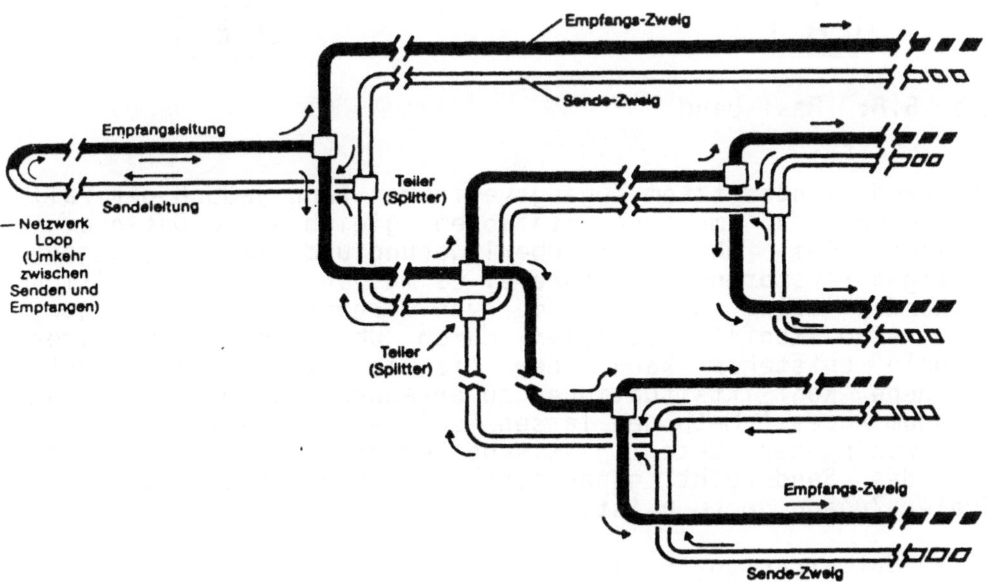

Abb. 5.7:   Verzweigungsstruktur am Beispiel von WANGNET
(Abbildung den Herstellerunterlagen entnommen)

5.6 Basisband- und Breitbandtechnik

5.6.1 Basisbandtechnik

Ein →Basisbandsystem ist dadurch gekennzeichnet, daß nur ein
Übertragungskanal zur Verfügung steht. Dieser Kanal kann von
allen angeschlossenen Stationen genutzt werden. Die Art und
Weise des Zugriffs auf den Übertragungskanal wird durch das
Zugangsverfahren geregelt.

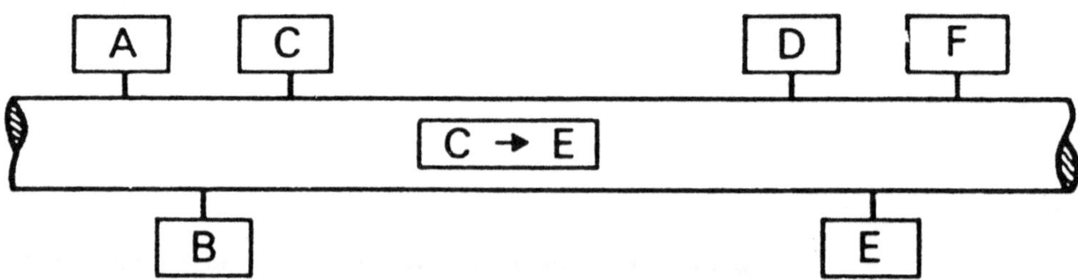

Abb. 5.8: Basisband

Je nach eingesetztem Zugangsverfahren kann jedoch der Fall
auftreten, daß mehrere Stationen gleichzeitig Daten ein-
speisen. Das führt zur Überlagerung und damit zur gegenseitigen Zerstörung der Signale. Es müssen daher Mechanismen
vorhanden sein, die entweder von vornherein dafür sorgen,
daß keine Konfliktsituation durch Überlagerung mehrerer
Signale entstehen kann oder die in der Lage sind, ent-
standene Konfliktsituationen zu erkennen und zu beseitigen.
'Random-Access'-Methoden lassen solche Konfliktsituationen
zu, wohingegen deterministische Verfahren so geartet sind,
daß das Senderecht genau geregelt und daher ein konflikt-
freier Zugang gegeben ist.

Alle Datentransporte laufen mit einer konstanten Übertragungsgeschwindigkeit ab (z.B. 10 Mbps), d.h. alle Daten,
gleich zu welcher Verkehrsbeziehung sie gehören, werden auf
dem Übertragungsmedium mit der gleichen Geschwindigkeit
transportiert. Dies bedeutet jedoch nicht, daß dem Endgerät
bzw. der Anwendung die Kanalgeschwindigkeit als gleich-
bleibende Verkehrsgeschwindigkeit zur Verfügung steht. Die
tatsächliche Durchsatzleistung pro Verbindung ist von dem
Zugangsverfahren und der aktuellen Auslastung des lokalen

Netzes abhängig und kann z.B. nur 10 Prozent oder weniger
der Kanalgeschwindigkeit ausmachen. Der Grund hierfür liegt
darin, daß der vorhandene Übertragungskanal anteilig von
vielen Stationen genutzt wird und daher einer einzelnen
sendewilligen Station nicht kontinuierlich zur Verfügung
steht.

Um Signale auf dem Übertragungsmedium zu codieren, sind
zahlreiche Verfahren entwickelt und erprobt worden. Eines,
das gegenwärtig als Standardmethode für Basisbandsysteme
akzeptiert ist, ist das →Manchester Encoding-Verfahren. Es
ist einfach zu implementieren. Von besonderer Bedeutung
hierbei ist, daß dieses Verfahren die Selbstsynchronisation
miteinander kommunizierender Systeme erlaubt und somit eine
separate Taktversorgung entfällt.

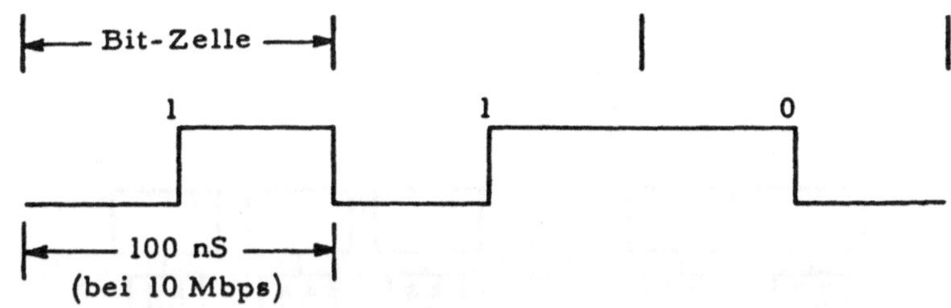

Abb. 5.9: Manchester-Codierungsverfahren

Wie Abb. 5.9 zeigt, weist die 1. Hälfte der Bit-Zelle
immer das Komplement des Bit-Wertes auf, während die 2.
Hälfte jeweils den wahren Bit-Wert enthält. Somit tritt in
jeder Bit-Zelle ein Pegelsprung (Transition) auf, was eine
einfache Synchronisation der beteiligten Endgeräte ermöglicht. Die nachfolgende Abbildung zeigt eine beispielhafte
Kombinationsfolge von Bits.

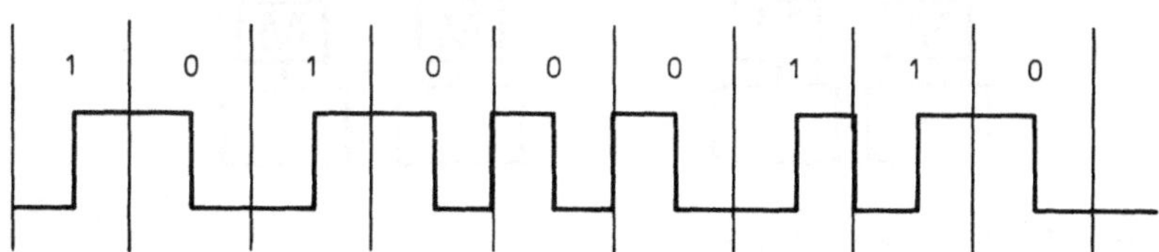

Abb. 5.10: Bit-Folge

5.6.2 Breitbandtechnik

Die →Breitbandtechnik, die ihren Ursprung in der Kabel-
fernsehtechnik (CATV, Cable Television) hat, zeichnet sich
dadurch aus, daß sie den Betrieb koexistenter Informationskanäle ermöglicht. Als Übertragungsmedium wird wie im Bereich der Unterhaltungselektronik das Koaxialkabel verwendet. Die Ansteuerung der verschiedenen Informationskanäle
erfolgt mit Hilfe des Frequenzmultiplexverfahrens (Frequency
Division Multiplexing FDM). Endgeräte, die über einen bestimmten Informationskanal miteinander kommunizieren wollen,
werden über Modems angeschlossen, deren Trägerfrequenz auf
die des betreffenden Informationskanals eingestellt wird.
Diese Informationskanäle können entweder statisch oder
dynamisch selektiert werden.

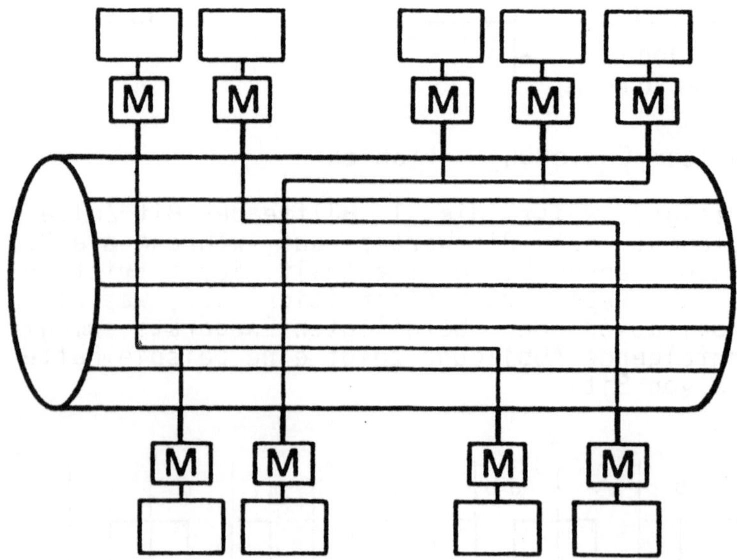

Abb. 5.11: Breitband

Bei fester (statischer) Zuordnung können Festfrequenzmodems
(Fixed Frequency Modems FFM) eingesetzt werden, für die
dynamische Selektion werden jedoch variable Frequenz-Modems
(Frequency-Agile Modems FAM) benötigt sowie ein Frequenz-

zuteilungssystem (Kanalverwaltungslogik). Aufgabe dieses
Systems ist es, die für Wählverbindungen vorhandenen Kanäle
zu verwalten und bei Bedarf einen freien Kanal einer
zwischen zwei Endsystemen zu etablierenden Wählverbindung
zuzuordnen.

Die Aufteilung des gesamten zur Verfügung stehenden
Frequenzbandes (etwa 5 bis 440 MHz) wird in der Regel vom
Hersteller bestimmt, wobei den einzelnen Teilbändern
üblicherweise verschiedene Nutzungsarten zugeordnet sind.

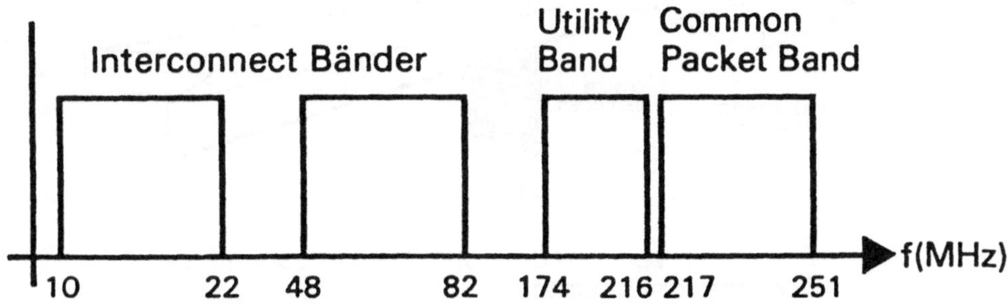

Abb. 5.12: Beispiel für die Aufteilung eines
Breitbandsystems in einzelne Frequenzbänder
(Abb. den Unterlagen der Firma Wang entnommen)

Das in Abb. 5.12 dargestellte Beispiel zeigt zwei Inter-
connect-Bänder für geschaltete bzw. dedizierte Verbindungen,
ein Utility-Band für Video-Anwendungen sowie ein 12Mbps-
Common Packet Band, auf das die angeschlossenen Stationen
mit CSMA/CD-Technik (siehe Kapitel 5.7.1) zugreifen.

Sende- und Empfangskanal müssen außerdem getrennt sein,
da die Technik Übertragungen jeweils nur in einer Richtung
zuläßt. Beim Einsatz von nur einem Kabel bedeutet dies, daß
praktisch die vorhandene Übertragungskapazität halbiert
werden muß, da von einer Kopfstation die Information vom
Sendekanal in einen Empfangskanal auf dem gleichen physikalischen Medium umgesetzt werden muß. Diese Technik wird in
Abhängigkeit der Lage der Sende- und Empfangsfrequenz-
bereiche entweder als Midsplit- oder als Subsplit-Technik
bezeichnet (s. Abb. 5.13).

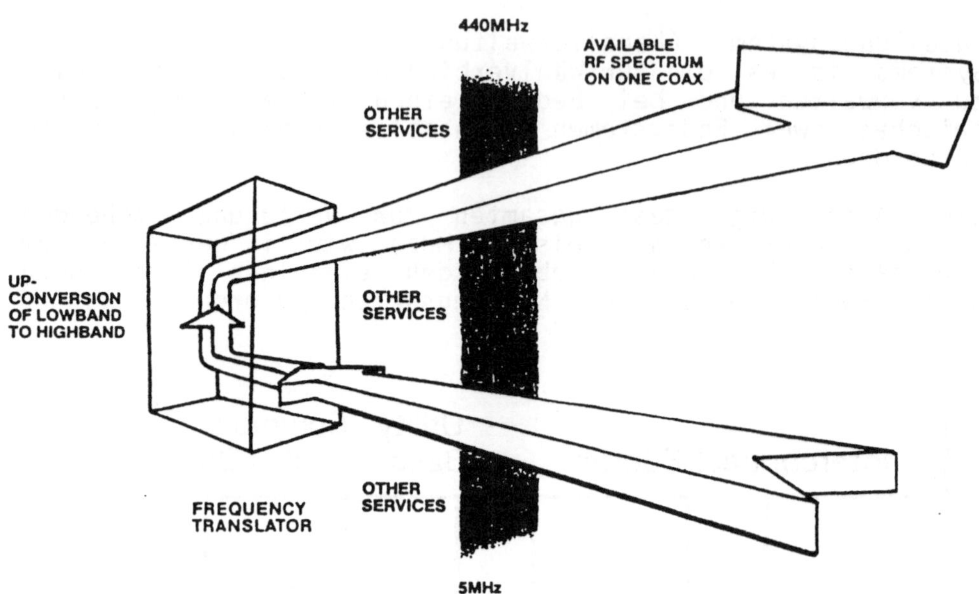

Abb. 5.13: Trennung von Sende- und Empfangsband bei
Breitbandsystemen
(Abb. aus Unterlagen der Firma Sytek)

Die Alternative hierzu stellt die Dual-Kabel-Technik dar,
die eine Gliederung in Sende- und Empfangsleitung vorsieht
und daher praktisch doppelt so viel Übertragunskapazität wie
ein Split-System bietet.

5.7 Zugangsverfahren

Die Zugangsverfahren zu lokalen Netzen lassen sich in
statistische und deterministische Verfahren gliedern. Zu den
statistischen Verfahren gehört das CSMA/CD-Verfahren,
wohingegen die übrigen (Token, Register Insertion, Slot und
Time Devision Multiplexing) zu der Gruppe der deterministischen Verfahren zählen. Der prinzipielle Unterschied besteht
darin, daß bei statistischen Verfahren nicht synchronisier-
ter, wahlfreier Zugang (Random-Access) vorliegt, wohingegen bei deterministischen Verfahren der Zugang durch
bestimmte Konventionen genau geregelt (determiniert) wird.

Gemeinsames Ziel der Zugangsverfahren ist, das vorhandene
Betriebsmittel 'Übertragungskapazität' möglichst optimal
auszunutzen und sie an konkurrierende Stationen gerecht zu
verteilen.

Im folgenden sollen das CSMA/CD- und das Token Passing-
Verfahren näher beschrieben werden.

5.7.1 CSMA/CD-Verfahren

Eines der verbreitesten Zugangsverfahren für Bussysteme
ist das →CSMA/CD-Verfahren (Carrier Sense Multiple Access
with Collision Detection). Es gehört zu den Random-Access-
Methoden, bei denen die Stationen - abgesehen von der durch
das Zugangsprotokoll vorgegebenen Einschränkung - jederzeit
Zugang zum Übertragungsmedium haben. Die Einschränkung besteht darin, daß nicht gesendet werden darf, wenn das Medium
gerade von einer anderen Station zur Informationsübertragung
in Anspruch genommen wird, da gleichzeitige Nutzung des
Mediums zur Zerstörung der beteiligten Nachrichten führt.
Die einzelnen Stationen müssen daher die Belegung oder
Nicht-Belegung des Mediums feststellen können. Dies ist mit
Hilfe der carrier sensing-Methode möglich. Dieses 'Abhör-
verfahren' schließt jedoch den Konfliktfall nicht aus, der
dadurch zustande kommt, daß mehrere Stationen (mindestens 2)
quasi-simultan zu senden beginnen, nachdem sie vorher das
Übertragungsmedium frei vorgefunden haben. Quasi-simultan
bedeutet in diesem Zusammenhang, daß die Zeitverschiebung
zwischen dem Übertragungsbeginn zweier Stationen innerhalb
der Signallaufzeit liegen kann. Da es wenig sinnvoll ist,
bei einem eingetretenen Konfliktfall die Übertragung bis zum
Ende fortzusetzen, hören die sendenden Stationen ihre
eigenen Übertragungen mit und brechen sie (nach Aussenden

eines zusätzlichen Störsignals) ab, wenn sie eine Verfälschung feststellen (→collision detection). Nach einer
Kollision müssen alle beteiligten Stationen ihre Übertragungen wiederholen. Um erneute Konflikte zu vermeiden,
muß der berechnete Zeitpunkt für den nächsten Sendeversuch
dieser Stationen unterschiedlich sein. Für diese Berechnung
werden verschiedene Verfahren und Algorithmen benutzt (z.B.
der Exponential Back-Off Algorithmus).

Um eine Empfängerstation in die Lage zu versetzen, die
Daten richtig zu erkennen, bedarf es der Synchronisation.
Da es in dem System keine zentrale Taktversorgung gibt,
müssen die gesendeten Daten die Selbstsynchronisation des
Empfängers ermöglichen. Dies setzt einerseits eine bestimmte
Codierungsform der Daten voraus (→Manchester Encoding, vgl.
Kapitel 5.6.1) und andererseits eine der eigentlichen
Information vorausgehende Synchronisations-Bitsequenz, die
als Präambel bezeichnet wird. Den genauen Aufbau des Daten-
pakets zeigt Abb. 5.14.

Die von einer Station in das Übertragungsmedium (Koaxialkabel) eingespeisten Daten breiten sich nach beiden Seiten
aus und gelangen über die Verstärker auch in die anderen
Zweige des Netzes, falls eine baumförmige Struktur vorliegt.
Die Ausbreitung der Information nach allen Seiten wird
auch als 'Broadcasting' (Rundsenden) bezeichnet. Die angeschlossenen Stationen erkennen an der Adresse, für wen die
gerade gesendete Information bestimmt ist. Da eine Gruppen-
adressierung möglich ist, kann eine gesendete Information
auch für mehrere Empfänger bestimmt sein. Trifft die sich
auf dem Koaxialkabel ausbreitende Information auf das Kabel-
ende, dann wird sie dort durch den Terminator (Abschluß des
Kabels mit dem Wellenwiderstand) vernichtet.

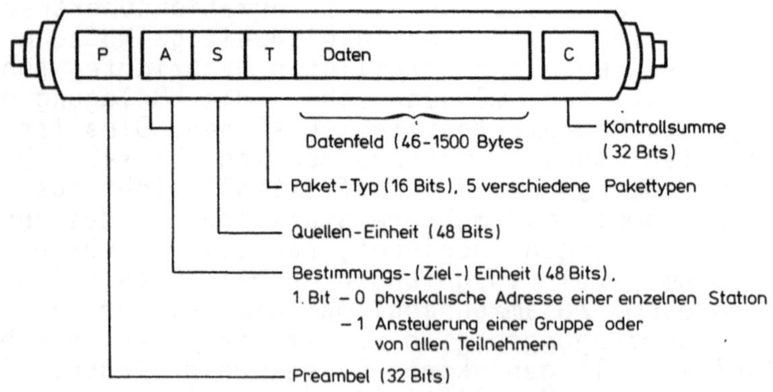

Abb. 5.14: Aufbau eines Datenpaktes
          (Abbildung aus Unterlagen von DEC, INTEL, XEROX)

Eine schematische Darstellung des CSMA/CD-Verfahrens ist in Abb. 5.15 wiedergegeben.

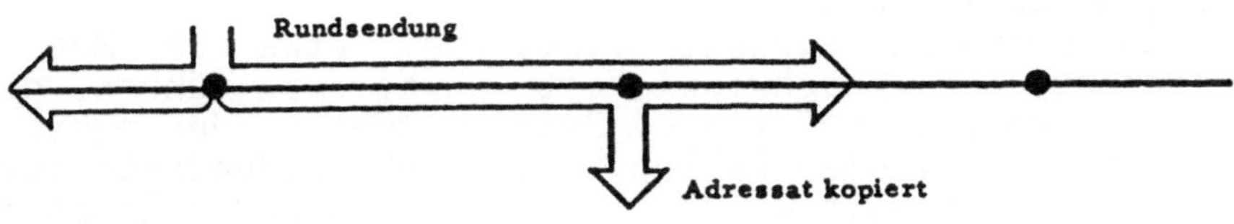

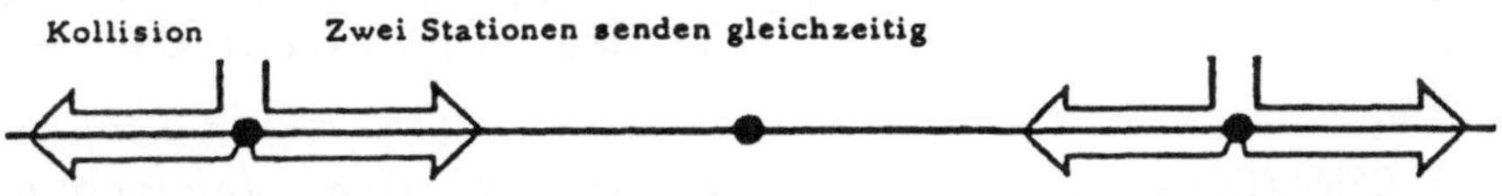

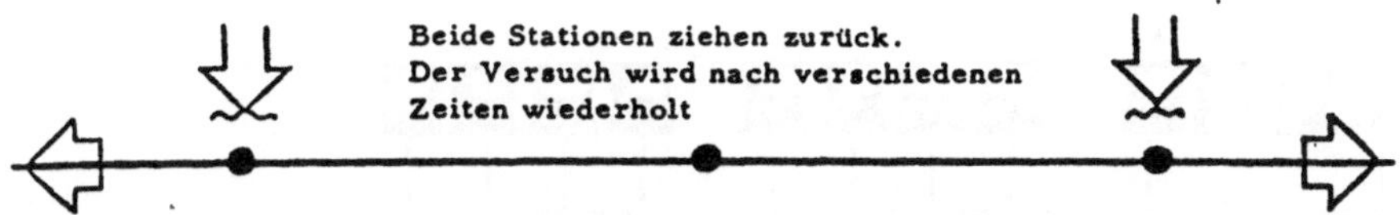

Abb. 5.15: CSMA/CD-Zugangsverfahren

Bei Koaxialkabel-orientierten lokalen Netzen mit CSMA/CD-Verfahren wie z.B. NET/ONE (siehe Abb. 5.6) gibt es bezüglich der maximalen Ausdehnung und der maximalen Geschwindikeit (Übertragungskapazität) Grenzwerte:

Maximale Ausdehnung

Aufgrund der physikalischen Eigenschaften eines Koaxial-
kabels liegt die maximale Länge eines Segmentes bei 500 m.
Mehrere Segemente sind durch Repeater koppelbar, doch dürfen
zwischen zwei kommunizierenden Stationen nicht mehr als 2
Repeater liegen. Mit Hilfe von gesplitteten Repeatern kann
der Abstand zwischen zwei Segmenten auf 500 m vergrößert
werden, so daß sich eine obere Grenze von 2,5 km als
maximale Ausdehnung ergibt.

Geschwindigkeitsgrenze

Die Geschwindikeitsgrenze liegt bei etwa 10 Mbps. Eine
Steigerung der Geschwindigkeit würde dazu führen, daß die
minimale Paketlänge von 64 Bytes erhöht werden müßte. Dies
bedeutete in vielen Fällen zusätzliche redundante Information. Der Durchsatz würde also bei zunehmender Geschwindigkeit nicht mehr steigen. Die minimale Paketlänge ist so zu
berechnen, daß sichergestellt ist, daß jede Station den
Sendevorgang erkennen kann, bevor der Sender aufhört zu
senden. Das bedeutet, die Zeit für einen Sendevorgang muß
größer sein als die Laufzeit des Signals auf dem Koaxialkabel.

Das CSMA/CD-Verfahren ist nicht an die Verwendung von
Koaxialkabeln gebunden. Die nachstehende Abbildung zeigt das
CC-NET BRANCH 4800 der Firma NEC mit doppeladrigen Licht-
wellenleitern (Sende- und Empfangsleitung) und dem Star
Coupler im Zentrum des Netzes.

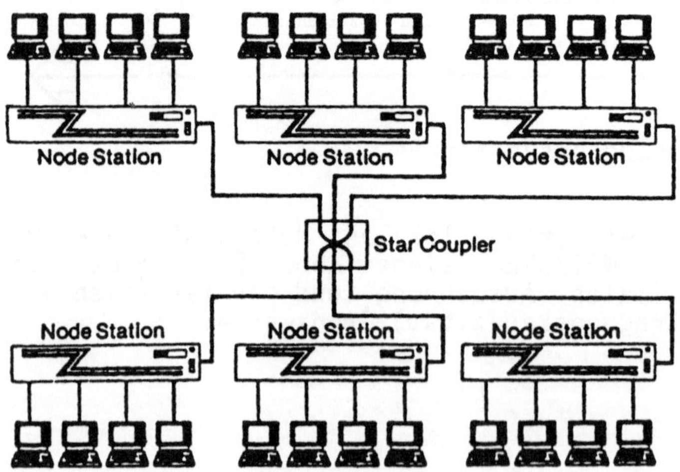

Abb. 5.16:   CC-NET BRANCH 4800
              (Abbildung aus Unterlagen der Firma NEC)

5.7.2   Token-Verfahren

Neben dem CSMA/CD-Verfahren hat das →Token-Verfahren große
Bedeutung erlangt. Es geht von einer ringförmigen Anordnung
der beteiligten Stationen aus. Unter dem Begriff ' →Token'
versteht man in diesem Zusammenhang ein Zeichen oder Ausdrucksmittel in Form eines speziellen Bitmusters, das das
Zugangsrecht zum physikalischen Medium steuert. Es wird
zwischen freiem und belegtem Token unterschieden. Die
Station, die im Besitz eines freien Tokens ist, hat die
momentane Kontrolle über das Übertragungsmedium und damit
das Senderecht. Ist sie nicht sendewillig, wird das freie
Token an den Ringnachfolger weitergereicht. Ist sie aber
sendewillig, kennzeichnet sie das Token als belegt und fügt
an das Token die zu sendenden Daten an. Die Empfängerstation kopiert die Daten in ihren Speicher, markiert im
Token den Empfang und leitet das belegte Token mit den Daten
an die Absenderstation zurück. Diese nimmt das belegte
Token mit den Daten vom Ring und reicht in jedem Fall ein
freies Token weiter, selbst wenn sie sendewillig ist. Diese
Vorgehensweise ermöglicht eine faire Zuteilung des Übertragungsmediums für alle sendewilligen Stationen. Abb. 5.17
zeigt eine schematische Darstellung dieses Zugangs-
verfahrens.

Das im Prinzip einfache Token-Verfahren bedarf jedoch einer
Überwachungskontrolle durch eine Master-Station, da der
einwandfreie Token-Umlauf in jedem Fall gesichert sein muß
und Störungen wie z.B. Token-Verlust oder Token-Verdopplung
zum Zusammenbruch der Übertragung führen können. Auch eine
Verfälschung der Absenderadresse könnte zur Folge haben,
daß ein belegtes Token nicht mehr vom Ring genommen wird und
pausenlos kreisen würde, wenn keine Master-Station da wäre,
die das herrenlose Token entfernen und ein neues freies
Token generieren würde.

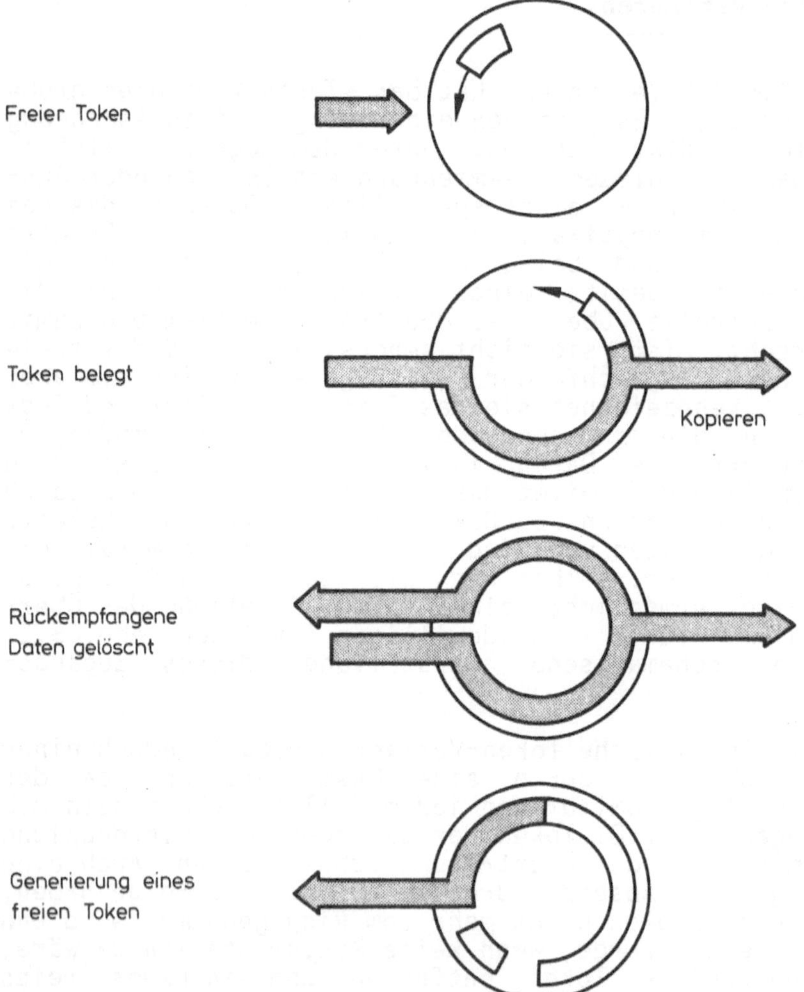

Abb. 5.17:   Token-Ring-Verfahren

5.8 Anschluß von Endsystemen an ein lokales Netz

Endsysteme können an ein lokales Netz entweder direkt oder
indirekt angeschlossen werden. Im folgenden soll auf diese
beiden Arten, die sich funktionell erheblich unterscheiden,
etwas genauer eingegangen werden.

5.8.1 Indirekter Anschluß

Diese Anschlußtechnik berücksichtigt die an den Endgeräten
existierende Schnittstellen wie z.B. V.24, d.h. die Endgeräte sind über vorhandene Schnittstellen anschließbar. Die
Kommunikationsprotokolle werden hierbei in der Regel nicht
verändert, d.h. das LAN erscheint als transparentes Übertragungssystem.

Soll z.B. ein Terminal mit einer BSC-Prozedur über ein
lokales Netz mit einem Rechner, der BSC-Terminals bedienen
kann, verbunden werden, so müssen beide an sogenannten
→Network Interface Units (NIUs) angekoppelt werden. Diese
NIUs bedienen zum Endsystem hin die üblichen Endgeräte-
schnittstellen, zum Netz hin jedoch die jeweilige LAN-
Schnittstelle, z.B. entsprechend dem Zugangsverfahren
CSMA/CD.

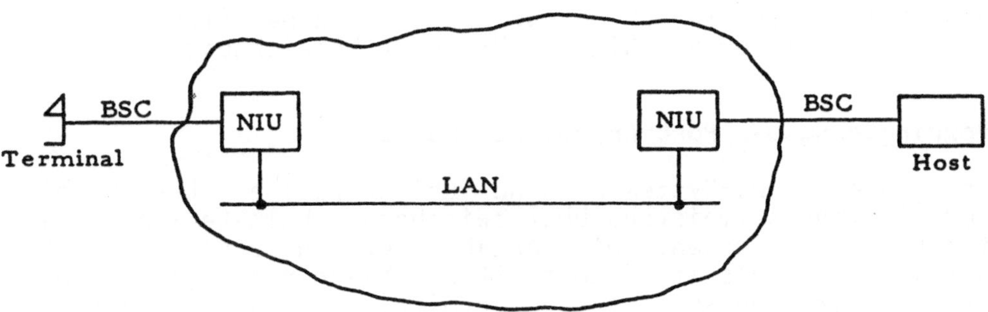

Abb. 5.18: Terminal-Host-Kommunikation über ein LAN

Die herstellerspezifische Leitungsprozedur (s. Abb. 5.18)
wird hierbei in LAN-Pakete eingewickelt, d.h. die Existenz
eines zwischengeschalteten lokalen Netzes ist weder vom
Terminal noch vom Host her sichtbar.

Der Anschluß von Endsystemen an ein lokales Netz in diesem
indirekten Anschlußverfahren bietet folgende Vorteile:

**Eröffnung des Dialog-Zugangs von einem Terminal zu mehreren
Hosts**

Der Benutzer kann von seinem Terminal aus verschiedene
Computer erreichen, wenn diese ebenfalls an das lokale Netz
angeschlossen sind. Voraussetzung ist jedoch, daß die entsprechende Terminalsteuerungsprozedur auch von den verschiedenen Rechnern unterstützt wird. Diese Nutzungsform wird
als ' →Port switching' bezeichnet (siehe Abb. 5.19).

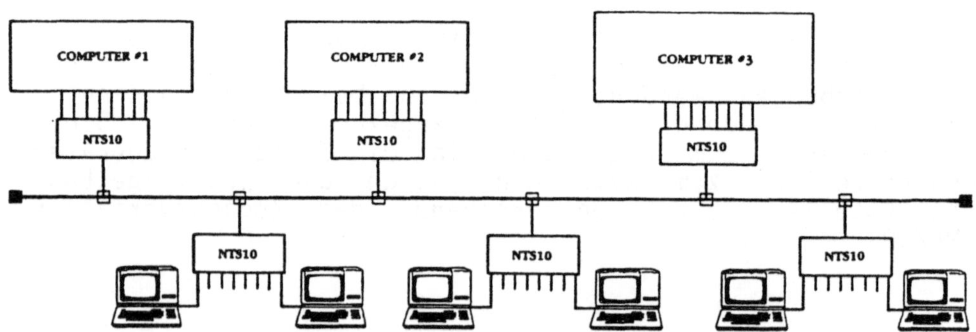

Abb. 5.19:   Port Switching (aus Unterlagen der Firma
Interlan; NTS = NIU-Produktbezeichnung)

Verringerung der Port-Anzahl bei Hosts

An größeren DV-Systemen sind üblicherweise etwa 50 bis
100 Terminals meistens über zwischengeschaltete Konzentratoren angeschlossen. Die Anzahl der zu einem Zeitpunkt
aktiven Terminals ist jedoch oft erheblich niedriger als die
Anzahl der angeschlossenen Terminals insgesamt. Auf der
Rechnerseite müssen daher im Prinzip nur soviele Einzel-
oder Gruppenanschlüsse vorgesehen werden, wie die maximale
Zahl gleichzeitig aktiver Terminals ausmacht. Die Zwischen-
schaltung des LAN ermöglicht es also, mehr Terminals als
Rechnereingänge zu installieren, was Kosten spart und bei
richtiger Auslegung selten oder nie zu einem Engpaß in dem
Sinne führt, daß alle Rechnereingänge belegt sind und ein
Verbindungswunsch abgewiesen werden muß.

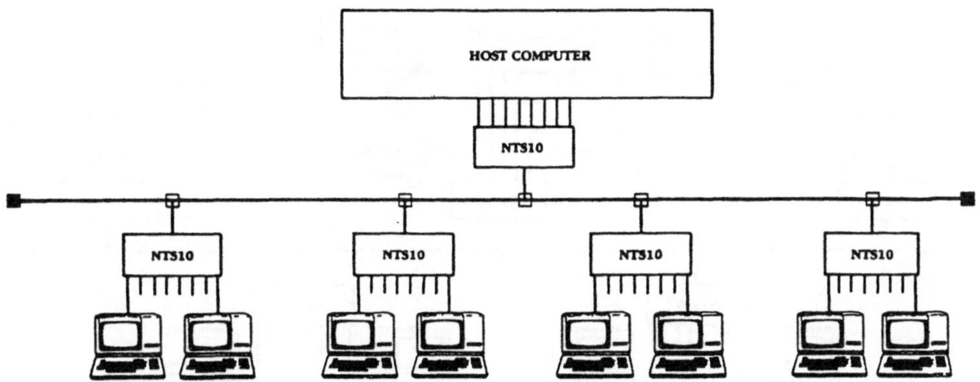

Abb. 5.20:   Port Contention
             (aus Unterlagen der Firma Interlan)

Diese Nutzungsform wird als ' →Port Contention' (contention
mode = Konkurrenzbetrieb) bezeichnet.

Mehrfachnutzung spezieller Einheiten

Modems, Printer, Plotter usw. sind Einheiten, die im Prinzip
von verschiedenen Endsystemen her nutzbar sind, die jedoch
bisher normalerweise nur in dedizierter Form genutzt wurden.
Schließt man derartige Einheiten an ein lokales Netz an,
kann eine Mehrfachnutzung im Sinne des 'Resource Sharing'
(siehe Abb. 5.21) erreicht werden.

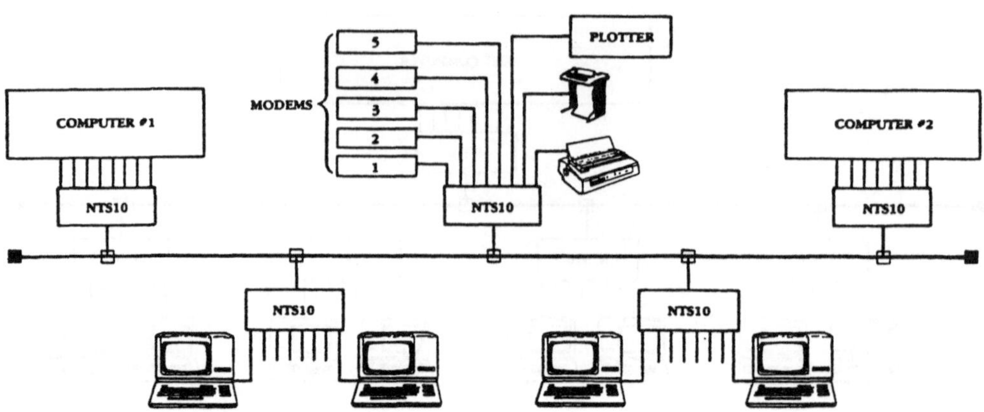

Abb. 5.21:   Resource Sharing
              (aus Unterlagen der Firma Interlan)

Vereinfachung des Verkabelungsaufwandes

Die Anzahl der installierten Terminals nimmt bei vielen
Institutionen, Behörden, Unternehmen usw. ständig zu. Hier-
bei ist ein Trend zur 'Privatisierung' der Terminals zu
beobachten, d.h. an die Stelle der Installation eines
Terminal-Pools in einem Raum tritt mehr und mehr die
Einzelinstallation an den verschiedenen Arbeitsplätzen.
Hierbei gibt es oft Probleme mit der Verkabelung, weil keine
Kabelschächte vorhanden oder existierende Kabelschächte die
Vielzahl der Kabel nicht mehr aufnehmen können. Da der
Übertragungskapazitätsbedarf der meisten Terminals höchstens
bis 9.6 kbps geht, LANs aber Übertragungskapazität im
Megabit-Bereich bieten, können sehr viele Terminals (einige
hundert oder mehr) an solche Netz-Interface-Einheiten an-
geschlossen werden, die ihrerseits nur das LAN-Kabel als
weiteres Übertragungsmedium benötigen.

Der Verkabelungsaufwand kann in vielen Fällen also erheblich
reduziert werden. Meistens geht damit einher auch eine
bessere Überschaubarkeit und eine bessere Beherrschbarkeit
der Kommuinikationsinfrastruktur (Verringerung der Verbund-
Management-Probleme).

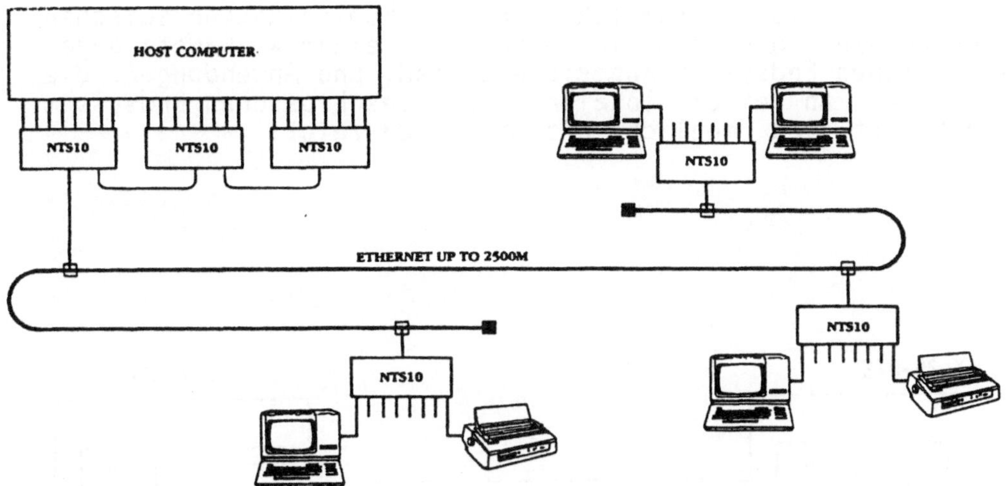

Abb. 5.22: Vereinfachte Verkabelung
(aus Unterlagen der Firma Interlan)

5.8.2 Direkter Anschluß

Endsysteme, die direkt an das lokale Netz angeschlossen
werden, müssen das zu dem betreffenden Netz gehörende
Netzzugangsverfahren unterstützen. Die Kommunikation
zwischen Endsystemen setzt jedoch nicht nur voraus, daß
Kompatibilität auf den untersten Protokollebenen gegeben
ist, sondern erfordert die Unterstützung aller Protokolle,
die zur Erbringung einer bestimmten Kommunikationsdienst-
leistung benötigt werden. Während zwischen Endsystemen mit
indirektem Anschluß die Nutzungsform festgelegt ist (z.B.
Dialog zwischen Terminal und Rechner oder Übertragung von
Druckinformation zwischen Rechner und Drucker), können
zwischen Endsystemen mit direktem Anschluß Anwendungen der
unterschiedlichsten Art realisiert werden, wie z.B. File
Transfer, Electronic Mail, Teleconferencing usw.

Prinzipiell ist natürlich auch eine Kommunikation zwischen
Anwendungen, die z.B. in einem an einem X.25-Netz angeschlossenen Endsystem angesiedelt sind, und Anwendungen, die
in einem an einem lokalen Netz angeschlossenen Endsystem
realisiert sind, möglich, wie Abb. 5.23 zeigt.

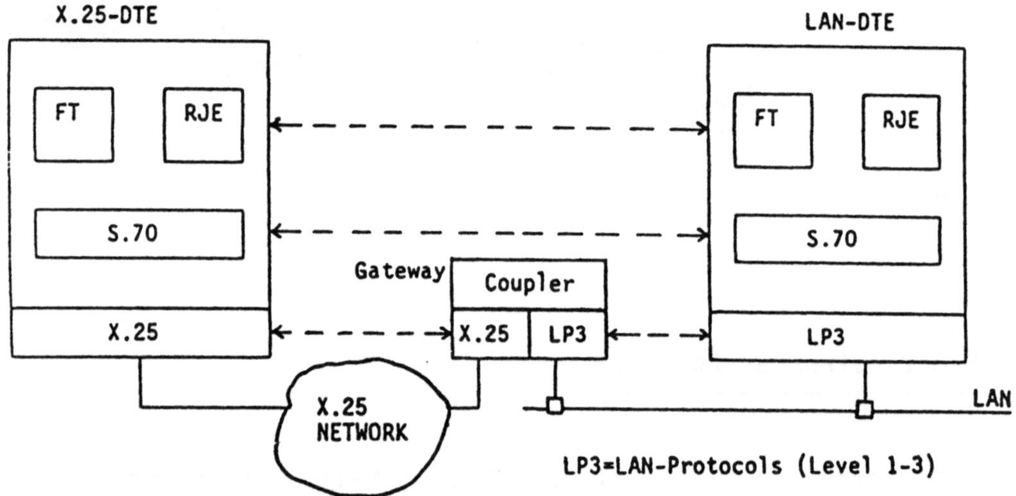

Abb. 5.23: Kommunikation zwischen Endsystemen, die an
unterschiedlichen Netzen angeschlossen sind

Die in dieser Abbildung dargestellte Kommunikation setzt
voraus, daß Netze unterschiedlichen Typs über Gateways
gekoppelt sind. Der Gateway kann jedoch nur dann als
einfache Schicht3-Transitfunktion realisiert werden, wenn
die unterschiedlichen Netze funktionsäquivalent sind, d.h.
denselben Vermittlungsdienst erbringen. Der Weg der Realisierung des Konzeptes des sogenannten ' →Global Network Service' wurde zuerst von CCITT bei der Definition der
Protokolle für den Teletex-Dienst beschritten und wird auch
von Normungsgremien wie ISO und DIN verfolgt. CCITT hat für
den Teletex-Dienst das netzunabhängige Transportprotokoll
S.70 festgelegt, das auf der Schnittstelle des Global
Network-Service aufsetzt, wie die nachfolgende Abbildung
zeigt.

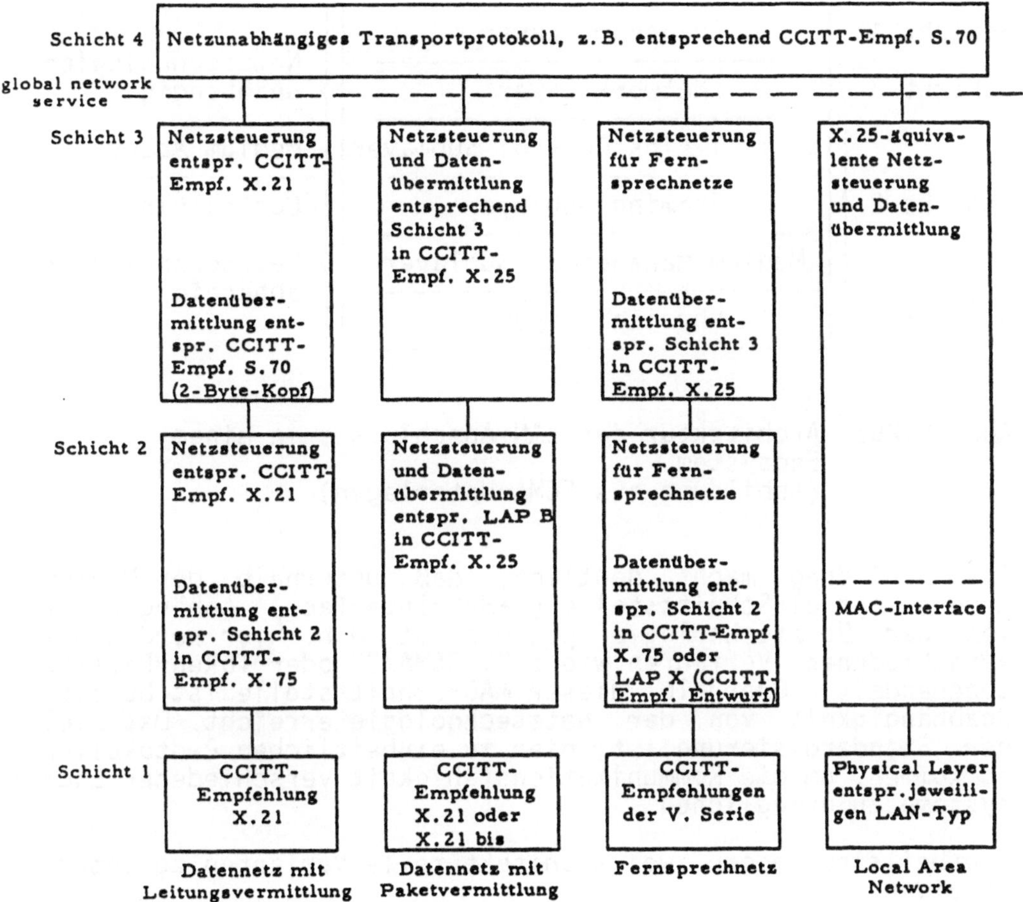

Abb. 5.24: Konzept des Global Network Service

In dieses Konzept sind lokale Netze einbringbar, wenn auch im Netzbereich Protokolle für die Schichten 1 bis 3 eingesetzt werden, die ebenfalls an der Schnittstelle 3/4 den globalen Vermittlungsdienst bieten. ECMA hat in dem ECMA-Standard 82 die Architektur eines Netzanschlusses in einem Endsystem beschrieben, wobei sich dieser Vorschlag auf das Basis-Referenzmodell der ISO abstützt.

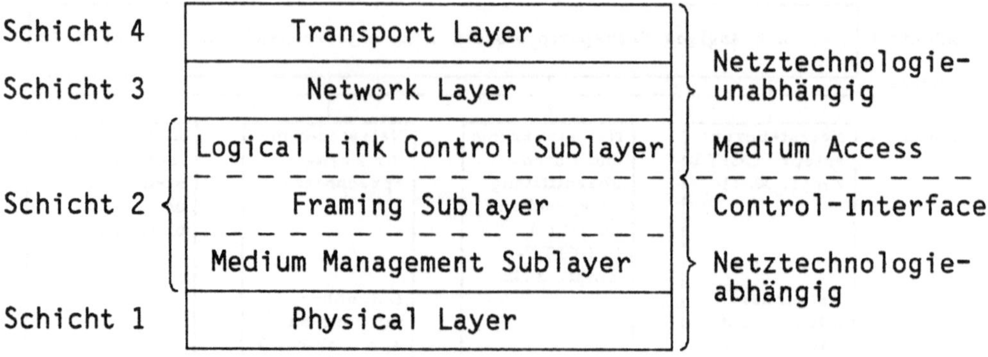

Abb. 5.25: Architektur des LAN-Anschlusses in einem
Endsystem
(Abbildung aus ECMA-Unterlagen)

Die Abbildung macht deutlich, daß unterhalb der Medium
Access Control-Schnittstelle (→MAC-Interface) Abhängigkeit
von der Netztechnologie gegeben ist, d.h. hier werden die
verschiedenen Verfahren wie z.B. CSMA/CD oder Token-Passing
abgehandelt. Oberhalb dieser MAC-Schnittstelle ist bereits
Unabhängigkeit von der Netztechnologie erreicht. Das Ziel
der Standardisierung ist, hier zu einheitlichen Protokollen
zu kommen, um die Kommunikationsfähigkeit verschiedener Endsysteme zu ermöglichen.

Hierbei sind jedoch zwei architekturelle Varianten zu unterscheiden:

- An der Schnittstelle 3/4 (Vermittlungsdienst) wird ein
  verbindungsloser Vermittlungsdienst (connectionless network service) angeboten.

- An der Schnittstelle 3/4 wird ein verbindungsorientierter
  Vermittlungsdienst (connection oriented network service)
  realisiert.

Im ersten Fall wird das Netz im Datagramm-Modus betrieben,
d.h. das Netz bietet nur die Funktion der Datenübermittlung
(auf der Schicht 2 wird hierbei z.B. das von IEEE vorgeschlagene Logical Link Control Protocol (LLC Protocol) Typ 1
(connectionless) eingesetzt, ein Schicht 3-Protokoll wird
nicht verwendet). Da aber auf jeden Fall die Funktion der
Flußregelung benötigt wird, muß diese Funktion durch das
Transportprotokoll auf der Schicht 4 bereitgestellt werden.
Dies bedeutet, daß keine Freiheitsgrade bezüglich des ein-

zusetzenden Transportprotokolls bestehen müssen, sondern daß
hier nur Protokolle verwendet werden, die die fehlenden
Vermittlungsdienstleistungen ausgleichen wie z.B. das ECMA
Transportprotokoll Klasse 4.

Im zweiten Fall wird ein verbindungsorientierter, fluß-
geregelter und gesicherter Vermittlungsdienst erbracht.
Kommunikationsanwendungen können wahlweise auf die Vermitt-
lungsdienst-Schnittstelle oder auf die Transportdienst-
Schnittstelle aufgesetzt werden, wobei alle Transport-
protokoll-Klassen (0 bis 4) Verwendung finden können. Dies
ist von großer Bedeutung, da bei dieser Architekturvariante
auch das im Rahmen der Telematic-Dienste (Teletex u.a.)
eingesetzte CCITT-Transportprotokoll S.70 implementiert
werden kann.

Die Datagramm-orientierte Architekturvariante wird vor allem
von amerikanischen Herstellern bevorzugt. Sie hat jedoch den
schwerwiegenden Nachteil, daß ihre Einbettung in eine
Umgebung von verbindungsorientierter Kommunikationsinfrastruktur, wie sie in Europa vorherrscht, sehr problematisch
ist und einen Verstoß gegen das Konzept des Global Network
Service darstellt.

5.9 ETHERNET

Wegen der herausragenden Bedeutung von →ETHERNET sollen an
dieser Stelle ein paar Daten und Fakten zu diesem lokalen
Netz wiedergegeben werden:

1. Entwickler: DEC, XEROX und INTEL
2. Übertragungsrate: 10 Mbps
3. Medium: Koaxialkabel
4. Impedanz: 50 Ohm
5. Maximale Länge eines Segments: 500 m
6. Maximale Anzahl der Transceiver pro Segment: 100
7. Maximale Anzahl der Transceiver pro Netz: 1024
8. Maximale Länge des Transceiverkabels: 50m
9. Zugangsverfahren: CSMA/CD
10. Bit-Codierung: Manchester Encoding
11. Minimale Länge des Datenfeldes: 46 Byte
12. Maximale Länge des Datenfeldes: 1500 Byte
13. Prüfverfahren: 32 Bit CRC

Mittlerweile haben weit über 300 Firmen eine ETHERNET-Lizenz
erworben. Über 50 Firmen stellen inzwischen ETHERNET-
Produkte her:

- Koaxialkabel, Anschlußstücke, Verbindungsstücke
- Transceiver
- Repeater
- Controller
- Rechner-Interfaces
- Network-Interface-Units
- ETHERNERT-fähige Endsysteme

Durch die Standardisierung (IEEE 802, ECMA) ist weitgehend
sichergestellt, daß Kompatibilität zwischen Produkten verschiedener Hersteller zumindest auf der physikalischen Ebene
gegeben ist.

6 Dienste und Protokolle der anwendungsorientierten Schichten

6.1 Einführung

Das Strukturierungsprinzip des ISO-Architekturmodells für offene Kommunikationssysteme liefert für das Transportsystem eine klare hierarchische Schichteneinteilung in vier funktionale Schichten. Jede dieser Schichten - außer der untersten - baut auf der Dienstleistung der unterlagerten Schicht auf.

In den oberhalb des Transportsystems liegenden anwendungsorientierten Schichten ist dieses durchgängige hierarchische Schichtungsprinzip nicht so klar ausgeprägt. Es ist teilweise noch in der Diskussion und stellenweise auch angefochten. Man ist sich zumindest darüber einig, daß dort andere Strukturierungsprinzipien und -kriterien gelten als für das Datentransportsystem. Die Funktionen und Dienste der Schichten 5 bis 7 bauen nicht streng hierarchisch aufeinander auf; sie bilden eine eher nebeneinanderliegende Gruppierung der anwendungsorientierten Funktionen von Kommunikationssteuerung, Datendarstellung und eigentlichen verarbeitungsspezifischen Funktionen.

Die Normungsgremien bei DIN und ISO, die sich mit Diensten und Protokollen der höheren anwendungsorientierten Schichten beschäftigen, haben aufgrund dieser geschilderten Probleme vorerst Konsequenzen gezogen.

- Die Definition der Dienste und Spezifikation der Protokolle erfolgt schichtenspezifisch nur für die Kommunikationssteuerungsschicht (Schicht 5);

- für die Darstellungsschicht gibt es erste Arbeitspapiere zur Beschreibung einer konkreten Transfersyntax und einer abstrakten Syntax;

- die Standardisierungsprojekte der Schichten 6 und 7 werden anwendungsorientiert und nicht schichtenorientiert definiert, zumindest solange, bis die Grenze zwischen 6 und 7 besser verstanden ist;

- eine anwendungsspezifische Architekturgruppe soll quer zu den laufenden anwendungsorientierten Projekten die architekturellen Fragen lösen helfen.

An anwendungsorientierten Standardisierungsprojekten sind gegenwärtig die Projekte 'Virtual Terminal', 'File Transfer' und 'Job Transfer and Manipulation' eingerichtet worden. Diese beziehen sich auf die Schichten 6 und 7. Es wird hier versucht, statt der schichtenspezifischen Dienste zunächst die allgemeinen Konzepte und Funktionen zu definieren und danach die entsprechenden Protokolle festzulegen. Dementsprechend werden auch im folgenden zunächst Konzepte und Funktionen der Kommunikationssteuerungsschicht vorgestellt und anschließend eine Einführung in die drei genannten anwendungsorientierten Standardisierungsprojekte gegeben.

Darüber hinaus beschäftigt sich der CCITT mit der Definition von Empfehlungen für regulierte Dienste wie Teletex, Videotex und Nachrichtenvermittlung. Gerade die Nachrichtenvermittlung umfaßt Funktionen, die in der Darstellungs- und Anwendungsschicht angesiedelt sind; sie definiert Dienste und Protokolle zur Realisierung eines elektronischen Briefdienstes.

6.2 Konzepte und Funktionen der Kommunikationssteuerungsschicht

6.2.1 Überblick

Die →Kommunikationssteuerungsschicht (session layer) stellt Sprachmittel zur Verfügung, die zur Eröffnung einer Kommunikationsbeziehung, →**Sitzung** (session) genannt, ihrer geordneten Durchführung und Beendigung nötig sind. Alle diese Sprachmittel dienen der Synchronisation, d.h. der Feststellung von gewissen Übereinstimmungen zwischen kommunizierenden Verarbeitungsinstanzen.

Es gibt einige vorgeschlagene und auch in speziellen Anwendungen realisierte Empfehlungen. Hierzu gehören die Spezifikationen der Sitzungs- und Dokumentenschicht von Teletex /CCI S.62/. Diese sind allerdings für einen speziellen Anwendungszweck entwickelt, die Übertragung von Dokumenten zwischen zwei Partnern, und bieten damit im wesentlichen nur die Möglichkeit der einseitigen Datenübermittlung. Für allgemeine Kommunikations- und Dialoganwendungen reichen sie nicht aus.

Eine Verallgemeinerung dieser Teletex-Protokolle der Schicht 5, insbesondere im Hinblick auf wechsel- und beidseitige Datenübermittlung, wurde von dem von der Europäischen Gemeinschaft finanzierten Forschungsprojekt →**GILT** (Get Interconnection of Local Textsystems) ausgearbeitet. Dieser GILT-Vorschlag wurde auch bereits als nationale Lösung EHKP5 akzeptiert.

Die ISO hat inzwischen einen Normenvorschlag erarbeitet, der die recht unterschiedlichen Anforderungen verschiedener Gruppen in einer Obermenge vereinigt hat. Das Spektrum umfaßt einen Minimalsatz von Protokollen, die Teletex- und GILT-Anforderungen und darüber hinausgehende sehr komplexe Funktionen.

Im folgenden werden allgemeine Konzepte und Funktionen für die Dienste und Protokolle der Schicht 5 vorgestellt, wie sie im wesentlichen allen erwähnten Empfehlungen und Standardisierungsprojekten gemeinsam sind.

6.2.2 Zweck der Kommunikationssteuerungsschicht

Für die →zweiseitige Kommunikation wird ein verlustfreies Transportsystem insoweit angenommen, daß der Datentransport gegen Datenverfälschung und Systemfehler abgesichert wird. Es kann aber durchaus noch vorkommen, daß das Transportsystem zusammenbricht. Ein solcher Zusammenbruch würde in der Regel auch einen Verlust von Daten bedeuten. Dieser Fehler kann nicht mit Mitteln des Transportsystems behoben werden, sondern es sind auf höherer Ebene geeignete Maßnahmen zu treffen. Es ist eine der wesentlichen Aufgaben der Kommunikationssteuerungsschicht, die Kommunikation gegen solche Defekte abzusichern und die eigentliche Anwendung davon zu befreien.

Um die Aufgabe der Kommunikationssteuerungsschicht zu verdeutlichen, kann man sich folgendes Modell vorstellen:

Das Kommunikationssystem besteht aus zwei Systemen, in denen die beiden kommunizierenden Anwendungsprozesse enthalten sind, einem Transportsystem, das beide verbindet, und jeweils einem 'sicheren' (Hintergrund-)Speicher (Abb. 6.1). Der Hintergrundspeicher wird aus der Sicht des Modells als sicher angenommen, d.h. die Kommunikation kann nur in dem Maß abgesichert werden, wie auch der Hintergrundspeicher sicher ist. Die noch verbleibende Restfehlerwahrscheinlichkeit der Kommunikation hängt also direkt von dem Grad der tatsächlichen Unsicherheit des Hintergrundspeichers ab.

Betrachtet man nun z.B. die Übertragung eines kompletten Dokumentes, dann kann der Empfänger das Dokument erst dann als sicher empfangen ansehen, wenn er es vom Transportsystem übernommen und in den sicheren Speicher abgelegt hat. Erst wenn der Sender daraufhin erfährt, daß das Dokument sicher empfangen wurde, kann er es in seinem Speicher löschen, denn aus der Sicht des Senders trägt ab jetzt der Empfänger die Verantwortung für das Dokument. Erst wenn dem Empfänger diese Tatsache mitgeteilt wurde, hat er damit auch die Garantie, daß das Dokument nur einmal im Gesamtsystem vorhanden ist. Ab jetzt kann ein damit verbundener Verarbeitungsvorgang eingeleitet werden. Solche Absicherung der Kommunikation ist bei jeder kritischen Anwendung notwendig, da z.B. Überweisungsaufträge bei Banken weder verlorengehen noch verdoppelt werden dürfen.

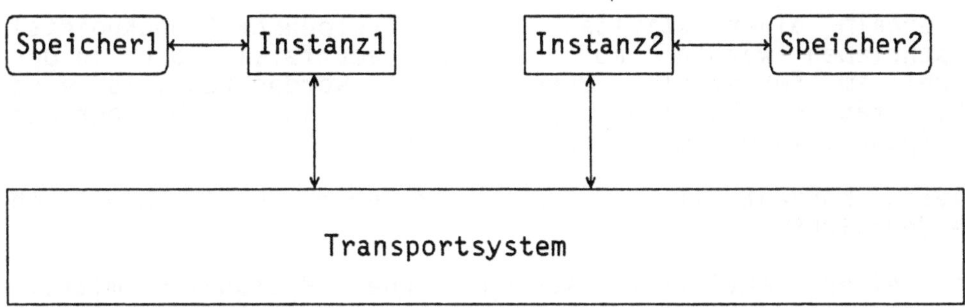

Abb. 6.1: Modell zur Sicherung der Kommunikation

6.2.3 Synchronisation

Steuerung der Kommunikationsbeziehungen zwischen zwei kommunizierenden Instanzen bedeutet in erster Linie, zwischen ihnen →**Synchronisation**, einen gegenseitig anerkannten gleichen und sicheren Informationsstand, herzustellen. Hierfür werden unterschiedliche Synchronisierverfahren bereitgestellt, zu denen im wesentlichen die folgenden Funktionen gehören:

-   Synchronisierung durch zweiseitige Bestätigung (→two way handshaking)

-   Mechanismen für Prüf- und Wiederaufsetzpunkte

-   'token'-Management

Die Kommunikation gemäß Architekturmodell ist verbindungsorientiert. Daher muß auch für eine Sitzung die Verbindung hergestellt und am Ende wieder ausgelöst werden. Eine Sitzung besteht aus einer Folge von Aktivitäten (activities). Jede →**Aktivität** ist eine in sich abgeschlossene Einheit der Kommunikation. Die Kommunikationsinhalte verschiedener Aktivitäten sind bzgl. der Datenübermittlung unabhängig voneinander. Eine einmal ordnungsgemäß beendete Aktivität ist von den kommunizierenden Partnern akzeptiert, und sie werden sich nie mehr auf irgendeinen Zustand (z.B. Wiederaufsetzpunkt) innerhalb der abgeschlossenen Aktivität beziehen.

Innerhalb einer Aktivität können →**Prüfpunkte** (checkpoints)
geschrieben werden, auf die im Bedarfsfall, d.h. in der
Regel im Fehlerfall, zurückgesetzt werden kann. Ist eine
Aktivität erfolgreich abgeschlossen, kann nicht mehr auf
Prüfpunkte in dieser Einheit zurückgesetzt werden.

Dieses Konzept wird in Abb. 6.2 noch einmal schematisch
verdeutlicht.

In einer Aktivität können ferner Prüfpunkte mittels
Synchronisierung durch zweiseitige Bestätigung gesetzt
werden (→major synchronization points). In diesem Fall kann
nicht mehr auf solche Prüfpunkte zurückgesetzt werden, die
vor dem zweiseitig bestätigten Prüfpunkt liegen.

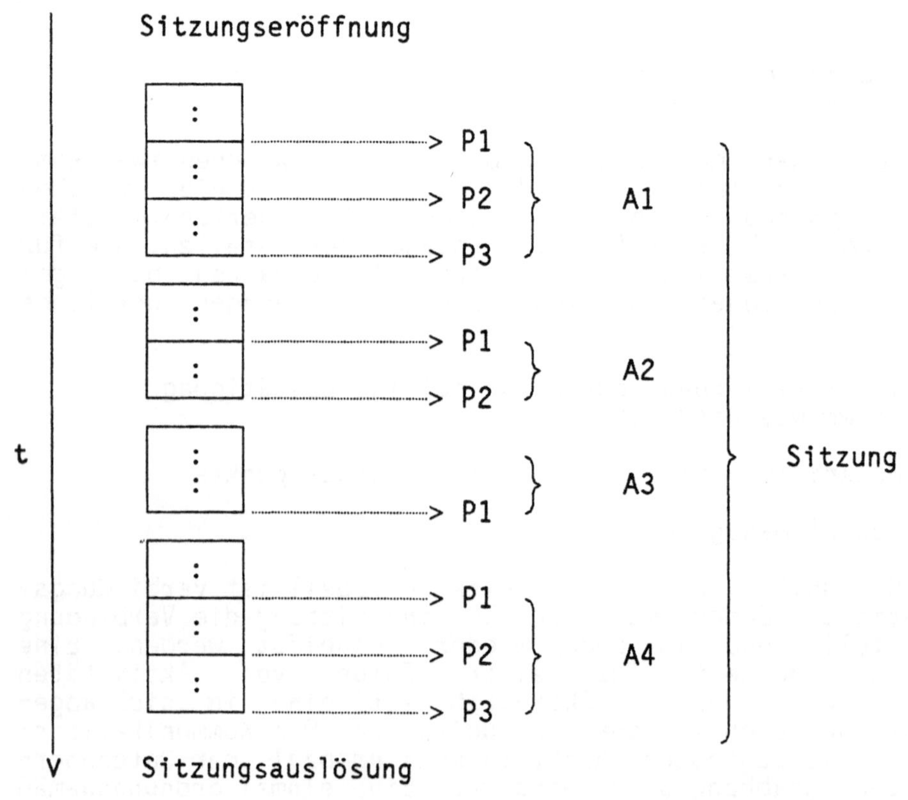

Abb. 6.2: Aktivitäten und Prüfpunkte einer Sitzung

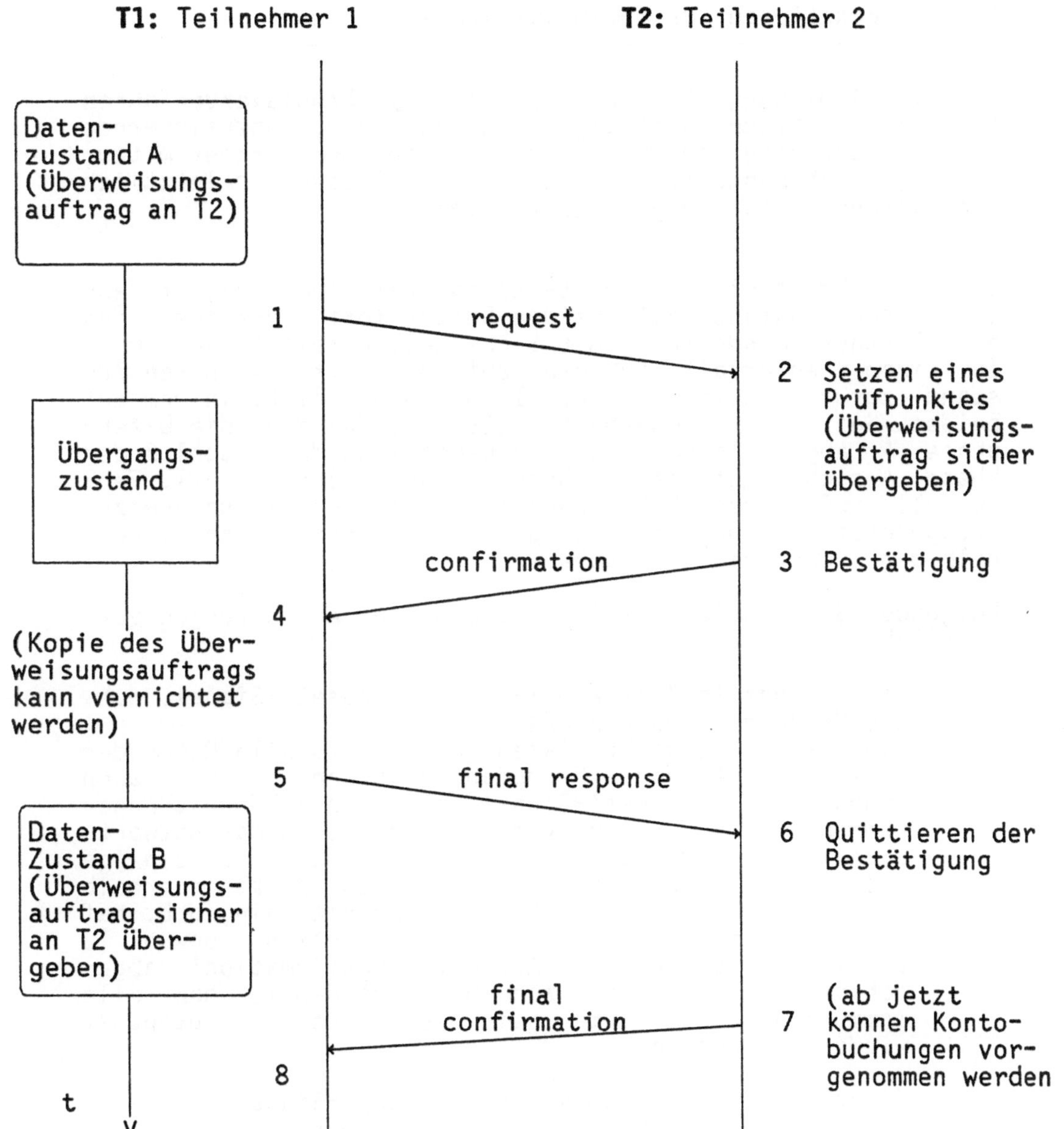

Abb. 6.3: Synchronisation durch zweiseitige Bestätigung
(→two way handshaking)
In Klammern am Beispiel einer Banküberweisung
erläutert

6.2.4   Funktionen zur Kommunikationssteuerung

Das in Abbildung 6.3 dargestellte **Synchronisierverfahren der →zweiseitigen Bestätigung** dient dazu, abzusichernde Zustandsübergänge durchzuführen und dies dem Partner mitzuteilen, sich den Empfang quittieren zu lassen und letztlich die Empfangsbestätigung zu quittieren.

Dieses schrittweise Vorwärtstasten hat zum Ziel, stufenweise den Zustand auf beiden Seiten fortzuschreiben, den der Partner mindestens mit Sicherheit erreicht haben muß. In einem Fehlerfall muß dann auf den letzten sicheren Zustand zurückgesetzt werden. In dem Augenblick, in dem auf beiden Seiten mit Sicherheit feststeht, daß z.B. die Datenphase A abgeschlossen ist, ist damit auch der Abschluß der Phase A sichergestellt. Es braucht dann nicht im evtl. Fehlerfall auf einen Stützpunkt innerhalb der Datenphase zurückgesetzt zu werden, lediglich auf einen Zustand innerhalb der Synchronisierungsphase.

Folgende 3 Beispiele sollen die obigen Ausführungen verdeutlichen:

- T1 empfängt im Zeitraum 1-4 ein 'reset'-Signal, d.h. die Meldung eines Fehlers:
  Dann kann T1 nicht wissen, ob bereits alle Daten der Datenphase A von T2 empfangen wurden, ob evtl. auch schon das 'request'-Signal für den Prüfpunkt angekommen ist oder ob von T2 sogar schon das Antwortsignal 'confirmation' abgeschickt wurde. Der einzige sichere Zustand ist der letzte Stützpunkt innerhalb der Datenphase A. T2 muß also bereit sein, u.U. auf diesen Stützpunkt wieder zurückzusetzen, obwohl T2 vielleicht schon die Antwort 'confirmation' abgeschickt hat. Zurücksetzen bedeutet dabei, daß alle Kommunikationsschritte seit diesem letzten Stützpunkt wiederholt werden.

- T1 erhält im Zeitraum 4-5 ein 'reset'-Signal:
  Damit weiß T1 aber sicher, daß T2 bereits die Datenphase A verlassen hat, die Daten also vollständig konsumiert wurden. T1 kann nun auf den Zeitpunkt 1 zurücksetzen und das 'request'-Signal erneut absenden. T2 muß lediglich in der Lage sein, dies als Wiederholung zu akzeptieren und erneut mit 'confirmation' antworten.

-     T1 erhält im Zeitraum 5-8 ein 'reset'-Signal:
      T1 weiß noch nicht, ob das 'final response'-Signal
      inzwischen auch T2 erreicht hat. Möglicherweise hängt
      T2 noch im Wartezustand 3-6. T1 muß daher das 'final
      response'-Signal noch einmal abschicken und T2 muß,
      falls es das vorherige bereits empfangen und daraufhin
      die Verarbeitung gestartet hatte, dieses Signal als
      Wiederholung erkennen und mindestens auch wieder mit
      dem entsprechenden 'final confirmation'-Signal ant-
      worten.

T1 kann nach Ablauf von 8 auch das Gedächtnis des Übergangs-
zustands bezogen auf Punkt 5 aufheben.

Eine weitere Funktion dieser Schicht wird mit dem Be-
griff ' →quarantining' umschrieben. Hierunter ist zu verstehen, daß Daten, die zu einer Einheit (Nachricht) gehören,
in kleineren Einheiten im voraus übermittelt werden. Das
Ende einer solchen Nachricht wird durch ein besonderes
Endezeichen markiert und der anderen Seite übermittelt. Erst
bei Empfang eines solchen Endezeichens wird die gesamte
Nachricht gültig und erst jetzt dem Benutzer übergeben
(Abb. 6.4). Alle übermittelten Einheiten werden von der
Kommunikationssteuerungsschicht bis zur Endemarkierung
zwischengespeichert. Falls das Ende einer Nachricht nicht
erreicht werden kann, werden alle bereits auf Vorrat über-
mittelten Nachrichtenfragmente vernichtet.

Teilnehmer 1   Teilnehmer 2

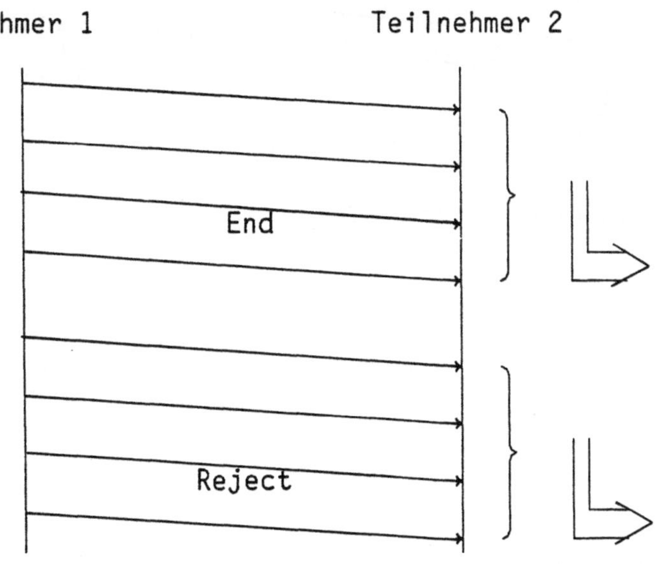

Abb. 6.4:   'quarantining'-Funktion

Ferner ist die Unterstützung von 3 **Betriebsarten** der Datenkommunikation vorgesehen (Abb. 6.5):

- **beidseitig (→two way simultaneous):** beide Datenströme sind auf dieser Ebene völlig unabhängig voneinander, sie können sich beliebig überlagern.

- **wechselseitig (→two way alternate):** nur einer der beiden Teilnehmer besitzt jeweils das Recht, Daten zu senden; erst wenn die sendende Seite ihr Senderecht abgegeben hat, darf die andere Seite Daten senden.

- **einseitig (→one way):** die Daten fließen nur in einer Richtung.

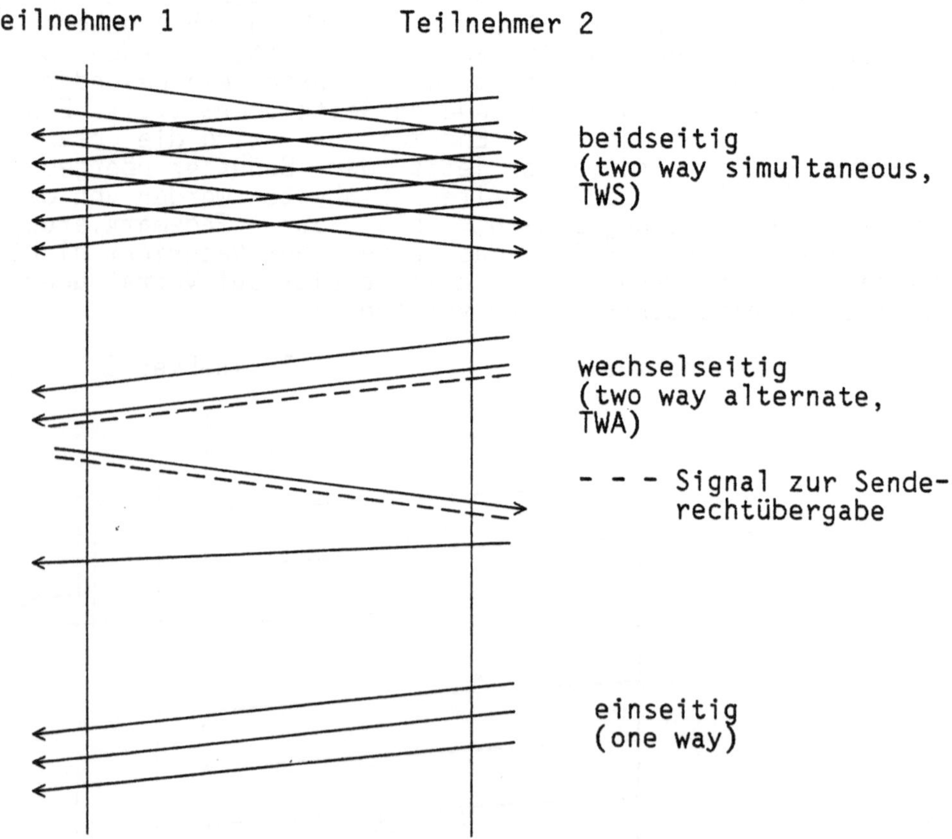

Abb. 6.5: Betriebsarten für die Datenkommunikation (interaction management)

In Abb. 6.6 ist als weitere Funktion die Unterstützung von Vorrangdaten (→**expedited data**) dargestellt. Sie benutzt den entsprechenden Dienst des Transportsystems. Diese Daten können in der Kommunikationssteuerungsschicht an den evtl. vorhandenen Warteschlangen vorbeigeleitet werden, sie müssen es aber nicht. Die Bedeutung ist erst in der Anwendung darüber definiert.

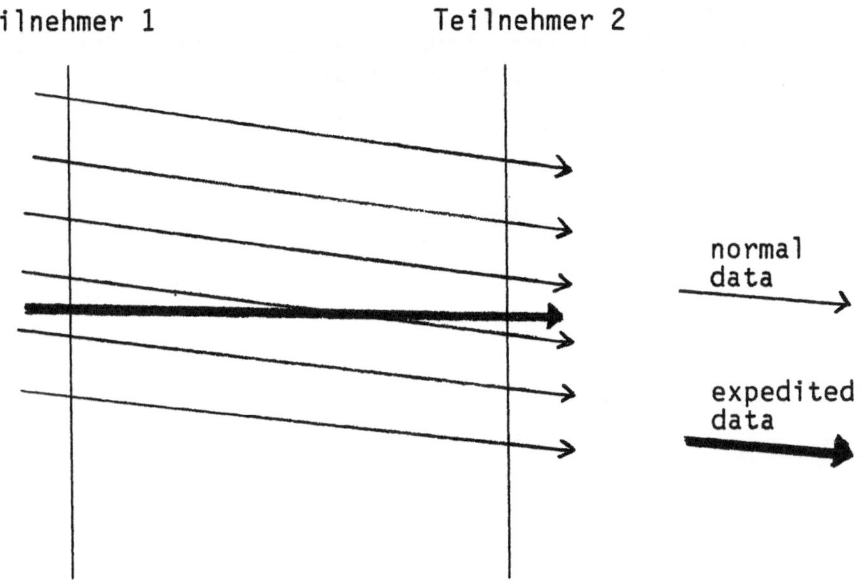

Abb. 6.6: Vorrang-Datenübermittlung
(expedited data transfer)

Jeder der vorher genannten Funktionen kann eine eigene Berechtigung, ein eigenes →**Token**, zugeordnet sein. Diejenige Seite, die zu einer Funktion das Token besitzt, kann diese Funktion ansprechen oder aber das Token an den Partner übergeben. Damit kann für jede Funktion eine Art dynamisches **'master-/slave'**-Verhältnis gebildet werden. Ein Token braucht aber nicht immer definiert zu sein.

Das bekannteste Token ist das Daten-Token, häufig auch 'turn' genannt. Dies kann anhand von Abb. 6.5 noch einmal erläutert werden:

→Beidseitige Datenkommunikation:
Ein Daten-Token ist immer auf beiden Seiten definiert (assigned), es wird nie übergeben

→Wechselseitige Datenkommunikation:
Ein Daten-Token ist zu einem betrachteten Zeitpunkt immer nur auf einer Seite; der Token-Besitzer kann das Token übergeben, erst danach besitzt die andere Seite das Recht, Daten zu senden (in Abb. 6.5 durch '-----' angedeutet)

→Einseitige Datenkommunikation:
Es besitzt immer eine Seite ein Token; es wird nie übergeben.

Die gesamte Token-Verwaltung wird unter dem Begriff ' →token management' zusammengefaßt.

6.3   Virtuelles Terminal

6.3.1 Überblick

Mit dem →virtuellen Terminal werden die Datenendeinrichtungen beschrieben, wie sie im wesentlichen für interaktive DV-Anwendungen benutzt werden. Hierzu gehören z.B. Datenerfassung, Informationswiedergewinnung, timesharing-Anwendungen. Das virtuelle Terminal umfaßt die Eigenschaften der realen Terminals, soweit sie zum Zweck der Standardisierung über die Kommunikationsschnittsstelle sichtbar sein sollen, wobei aber die konkrete physikalische Realisierung jedem Hersteller selbst überlassen bleibt. Zur konkreten Realisierung zählen z.B. die Anordnung der Tastatur und die Art des Anzeigemediums. Aus der Sicht der Schnittstellenstandardisierung ist in diesem Zusammenhang nur das Alphabet relevant und die Tatsache, daß es ein Ausgabemedium gibt.

Aufgrund der Vielzahl der vorhandenen und zukünftigen Terminals ist es eine Illusion, alle Eigenschaften in Form eines einzigen Standards zusammenzufassen. Daher hat man sich bei der Standardisierung darauf geeinigt, →Terminalklassen zu bilden und innerhalb einer Klasse einen Funktionsvorrat für ein in sich begrenztes Anwendungsspektrum zusammenzufassen.

Die z.Zt. vorgesehenen Klassen sind:

-    →basic class
-    →form class
-    →graphic class
-    →teletex class
-    →videotex class
-    →mixed mode class

In der 'basic class' werden relativ einfache Terminals angesiedelt, im Prinzip fernschreiberähnliche Geräte, während in der 'form class' Sichtgeräte unterstützt werden, die formatierbar sind. Beide Klassen unterstützen aber nur normale alphanumerische Alphabete (IA5 oder nationale Referenzversionen).

Die 'graphic class' unterstützt im wesentlichen graphische Anwendungen, in der Richtung wie z.B. vom GKS (graphisches Kern-System) vorgezeichnet /ISO 7942/.

Die 'teletex class' und 'videotex class' entsprechen den

jeweiligen CCITT-Empfehlungen. Sie beinhalten erweiterte Alphabete. Videotex enthält Blockgraphik-Zeichen, einfache geometrische graphische Symbole und zur Benutzerführung die Hinweiszeilentechnik.

In der 'mixed mode class' sind verschiedene Alphabete und Punktgraphik zusammengefaßt; evtl. soll sogar noch Sprache aufgenommen werden. Diese Klasse ist im wesentlichen für zukünftige Büroanwendungen, Textverarbeitung im allgemeinen Sinne, konzipiert.

6.3.2 Virtuelles Terminal der 'basic class'

Die ' →basic class' unterstützt die in Abb. 6.7 darge-stellten Datenstrukturen. Sie sind in Form einer maximal dreidimensionalen Matrix beschrieben, deren höchste Dimension jeweils begrenzt oder unbegrenzt sein kann. Die Grenze bezieht sich auf die logische Speicherbegrenzung, d.h. die maximale Länge der aufgenommenen Daten.

Aus der Sicht des virtuellen Terminals ist es unerheblich, welches konkrete Terminal diese Eigenschaft erbringt und wie es sie erbringt; so kann z.B.:

- ein Fernschreiber eine eindimensional begrenzte Struk-tur darstellen. Die Fernschreibzeile entspricht der eindimensionalen Struktur, in die beliebig Daten ge-schrieben werden können; mit 'NL' wird die Struktur verlassen und eine neu initialisierte betreten oder

- ein Fernschreiber eine zweidimensional unbegrenzte Struktur darstellen mit dem Unterschied zu oben, daß auch noch der Zusammenhang zwischen den Zeilen erhal-ten bleibt; z.B. die Beziehung 'nächste Zeile'

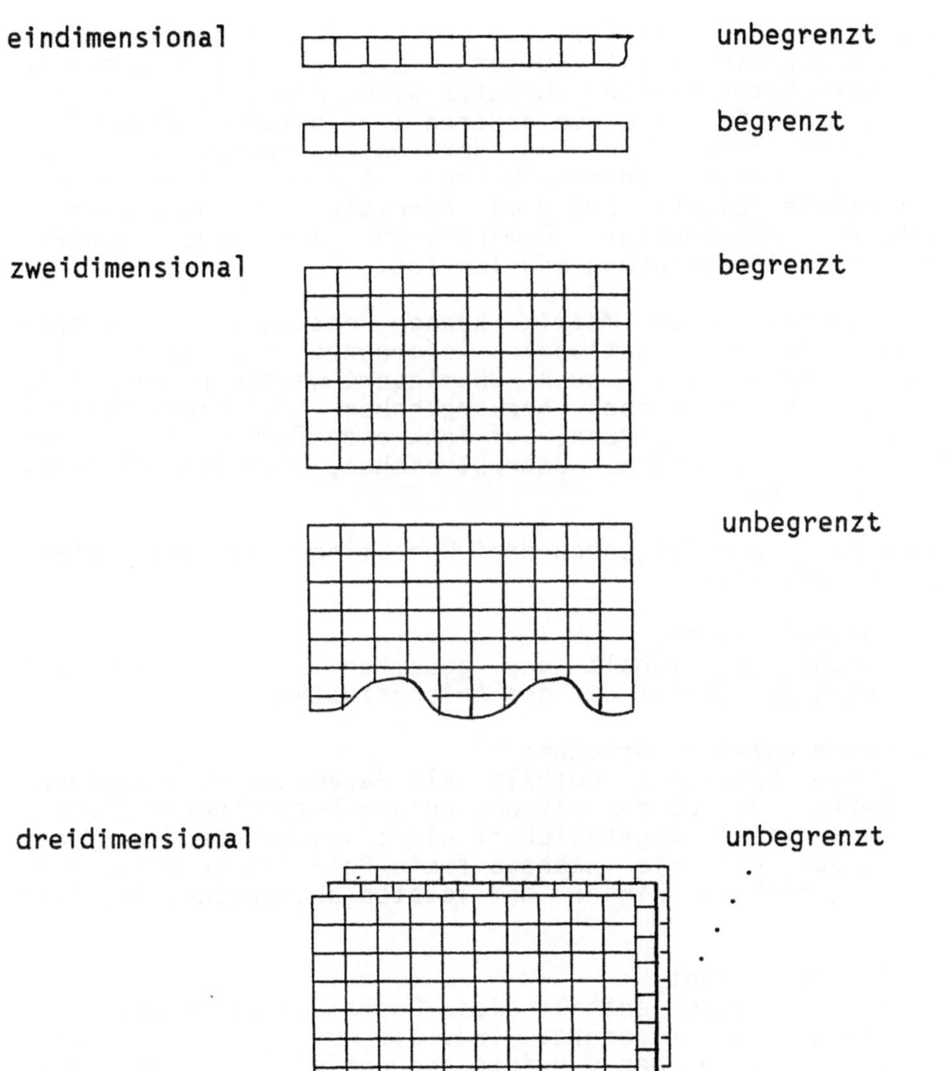

Abb. 6.7: Datenstrukturen der basic class

Zusätzlich zu der Datenstruktur besitzt das virtuelle Terminal eine Schreibmarke (→Cursor), die als Zeiger auf eine Zelle der Datenstruktur benutzt wird. Adressiert wird dadurch, daß der Cursor einen anderen Wert bekommt. Grundsätzlich kann jede Dimension der Datenstruktur für sich adressiert werden. Innerhalb begrenzter Dimensionen können die Elemente direkt (random) adressiert werden, während innerhalb unbegrenzter Dimensionen nur eine vorwärts sequentielle Adressierung möglich ist.

Die Elemente einer Matrix können entweder IA5-Zeichen (ASCII) oder eine nationale Referenzversion davon sein. Zeichen können evtl. auch überlagert werden (Überdruck). Einzelne Zeichen können hervorgehoben oder nicht hervorgehoben dargestellt werden; auf konkreten Terminals kann das z.B. durch Fettdruck, Unterstreichen, Kursivdruck oder Blinken erfolgen.

Es sind z.Zt. die folgenden drei Operationen auf der Datenstruktur definiert:

- initialisieren:
  löscht den Inhalt der gesamten Datenstruktur und setzt den Cursor auf den Anfangszustand

- Datum anzeigen/drucken:
  Diese Operation enthält als Parameter eine Zeichenkette, die ab dem mit dem Cursor bezeichneten Element sequentiell abgespeichert wird; anschließend wird der Cursor auf die nächste freie Position gesetzt, d.h. die nächste hinter dem letzten abgespeicherten Zeichen.

- Cursor setzen:
  Als Parameter enthält diese Operation einen Wert, auf den der Cursor gesetzt wird. Die Adresse wird entweder als direkte oder vorwärts sequentielle interpretiert, je nachdem ob die betreffende Dimension begrenzt oder unbegrenzt ist.

Die Datenstruktur kann ferner entweder vom Typ Eingabe, Ausgabe oder Ein-/Ausgabe sein. Hierdurch wird z.B. Drucker und Sichtgerät unterscheidbar. Im Fall Ein-/Ausgabe erfolgt die Kommunikation im Modus der wechselseitigen Datenübertragung; die Übergabe des Schreibrechtes erfolgt explizit durch ein 'turn'-Signal.

Neben der Datenstruktur besitzt das virtuelle Terminal einen sogenannten →Kontrollspeicher, über den Statusinformationen ausgetauscht werden können. Der Austausch von Status-

informationen ist nicht mit dem Austausch der normalen Daten
verknüpft.

Es ist z.Zt. noch nicht vollständig abgeklärt, ob noch
weitere, hier insbesondere vom Benutzer definierbare
Alphabete und zusätzliche Zeichenattribute in die 'basic
class' aufgenommen werden sollen.

Darüberhinaus wird angestrebt, neben dem Datenspeicher
sogenannte 'virtual devices' als zusätzliche logische
Komponenten einzuführen. Die Daten eines Datenspeichers
können dann auf ein oder mehrere 'virtual devices' ab-
gebildet werden. Auf diese Weise will man z.B. eine entfernt
kontrollierbare Hardcopy-Funktion modellieren.

Während der Verbindungsaufbauphase einigen sich beide Part-
ner auf einen bestimmten Satz von Eigenschaften. Die
Instanz, welche die Verbindung anfordert, spezifiziert die
Parameter. Diese beschreiben:

-       Grenzen der Datenstruktur
-       Zeichensätze und Zeichenattribute
-       Typ der Datenstruktur (Ein-, Aus- oder Ein-/Ausgabe)
-       Kontrollspeicher

Wenn der Partner die Spezifikationen akzeptiert, ist die
Verbindung zwischen den virtuellen Terminals hergestellt und
die Datenübertragung kann in Form der oben beschriebenen
Operationen erfolgen.

Darüberhinaus sind Verhandlungsdienste vorgesehen, mittels
derer innerhalb einer Verbindung andere Parametermengen ausgehandelt werden können. Diese Verhandlungsdienste können im
allgemeinen sehr komplex werden, in diesem Fall wird
schrittweise versucht, sich auf eine gemeinsame Parameter-
menge zu einigen. Ein solcher Verhandlungsvorgang kann sich
über mehrere Dialogschritte hinziehen.

6.4 Übermittlung von Dateien

6.4.1 Überblick

Die Projekte beim DIN bzw. der ISO zu diesem Thema haben die Bezeichnung, 'Dienste und Protokolle für Übermittlung, Zugriff und Verwaltung von Dateien' (→File Transfer, Access and Management). Das zentrale Thema hierbei war bisher die Festlegung des allgemeinen Konzeptes und insbesondere des sogenannten 'virtual file store' (→VFS). Hierunter wird die Definition eines virtuellen Dateisystems, bestehend aus virtuellen Dateien, verstanden. Die Festlegungen beinhalten auch die Beschreibung der internen Struktur der Dateien und erforderlicher Operationen für Zugriff und Verwaltung.

Mit 'virtuell' ist eine Standardbeschreibung des Dateisystems bzw. der einzelnen Dateien gemeint. Über einen derartigen Standard-Dateispeicher kann dem Benutzer des virtuellen Dateidienstes der Zugriff auf die lokalen Dateisysteme der verschiedenen DV-Systeme in einem offenen Kommunikationssystem geboten werden, ohne daß dieser deren jeweilige lokale Struktur kennen muß.

Die explizite Beschreibung des virtuellen Dateispeichers, einschließlich aller Operationen auf ihm, stellt den für den Benutzer verfügbaren Dienst dar. Zusätzlich dazu sind dann die Kommunikationsprotokolle für die Übermittlung, den Zugriff und die Verwaltung der Dateien festzulegen.

Unter Datei-Übermittlung wird der Transfer der gesamten Datei verstanden, d.h. der Daten selbst und der zugehörigen Attribute. Zugriffsoperationen beziehen sich auf Inspektionen und Modifikationen von Teilen der Datei. Die Datei-Verwaltung umfaßt Funktionen, die sich auf die gesamte Datei beziehen. Hierzu gehören im wesentlichen Kreieren, Löschen und Auswählen von Dateien bzw. die Inspektion und Modifikation von solchen Dateiattributen, die sich auf gesamte Dateien beziehen.

6.4.2 Virtueller Dateispeicher und seine Attribute

Innerhalb eines offenen Systems stellt der →virtuelle Dateispeicher eine Anwendungsinstanz dar, die einen Dateidienst erbringt. Der globale systemübergreifende Dateidienst wird durch eine bestimmte Menge solcher virtueller Dateispeicher dargestellt, wobei jeder einzeln adressierbar ist. Die Abbildung der virtuellen Dateispeicher auf tatsächlich vorhandene Dateispeicher ist rein lokale Angelegenheit und im Dateidienst-Standard deshalb offengelassen. Der virtuelle Dateispeicher ist lediglich ein Ausdrucksmittel für die Eigenschaften tatsächlich implementierter Dateidienste.

Ein virtueller Dateispeicher kann wiederum eine nicht näher definierbare Anzahl von (virtuellen) Dateien enthalten Jede Datei ist einzeln adressierbar, sie kann leer sein oder auch einen Inhalt haben. Jede Datei ist entsprechend einer spezifischen Datenstruktur intern unterstrukturiert.

In Abb. 6.8 ist schematisch die Zuordnung des virtuellen Dateispeichers, der lokalen Dateisysteme und die Abbildung zwischen ihnen dargestellt.

Die Beschreibung des virtuellen Dateispeichers erfolgt über die Festlegung von Attributen:

-    Globale Attribute:
     Jeder zugreifende Benutzer sieht für die globalen Attribute dieselben Werte. Zu dieser Form gehören die folgenden Angaben:

     *   Namensattribute zur eindeutigen Adressierung von Dateien
     *   Datei-Eigenschaften wie Größe, Abrechnungsinformation, Entstehungsgeschichte usw.
     *   logische Struktur der Datei

-    Aktivitäten-Attribute:
     Die Inhalte dieser Attribute beziehen sich auf den jeweiligen Zustand eines Zugriffs durch einen bestimmten Benutzer. Jeder zugreifende Benutzer hat sein eigenes Aktivitäten-Attribut. Es enthält Angaben über Datei-Alias-Namen, ausgewählten Dateityp, Typ der letzten Zugriffsoperation, Zustand der letzten Operation, akkumulierte Kosten und Zugriffsdauer, aktuelles Zugriffselement, Benutzeridentität, Schlüsselworte und Name einer Validierungs-Prozedur.

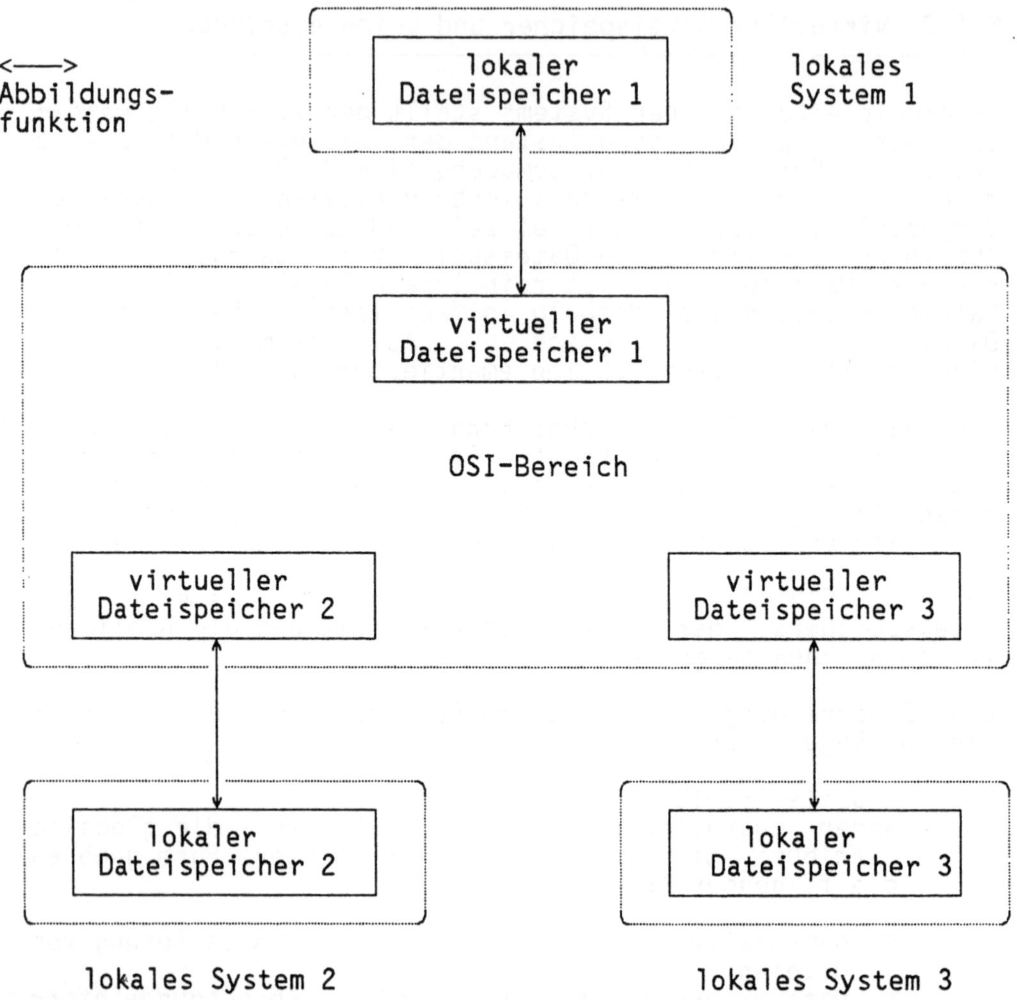

Abb. 6.8: Zuordnung von virtuellen und lokalen Dateispeichern

Eine →virtuelle Datei hat im allgemeinen eine beliebige
Struktur. Die augenblickliche Standardisierungsarbeit
konzentriert sich aber auf Dateien mit einer baumförmigen,
hierarchischen Struktur (Abb. 6.9). Hierin beschreibt die
Wurzel des Baumes die gesamte Datei, während die Knoten die
darunter liegenden Teilstrukturen beschreiben. Die Blätter
des Baumes repräsentieren die eigentliche Nutzinformation.

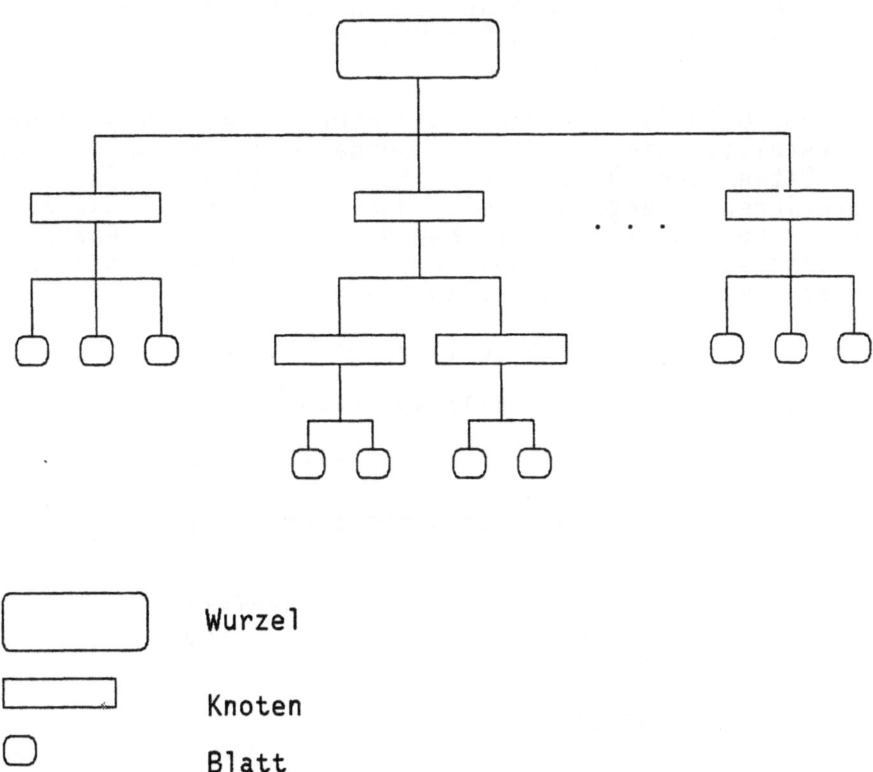

Abb. 6.9: Hierarchische Baumstruktur von Dateien

6.4.3 Zugriff auf virtuelle Dateien

Die möglichen Zugriffe auf eine solche Dateistruktur lassen
sich folgendermaßen gruppieren:

-       Operationen bezogen auf den virtuellen Dateispeicher
-       Operationen bezogen auf eine Datei
-       Lesen und Schreiben von Attributen
-       Operationen bezogen auf einen Teil der Datei
-       Lesen und Schreiben von Dateien
-       Transfer von Dateien

In Abb. 6.10 ist die Phasenstruktur von einzelnen Zugriffen
dargestellt, die durchlaufen werden muß, um schließlich auf
die Daten der Datei zugreifen zu können. Es sind die
Operationen angegeben, mit denen eine neue Phase eröffnet
bzw. eine aktuelle Phase beendet werden kann. Ferner geben
die senkrechten gestrichelten Linien die Operationen an, die
in der jeweiligen Phase erlaubt sind.

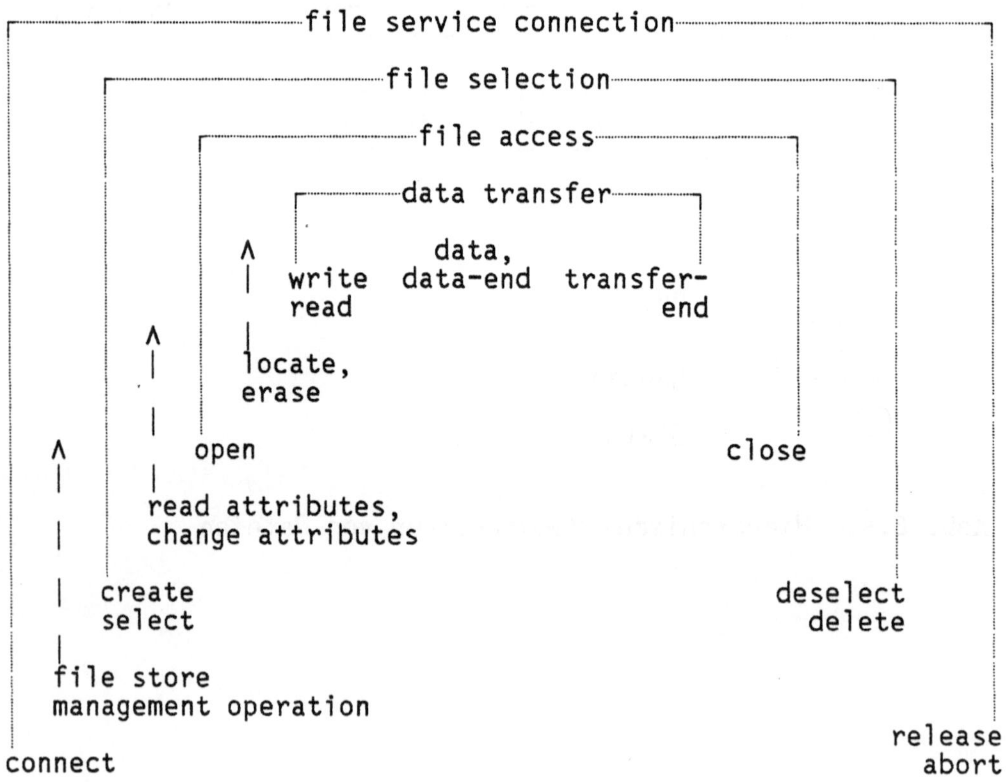

Abb. 6.10: Phasenstruktur und zugehörige Operationen

Während einer Verbindungsaufbauphase wird der Dateidienst
initialisiert, d.h. es wird eine Assoziation zwischen den
beiden betroffenen Anwendungsinstanzen hergestellt und not-
wendige Ermächtigungs- und Abrechnungsinformationen bereitgestellt. Diese Assoziation wird in einer Beendigungsphase
regulär mittels der 'release'-Operation aufgehoben oder
zwangsweise mittels der 'abort'-Operation abgebrochen.

Die 'select file'-Operation stellt die Beziehung zwischen
einer vorhandenen Datei und der zugreifenden Instanz her,
wenn die Voraussetzungen (Password, usw.) dazu erfüllt sind.
Mit 'create' kann eine neue Datei eröffnet werden. Das
Gelingen der 'select'-Operation ist Voraussetzung für die
Eröffnung einer Datei mittels der 'open file'-Operation. Der
zugreifenden Instanz stehen dann die folgenden Zugriffe auf
die Attribute zur Verfügung:

-   'change' Attribute:
    Werte der globalen Attribute können hiermit verändert
    werden; auf Aktivitäten-Attribute kann nicht schreibend
    zugegriffen werden

-   'read' Attribute:
    Übergibt die Werte der spezifizierten Attribute; Akti-
    vitäten-Attribute können auch gelesen werden

Auf die eigentlichen Dateielemente kann während der 'data
transfer'-Phase schreibend und lesend zugegriffen werden.
Ebenso können auch neue Elemente hinzugefügt bzw. existierende herausgenommen werden.

6.5 Übermittlung von Aufträgen

6.5.1 Überblick

Die entsprechenden DIN- und ISO-Projekte hierzu lauten 'Dienste und Protokolle für Übermittlung und Verwaltung von Aufträgen' (→Job Transfer and Manipulation Protocols). Die ersten Diskussionen in diesem Bereich gestalteten sich anfangs recht schwierig, da die Vorstellungen über Inhalt und Umfang einer Auftragsbearbeitung in offenen Systemen sehr unterschiedlich waren. Auch die Abgrenzung zu anderen OSI-Diensten (z.B. Dateiübermittlung) war in dem frühen Stadium umstritten.

Das Ergebnis dieser anfänglichen Diskussionen zur Festlegung des Standpunktes ist in etwa das folgende: das Projekt beschränkt sich insbesondere auf den Aspekt der Übermittlung von Aufträgen und der anschließend auf ihnen benötigten Manipulationen einschließlich notwendiger Zustandsabfragen. Damit wurde die Standardisierung einer gemeinsamen Auftrags-Kontrollsprache (job control language), einschließlich einer OSI-internen Vereinheitlichung von Auftragsbearbeitung (virtual hosts) zunächst explizit aus der Normungsarbeit herausgenommen. Daraus resultiert auch die Änderung des Projektnamens von ursprünglich ' →Remote Job Entry' (RJE) in 'Job Transfer and Manipulation' (JTM).

6.5.2 Konzept und Funktionen

Die Modellvorstellung geht davon aus, daß das offene System von einem Benutzer einen **→Arbeitsauftrag** erteilt bekommt, die sogenannte ' **→workspecification**' (WS). Der hierin formulierte Arbeitsauftrag beschreibt einen auf einem bestimmten System auszuführenden Auftrag (Job). Andere Typen von 'workspecifications' können auch Meldungen enthalten. Die zielsystem-spezifische Auftragsformulierung erfolgt in der 'job command language' (JCL), die das Zielsystem versteht; sie ist nicht Bestandteil der Standardisierung der Auftragsübermittlung, sondern wird hier vielmehr als transparente Information betrachtet.

Nachdem die 'workspecification' in der standardisierten

Form vorliegt, kann diese an das Zielsystem transferiert
werden. Nach Verarbeitung des Auftrags kann eine neue ab-
geleitete 'workspecification' (DWS, derived WS) entstanden
sein, die ihrerseits wieder zu einem entsprechenden Zielsystem zur Verarbeitung transferiert werden muß (subjob).
Wenn keine Unteraufträge mehr erteilt werden, ist der Auftrag erledigt.

Dieser Ablauf ist in Abb. 6.11 schematisch dargestellt.

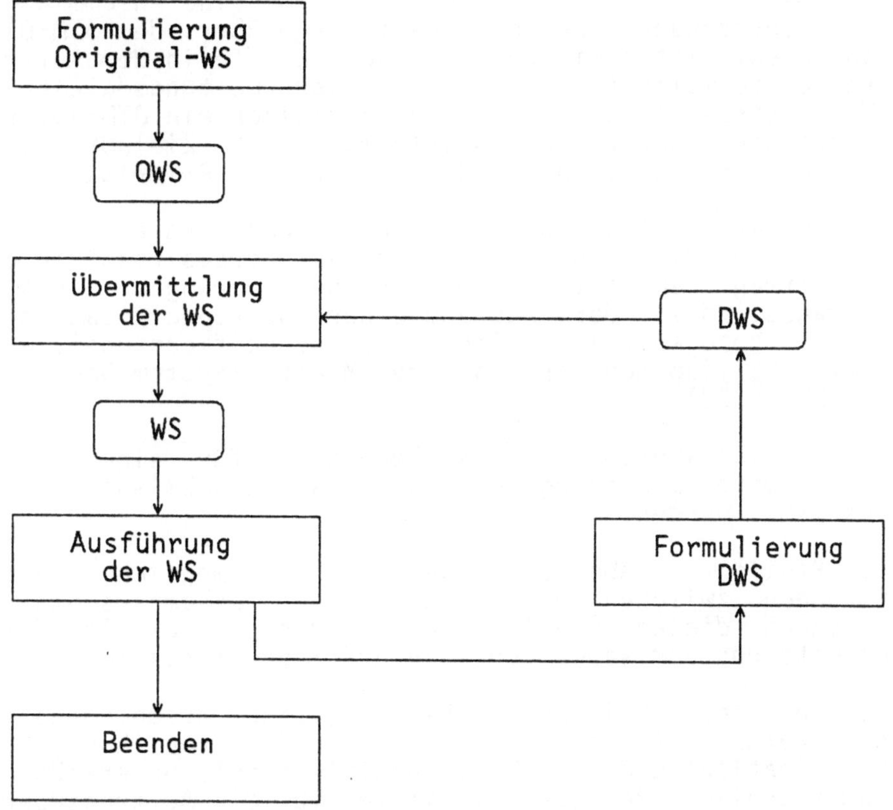

OWS   original workspecification
DWS   derived workspecification
WS   workspecification

Abb. 6.11:   Abarbeitung einer 'OSI-workspecification'

Der JTM-Dienst wird durch eine Menge von verteilten JTM-Anwendungsinstanzen erbracht. Diese Instanzen erledigen eine bestimmte Aufgabe und kooperieren in einer bestimmten Weise miteinander. Erst das Zusammenspiel aller dieser Instanzen erbringt nach außen hin den JTM-Dienst.

Das Zusammenspiel untereinander wird durch einen Austausch von Anforderungen und Meldungen möglich. Im allgemeinen werden diese Datenmengen 'workspecifications' (WS) genannt. Eine WS besteht aus einer definierten Datenstruktur, die JTM-dienstspezifische Angaben enthält und auch ein Dokument aufnehmen kann. Unter Dokument wird eine Ansammlung von Daten verstanden, deren Inhalt gegenüber dem JTM-Dienst transparent ist. Hierzu gehören z.B. die in der Auftragssprache formulierten Aufträge und Verarbeitungsdateien. Die JTM-dienstspezifischen Angaben enthalten ein JTM-Auftragskennzeichen, Autorisierungsinformationen, Zieladressen für Meldungen, Kennzeichen für das Zielsystem, Prioritäten usw.

Mit der ersten 'workspecification' (OWS) wird eine einheitliche Identifizierung (ID) für den hieraus resultierenden OSI-Auftrag gebildet. Alle Zustandsänderungen eines OSI-Auftrages, d.i. der Zustand einer 'workspecification' und hierauf bezogener abgeleiteter 'workspecifications', werden einem 'OSI job monitor' in einem Monitor-System übermittelt (s. Abb. 6.12).

Manipulationswünsche eines Benutzers für einen Auftrag können unter Benutzung des 'manipulation submission system' veranlaßt werden.

Die Pfeile in Abb. 6.12 kennzeichnen mögliche Wechselwirkungen zwischen den Einheiten des Gesamtsystems. Entsprechend diesen Pfeilen werden die Protokolle für die Übermittlung und Verwaltung von Aufträgen festzulegen sein.

Wie aus Abb. 6.12 zu ersehen ist, sind verschiedene Typen von 'workspecifications' definiert. Zwei von ihnen, ' →job specification' und ' →subjob specification', unterstützen die traditionellen Benutzeraktivitäten für die Auftragsübergabe und die Wiedergewinnung des Ergebnisses ('spool in' und 'spool out'). Ein weiterer, die ' →manipulation workspecification' beeinflußt den Ablauf des OSI-Auftrags. Ein 'response' übermittelt die Ergebnisse aufgrund einer Manipulation. Der fünfte Typ, 'report', übermittelt zur Überwachung der Verarbeitung des OSI-Auftrags Zustandsinformationen, z.B. Erfolgs- oder Fehlermeldungen.

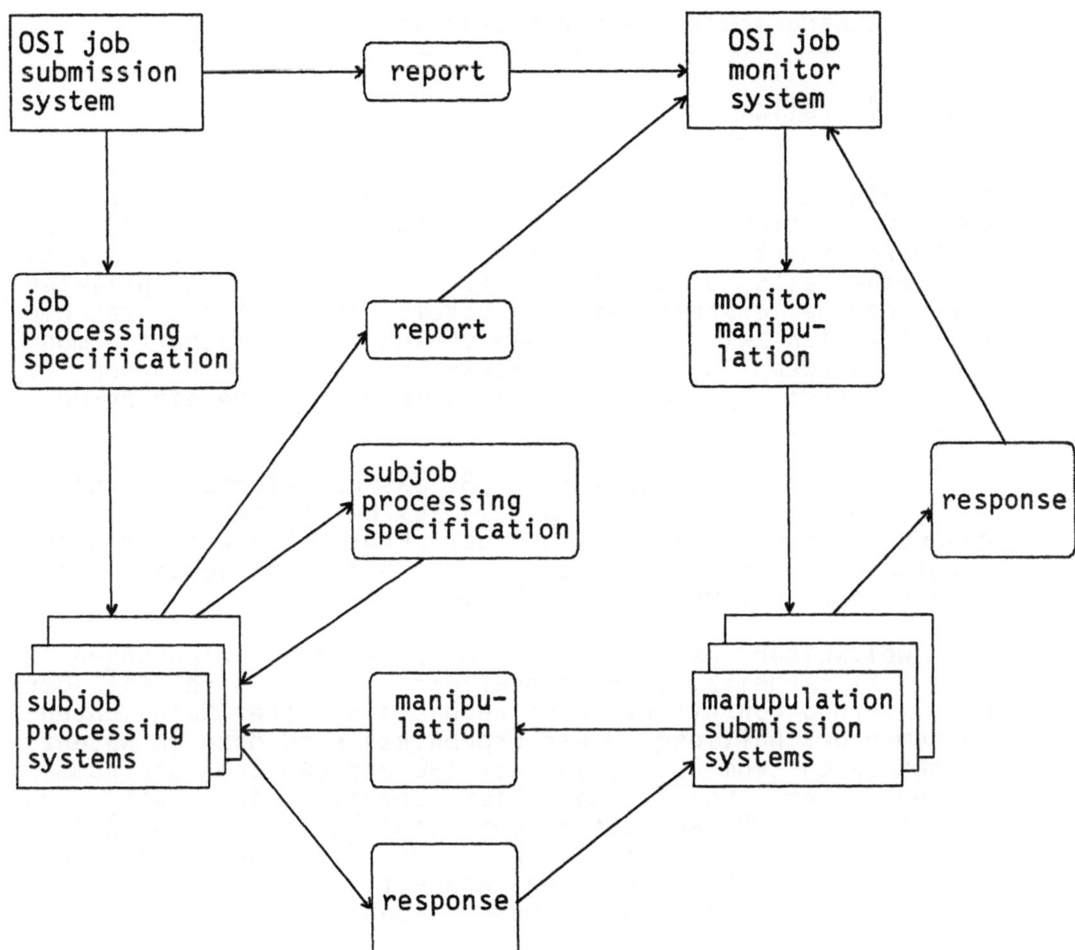

Abb. 6.12: Einheiten für Auftragsübermittlung und -verwaltung mit den möglichen Wechselwirkungen zwischen ihnen.

6.6 Rechnergestützte Nachrichtensysteme

6.6.1 Überblick

Seit einiger Zeit existieren einige Projekte, die sich mit
der Definition und Festschreibung von Protokollen für
rechnergestützte →Nachrichtensysteme beschäftigen. Das Ziel
ist einerseits die Öffnung oft schon vorhandener privater
oder herstellerspezifischer Systeme in dem Sinne, daß die
Kommunikation zwischen Systemen verschiedener Machart ermöglicht werden soll. Andererseits sollen für neu zu
realisierende Systeme die Protokolle von vornherein berücksichtigt werden.

Auf europäischer Ebene wurde z.B. das EG-geförderte Projekt
→GILT gebildet (s. auch 6.2.1). Es beinhaltet einmal insbesondere die Spezifikation der Protokolle auf der Nachrichtenebene und zum anderen die Anpassung jeweils lokal
vorhandener Systeme an diese Konventionen.

Auf weltweiter Basis sind z.B. praktische Erfahrungen in
eine IFIP-Arbeitsgruppe eingeflossen, die sich mit der
Modellierung von öffentlichen rechnergestützten Nachrichtensystemen beschäftigte. Diese Ergebnisse sind dann im wesentlichen auch vom CCITT, von der ISO und dem ECMA übernommen
worden. Der CCITT hat hier bereits eine Reihe von
Empfehlungsentwürfen unter den Bezeichnungen X.400, X.401,
X.408, X.409, X.410, X.411, X.420 und X.430 herausgebracht.
Im nächsten Abschnitt wird das Konzept, das diesen Entwürfen
zugrunde liegt, etwas näher beschrieben.

6.6.2 Konzept des CCITT-Nachrichtensystems

Das CCITT-Nachrichtensystem MHS (→message handling system) bietet seinen Benutzern einen öffentlichen ' →interpersonal messaging'-Dienst (IPM). Dieser Dienst ermöglicht es einem Benutzer, Nachrichten zu versenden und zu empfangen. Der Benutzer kann dabei seine Nachrichten mit Hilfe eines ' →user agents' (UA) erstellen. Dieser UA besteht aus einem Satz von rechnergestützten Anwendungsprozessen, die ihren Benutzer in der Kommunikation mit anderen Teilnehmern unterstützen sollen.

Um eine Nachricht zu versenden, übergibt der Benutzer an seinen UA einen entsprechenden Auftrag, der neben der Nachricht und anderen Parametern den Namen oder die Adresse des Empfängers enthält. Der UA übermittelt die Nachricht an den UA des Empfängers mit Hilfe eines ' →message transfer service' (MTS). Nach Auslieferung der Nachricht an den UA des Empfängers durch den MTS kann der Empfänger die Nachricht übernehmen.

Diese funktionalen Komponenten und deren Zusammenspiel sind in Abb. 6.13 illustriert. Der MTS-Dienst wird durch eine Menge von ' →message transfer agents'(MTA) erbracht. Hierbei wird eine Nachricht von einem UA an einen MTA übergeben. Dieser wiederum transferiert die Nachricht zu einem nächsten MTA usw. solange bis ein MTA in der Lage ist, die Nachricht an den UA des Empfängers zu übergeben. Die MTAs müssen daher nicht nur vermitteln, sondern die Nachricht auch noch solange sicher zwischenspeichern können, bis sie an einen Nachbar-MTA oder -UA übergeben werden kann. Der Nachrichtentransfer zwischen entfernten Systemen wird mit Hilfe der Dienste der Kommunikationssteuerungsschicht abgesichert.

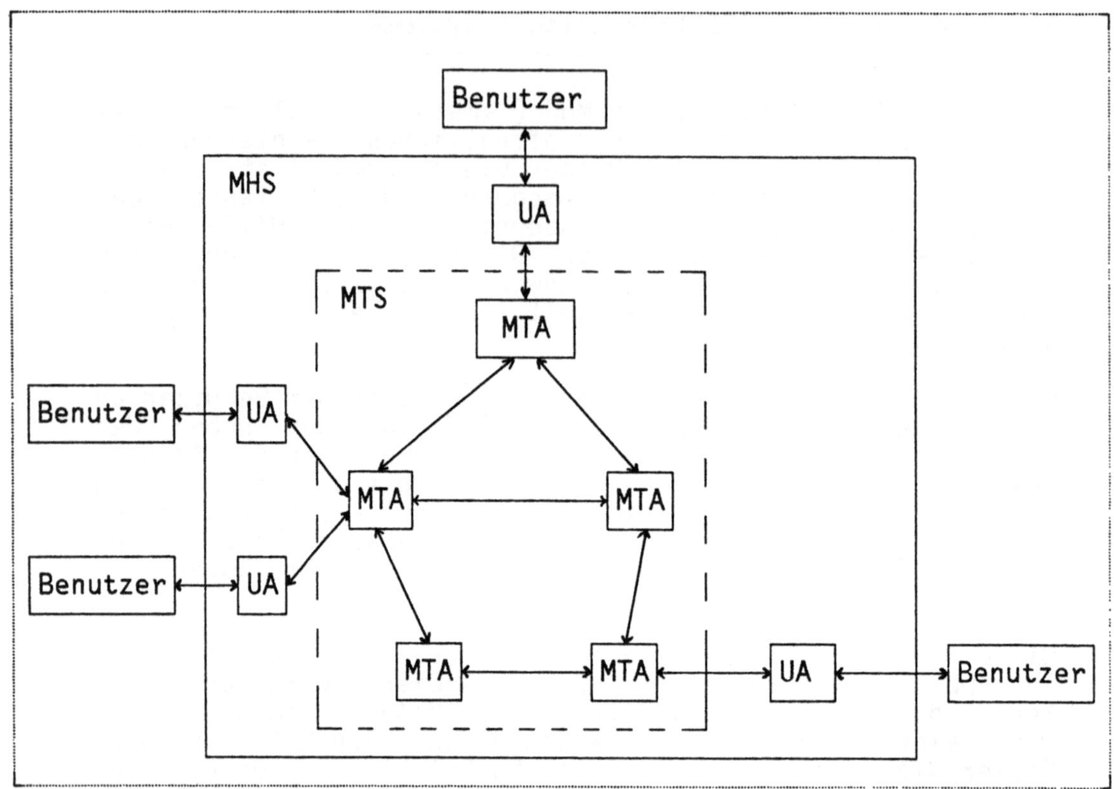

<—> bezeichnet eine Interaktion

Abb. 6.13: Modell des CCITT-Nachrichtensystems /CCI X.400/

Der Basis-IPM-Dienst kann ferner Dokumente von einer Kodierungskonvention in eine andere umwandeln, bevor die Nachricht ausgeliefert wird. Darüberhinaus wird noch die Absende- und Auslieferungszeit an die Nachricht angefügt. Die Festlegung von weiteren lokalen Funktionen wie z.B. Editoren zur Erstellung einer Nachricht, Datenbanken zur Archivierung und zum Wiederauffinden von Nachrichten liegen außerhalb des Rahmens der Empfehlungen, da sie auf den globalen Dienst keinen Einfluß haben und keine Koordinierung mit anderen Teilnehmern benötigen. Die Benutzer des IPM-Dienstes sollen auch Nachrichten mit Teilnehmern des Telex-Dienstes und anderer Telematik-Dienste austauschen können.

Neben dem Basissatz von IPM-Diensten werden Zusatzfunktionen angeboten. Dazu gehört, daß

- empfangene Nachrichten automatisch zu einer anderen Adresse umgeleitet werden können
- Verteilerlisten unsichtbar gemacht werden sollen
- die Auslieferung verzögert erfolgen soll
- auch weitere Empfänger einer empfangenen Nachricht mitgeteilt werden können
- die Auslieferung nur in einem bestimmten Zeitraum erfolgen soll
- Testnachrichten abgeschickt werden können
- eine Empfangsbestätigung verlangt werden kann

Die Basis-Nachrichtenstruktur ist in Abb. 6.14 dargestellt. Der Umschlag beinhaltet Informationen, die der MTS-Dienst benutzt, um die Nachricht an den UA des Empfängers zu übermitteln. Der Inhalt ist die Information, die an den UA des Empfängers ausgeliefert werden soll.

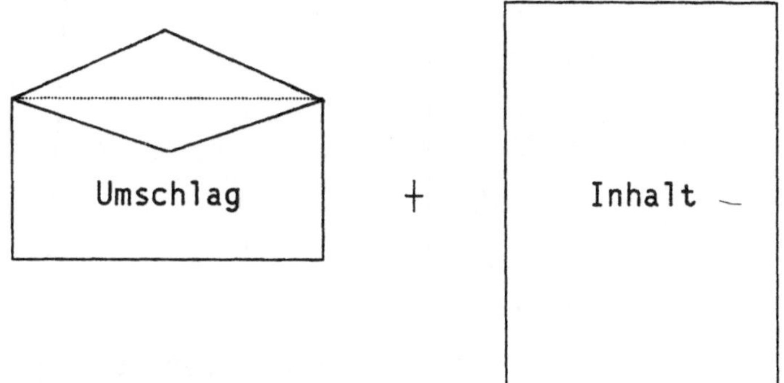

Abb. 6.14: Basis-Nachrichtstruktur /CCI X.400/

Die Festlegung der funktionalen Komponenten und der Dienstgrenzen beinhaltet noch keine Aussagen über organisatorische Grenzen. Unter Organisationen werden hier Verwaltungen, Firmen und nicht kommerzielle Organisationen verstanden. Jede Organisationseinheit kann ihren Verbund als Untersystem in das MHS integrieren, sie bleibt aber für die Verwaltung ihrer Komponenten verantwortlich. Dazu wurden in den MHS-Empfehlungen sogenannte ' →management domains' (MD) eingeführt, die die Verantwortungsbereiche für eine Organisationseinheit bezeichnen.

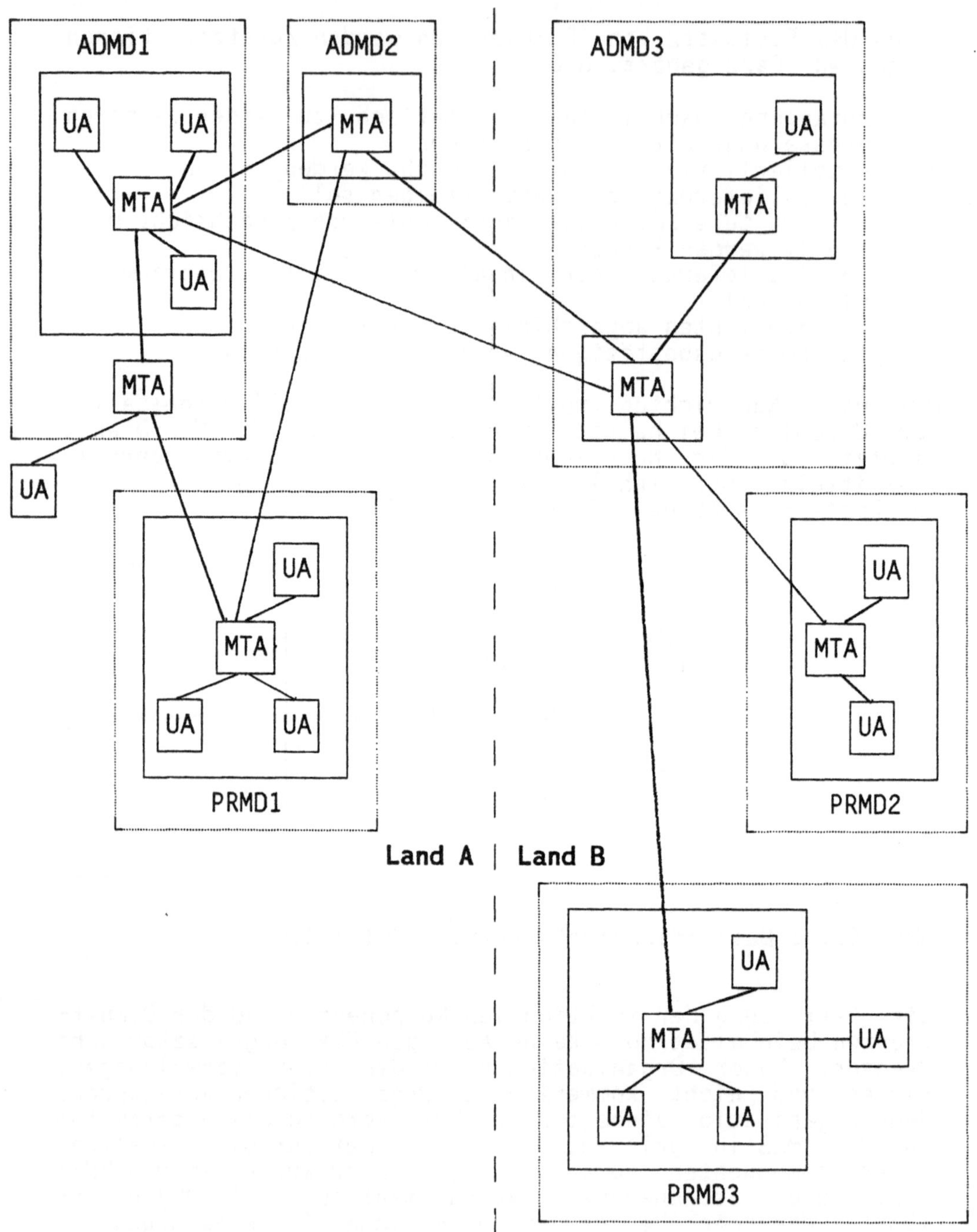

Abb. 6.15: Beziehungen zwischen verschiedenen Organisations-
einheiten /CCI X.400/

Eine MD, die zu einer Verwaltung gehört, wird ' →administration management domain' (ADMD) genannt und diejenige, die von einer anderen Organisationseinheit verwaltet wird, heißt ' →private management domain' (PRMD). Ein Beispiel einer Zuordnung zwischen den funktionalen Komponenten und den 'management domains' ist in Abb. 6.15 dargestellt.

Da die organisatorischen Grenzen über die Pfade MTA/MTA, MTA/UA und damit auch über die Kommunikationsstrecke UA/UA verlaufen können, müssen diese drei Typen von Protokollen verbindlich festgelegt werden. Nur dadurch kann der offene Nachrichtenaustausch gewährleistet werden. Das MTA/MTA-Protokoll wird mit 'message transfer protocol' oder 'P1-protocol' und das UA/MTA-Protokoll mit 'submission and delivery protocol' oder 'P3-Protocol' bezeichnet. Die zugehörigen Empfehlungsentwürfe befinden sich in X.411. Das UA/UA-Protokoll wird mit 'user agent layer protocol· oder 'P2-protocol' bezeichnet und ist im Entwurf X.420 enthalten.

Das P3-Protokoll ist nur für den Fall relevant, daß sich der UA und der MTA in verschiedenen Systemen befinden. Es ist auch möglich, daß sich UAs und ein MTA in einem System befinden, in diesem Fall entfällt das Protokoll P3.

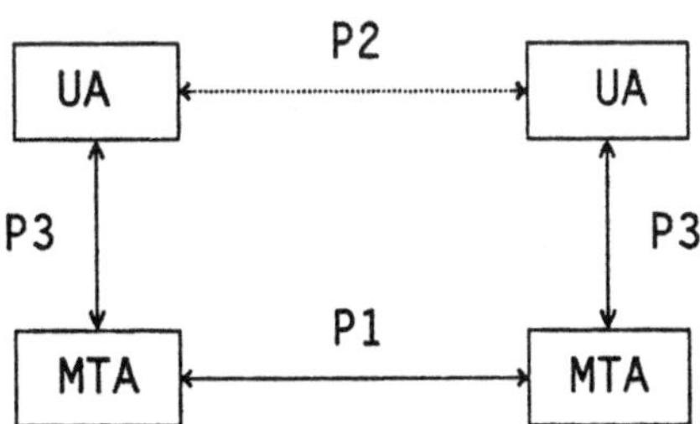

Abb. 6.16: Vereinfachtes Scheme der MHS-Protokolle

Für die Spezifikation der Protokollelemente wurde eine eigene Notation verwandt. Sie ist im Empfehlungsentwurf X.409 enthalten. Der Entwurf X.408 beinhaltet Regeln für die Konvertierung des Nachrichteninhaltes. Der Nachrichteninhalt kann aus Telex, Teletex, G3-Faksimile, G4-Faksimile, Videotex, Fernschreiber (TTY), Sprache, Mixed Mode Teletex und 'simple formatable document' (SFD) bestehen. Nach SFD strukturierte Nachrichten enthalten Steuerzeichen zur Formatierung des Dokumenteninhalts. Der Entwurf klassifiziert die Umsetzungsmöglichkeiten nach den Gesichtspunkten:

- möglich ohne Informationsverlust
- möglich mit Informationsverlust und unpraktisch

Darüber hinaus läßt er noch einige Punkte zwecks weiterem Studium offen.

Der Empfehlungsentwurf X.430 spezifiziert ein Protokoll für den Teletex-Zugang zur UA-Dienstleistung. Der Entwurf X.410 spezifiziert den MTS und die Nutzung der Dienste der Kommunikationssteuerungsschicht.

7 CCITT-regulierte Dienste

7.1 Einführung

Texte und Bilder sind auch Daten. Die Trennung in Daten-, Text-, Bild- und Sprachkommunikation ist mehr eine funktionale Trennung. Im Rahmen der Digitalisierung (bei der Datenübertragung und der Datenvermittlung) und der Diensteintegration werden die Kommunikationsarten wieder zusammenwachsen.

Kennzeichen	→Datenkommunikation	→Textkommunikation
Sprache	Formale Sprachen	frei
Benutzung	Berechtigung der Partner-Instanz muß vorliegen	ohne Berechtigung
Kommunikation	Mensch zu System	Mensch zu Mensch
Ausführung	Sachbearbeiter	Sekretärin, Schreibkraft
Arbeitsplatz	anwendungsorientiert	anwendungsneutral

Abb. 7.1: Unterschiede zwischen Daten- und Textkommunikation

Text wird im Rahmen der Bürokommunikation übertragen. Entsprechend dem allgemeinen Sprachgebrauch ist Text eine Nachricht, die in unformatierten Sätzen ausgedrückt wird. Der Text ist für die Aufnahme durch Menschen bestimmt. Bildschirmtext ist Textkommunikation. Der Inhalt eines Dokumentes besteht aus Text.

→Bildkommunikation bedeutet, daß zu einem Empfänger Standbilder oder bewegte Bilder übertragen werden. Fernsehen, Videotext, Bildfernsprechen (BIGFON) und Fernkopieren gehören zur Bildkommunikation.

Diese (Tele-)Kommunikationsdienste sollen Entfernungen überbrücken, deshalb werden großräumige Organisationsformen auf nationaler und internationaler Ebene angestrebt.

Die DBP bietet öffentlich Kommunikationsdienste an. Kennzeichen öffentlicher Kommunikationsdienste sind:
-     Kompatibilität der Endeinrichtungen
-     amtliches (öffentliches) Teilnehmerverzeichnis
-     Dienstgüte wird gewährleistet
-     jeder kann zu gleichen Bedingungen Teilnehmer werden
-     flächendeckende Dienste

7.2 Telex (Tx)

Der →Telexdienst (Fernschreibdienst, Telegrafendienst) wurde
im Jahre 1939 eingeführt. Der Telegrafenapparat war einfach
zu bedienen und die Übertragungsgeschwindigkeit war der
Schreibgeschwindigkeit eines Bedieners angepaßt. Ent-
scheidend für die weltweite Verbreitung dieses Dienstes
waren die grundlegenden Empfehlungen des CCITT für den Code
und die Übertragungsgeschwindigkeit.

Der Tx-Dienst zeichnet sich durch einfache Handhabung,
preiswerte Telex-Maschinen und seine Robustheit aus. Die
lokale Arbeit wird unterbrochen, wenn ein Telex kommt,
ankommende Texte haben Vorrang und werden sofort ausge-
druckt. Die Texte können nur mit Großbuchstaben produziert
werden.

Der Telexdienst hat in den letzten Jahren mehr 'Intelligenz'
bekommen, u.a.:

-     automatisches Auskunftssystem
-     Tx-Nebenstellenanlagen
-     automatische Übermittlung von Datum und Uhrzeit
-     Kurzwahl
-     Rundschreiben (auch international)
-     Gebührenzuschreibung
-     Direktruf
-     Teilnehmerbetriebsklassen
-     Sperre mit Hinweisgabe

Die zukünftige Entwicklung des Tx-Dienstes in der Bundesrepublik ist stark abhängig vom Substitutionseffekt des
Teletexdienstes. Prognostiziert wird eine stärkere Ver-
drängung durch den Teletexdienst.

7.3 →Telefax (Tfx)

Andere Bezeichnungen für diesen Dienst sind →Fernkopieren oder →Faksimile. Schrift und Grafik in den Farben schwarz und weiß werden originalgetreu weltweit im Fernsprechnetz übertragen. Die Vorlage wird in Rasterpunkte fotoelektrisch zerlegt, die Abtastsignale in analoger oder digitaler Form übertragen. Auf einer DIN A4 - Seite befinden sich etwa 1 Million Bildpunkte. Bei dieser Form der Festbild- oder Einzelbildkommunikation können somit auch Briefköpfe mit Emblemen, Handschriften (Unterschriften), Konstruktionszeichnungen, Wetterkarten und Urkunden übertragen werden.

Für die Ausgabe beim Empfänger ist eines der folgenden Verfahren realisiert:
-       elektrosensitiv
-       thermographisch
-       elektrolytisch
-       elektrostatisch
-       elektrophotographisch
-       photographisch

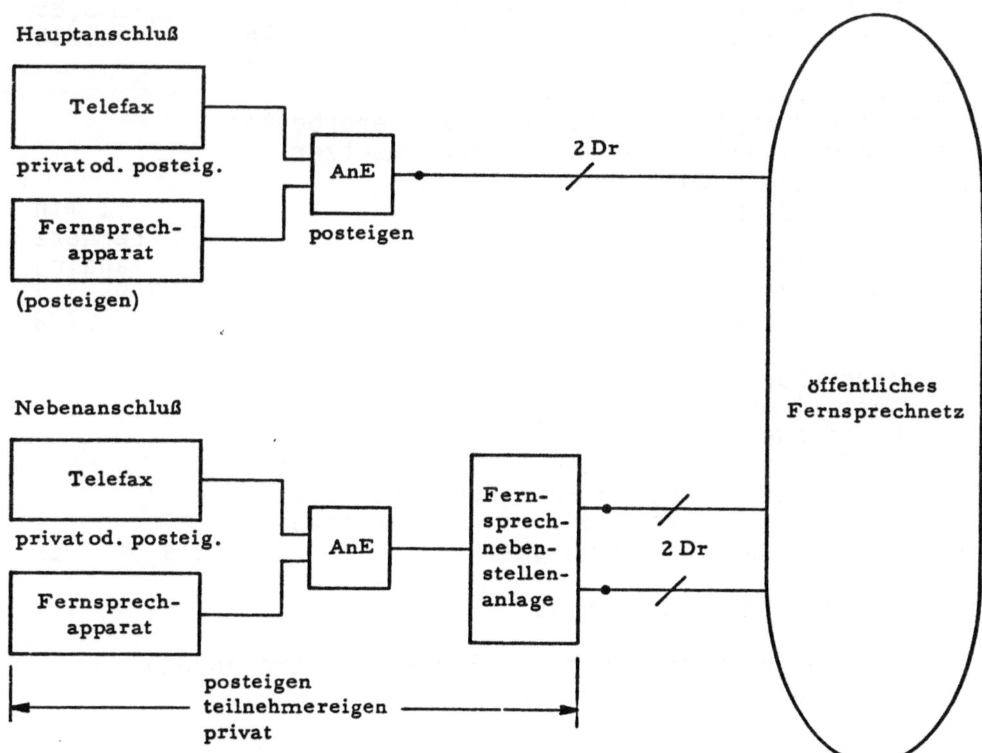

Abb. 7.2: Systemaufbau des Tfx-Dienstes /Esch 79/

Eigenschaften der Vorlage:

- Papiergewicht 50 - 120 g/qm
- matte Oberfläche
- Format: max. DIN A4
- Farben: möglichst schwarz weiß
- Zeichen:
    * Handschrift-Stärke, Größe 0,2 mm, Schrifthöhe 4 mm
    * Druckschrift-Größe: 10 Punkte Schrift
    * Maschineschrift nach DIN 2107
    * Abstand zwischen 2 Strichen 0,5 mm

Nach den Empfehlungen des CCITT gibt es die Gerätegruppen 1-4, sie werden nach ihren Leistungsmerkmalen unterschieden.

- Gerätegruppe 1:
    * Übertragungsdauer   6 min

- Gerätegruppe 2:
    * Übertragungsdauer   3 min
    * Netz   Fe-Netz
    * Übertragungsverfahren   analog
    * Vertikale Auflösung in Zeilen/mm   3,85
    * Horizontale Auflösung in Bildpunkte/Zeile   1728

- Gerätegruppe 3:
  Sender und Empfänger liefern bzw. verarbeiten
  digitale Signale, die über Signalumsetzer in
  andere Signale umgewandelt werden
    * Übertragungsdauer   1 min
    * Netz   Fe-Netz
    * Übertragungsverfahren   analog
    * Vertikale Auflösung in Zeilen/mm   3,85/7,7
    * Horizontale Auflösung in Bildpunkte/Zeile   1728

- Gerätegruppe 4:
    * Ansiedlung in einem digitalen Netz,
      Grundlage bilden die Teletex-Protokolle
    * Auflösung in vertikaler und horizontaler
      Richtung gleich, im Gespräch sind noch
      200, 240, 300 Zeilen/Zoll (Bildpunkte)
    * Übertragungsgeschwindigkeit   bis 64 Kbps

Die Telefax-Endgeräte gibt es

- mit manueller Betriebsweise (Senden und Empfangen)
- als automatische Empfangskopierer.

Die Telefax-Endgeräte können von der DBP gemietet werden, in
diesem Fall wird das Gerät auch von der DBP gewartet. Privat
beschaffte und gewartete Geräte müssen eine FTZ-Zulassung
haben und werden von der DBP angeschlossen und abgenommen.

1982: ca. 8000 Tfx-Anschlüsse
1985: Prognose: 50.000 Anschlüsse
1990: Prognose: ca. 150 - 200.000 Anschlüsse

Stand und Entwicklung:

Der Telefaxdienst wird mit den Geräten der Gruppe 2 und 3
durchgeführt. Geräte der Gruppe 3 müssen mit Geräten der
Gruppe 2 kommunizieren können. Die DBP vertreibt seit 1983
auch Geräte der Gruppe 3.

Im Jahr 1983 wurden die Spezifikationen der Gerätegruppe 4
für digitale Netze vom CCITT beendet, die Verabschiedung
wird 1984 erwartet. Gruppe 4-Protokolle sind bis Schicht 5
teletex-kompatibel (Multi-Media-Dokument). Dies ist die
Basis für 'Mixed Mode', für den es ebenfalls in der
Studienperiode 1981-1984 Spezifikationen geben wird.

Gebühren und Kosten:

Die Gebühren für den Tfx-Dienst entsprechen den Gebühren für
das Fernsprechnetz.
- einmalige Gebühren
    * Hauptanschluß   200,00 DM
    * posteigene Anschalteinrichtung   40,00 DM
- monatliche Gebühren
    je Fe-Hauptanschluß   20,00 - 27,00 DM
- Verbindungsgebühren
Kosten der Endgeräte:
- Kosten eines Telefaxgerätes ca. 10.000,00 - 15.000,00 DM
- Mietkosten eines Gerätes der
    Gruppe 2 der DBP   ca. 180,00 - 300,00 DM/Monat

7.4 →Bildschirmtext (Btx)

Beschreibung des Dienstes:

Die internationale Bezeichnung dieses Dienstes ist 'Interactive Videotex', der Dienst hat national unterschiedliche
Bezeichnungen. Text wird vorzugsweise auf dem Bildschirm des
Fernsehgerätes ausgegeben. Mit verschiedenen Graphikzeichen
können auch einfache 'Bilder' produziert werden. Btx vereinigt in einem Dienst Fernseh-, Fernsprech- und Rechner-
technik.

Die europäischen Postbehörden innerhalb des CEPT haben sich
auf einen einheitlichen Standard geeinigt. In den einzelnen
Ländern sind unterschiedliche Systemnamen im Gebrauch.
Kanada, USA und Japan verfolgen eigene Entwicklungen und
Kodierungen.

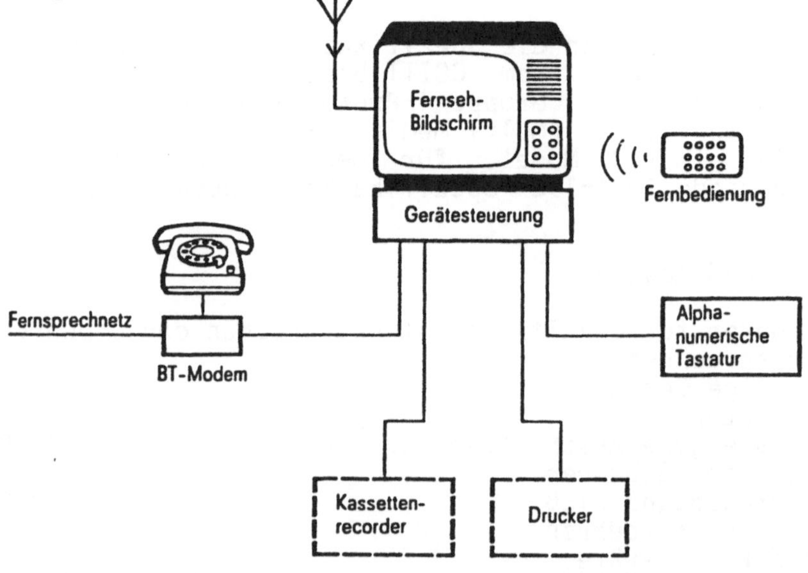

Abb. 7.3: Btx-Heimterminal /Schi 79/

Der Anschluß eines Druckers und zusätzlicher Speicher ist
möglich.

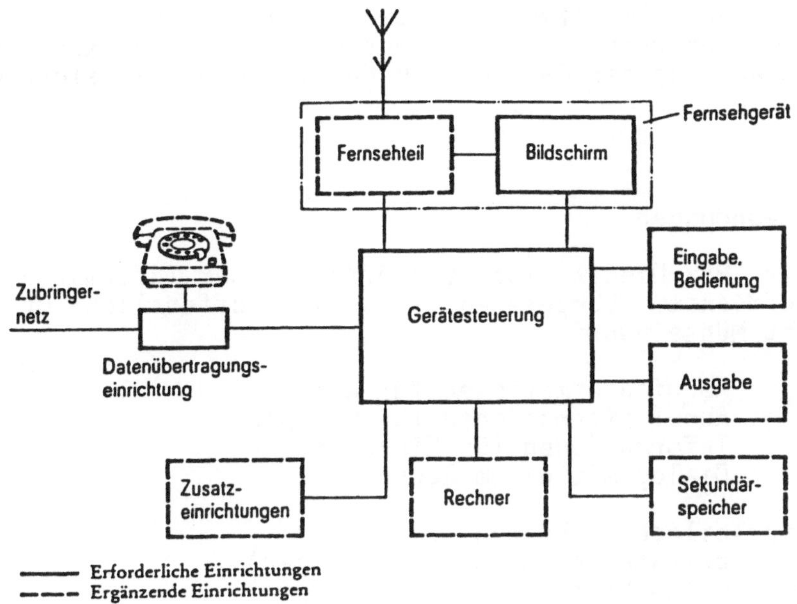

Abb. 7.4: Btx-Endeinrichtungen /Schi 79/

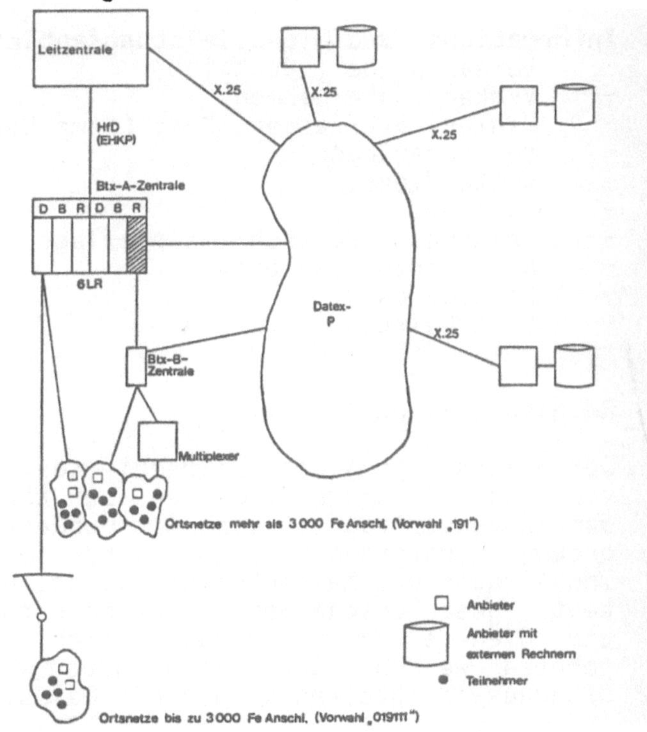

Abb. 7.5: Struktur des Btx-Netzes /ntz 82/

Das von IBM entworfene Btx-Netz ist hierarchisch gegliedert und unterscheidet sich wesentlich von dem Konzept, das SEL im Auftrag der DBP für den Feldversuch realisiert hat.

Anwendungen:

Der Btx-Dienst ist ein öffentlicher Informations- und Abrufdienst. Vorgesehen sind auch öffentliche Btx-Terminals mit Münzeinwurf.

-       Abrufinformationen für alle
-       Abrufinformationen für Gruppen
-       Informationen für Einzelne
-       Dialog mit einem Rechner

Btx-Teilnehmer können sein:
-       private Haushalte (Nachfrager)
-       Wirtschaft
-       öffentliche Verwaltung
-       Organisationen: Kirchen, Gewerkschaften, Verbände

Informations- und Dienstleistungsanbieter können sein:
-       Versandhandel, Buchklubs
-       Verkehrsunternehmen
-       Banken, Sparkassen, Post (home banking)
-       Versicherungen
-       Wetterdienst
-       Verlage
-       Zeitungs-, Zeitschriftenverlage
-       Nachrichtenagenturen
-       Reisebüros
-       Unterhaltungsindustrie

Rechtsprobleme:

Der Staatsvertrag über Bildschirmtext wurde am 18. März 1983 von den Ministerpräsidenten der Länder unterzeichnet. Mit dem Staatsvertrag ist eine Art bundeseinheitlicher Benutzerordung entstanden. Es wird unterschieden zwischen Individual- und Massenkommunikation; es besteht die Möglichkeit, geschlossene Benutzergruppen zu bilden. Informationen und Dienste können unentgeltlich oder gegen Entgelt angeboten werden. Der Datenschutz wird explizit geregelt, Ordnungswidrigkeiten können mit Geldstrafen geahndet werden.

Die DBP macht eine strikte Trennung zwischen Netz und Nutzung. Sie übernimmt keine Verantwortung für die Informationen der Anbieter. Im Btx gibt es mehrere Rechtsverhältnisse:

-   Teilnehmer / DBP
    z.B. Speicherung der Teilnehmerdaten
-   Teilnehmer / Informationsanbieter
    *   indirekter Verkehr über Btx-Zentrale
    *   direkter Verkehr durch Vermittlung der Btx-Zentrale
        mit einem Rechner des Anbieters
        z.B. Anbieter erlangt Daten des Nachfragers
-   Informationsanbieter / DBP

Stand und Entwicklung:

Der ursprüngliche Zeitplan für den Ausbau des Btx-Dienstes
hat sich verzögert und wurde mehrfach geändert, für 1988 ist
ein flächendeckender Zugang im Bereich der DBP vorgesehen.

Zeitplan: 4/83   Ende des Feldversuches (Prestel)
            9/83   Dienstaufnahme (CEPT-Standard) in Berlin
                    zur IFA'83
            5/84   bundesweite Zulassung weiterer Anbieter
                    nach dem CEPT-Standard

Gebühren und Kosten:

-   für den Informations-Nachfrager:
    *   Fernsprechgebühren :   0,23 DM pro 8 Min. Taggebühr
                              0,23 DM pro 12 Min. Nachtgebühr
    *   Modem: 8,00 DM
    *   Gebühren für den Fe-HAs
    *   Kosten für den Fernsehempfänger (btx-fähig)
    *   Gebühren für die Nutzung von Btx
    *   Gebühren für die Nutzung des externen Rechners
    *   Kosten des Btx-Decoders (1983):   ca. 1.000,00 DM
    *   einfache Alpha-Tastaturen: ca. 400,00-500,00 DM
    *   Tastaturen mit Graphik- und Farbtasten zum Editieren:
                                        1.800,00-2.000,00 DM
    *   Normalpapierdrucker: ca. 3.800,00 DM
-   für den Informations-Anbieter:
    *   Kosten für externe Einrichtungen
    *   Gebühren für den Anschluß
    *   Gebühren für Seiten in der Btx-Zentrale

Die Gebühren für den Btx-Dienst sind in der 22. ÄndVFO vom
21.3.1983 enthalten.

7.5 →Teletex (Ttx)

Beschreibung des Dienstes:

Teletex ist ein neuer, internationaler, standardisierter
Dienst für die Textkommunikation. Die Einheit für die Kommunikation ist das Dokument, das aus mehreren Briefseiten
bestehen kann; damit eröffnet dieser Dienst kommunikations-
fähigen Ttx-Endgeräten eine genormte Kommunikation von
Büroqualität. Für den Ttx-Dienst wurde ein Satz von Protokollen verabschiedet. Der Ttx-Dienst bietet einen Zugang zum
nationalen und internationalen Telexnetz und umgekehrt. Die
Zeichen werden im 8-Bit-Code für Teletex (S.61) codiert. Der
Text wird originalgetreu mit dem vollen Zeichenvorrat von
Büroschreibmaschinen übermittelt.

b8	0	0	0	0	0	0	0	0	1	1	1	1	1	1	1	1
b7	0	0	0	0	1	1	1	1	0	0	0	0	1	1	1	1
b6	0	0	1	1	0	0	1	1	0	0	1	1	0	0	1	1
b5	0	1	0	1	0	1	0	1	0	1	0	1	0	1	0	1
b4 b3 b2 b1	00	01	02	03	04	05	06	07	08	09	10	11	12	13	14	15
0 0 0 0 00			SP	0	@	P		p				°			Ω	ĸ
0 0 0 1 01			!	1	A	Q	a	q			¡	±	`		Æ	æ
0 0 1 0 02			"	2	B	R	b	r			¢	²	´		Đ	đ
0 0 1 1 03				3	C	S	c	s			£	³	^		ª	ð
0 1 0 0 04				4	D	T	d	t			$	×	~		Ħ	ħ
0 1 0 1 05			%	5	E	U	e	u			¥	µ	¯			ı
0 1 1 0 06			&	6	F	V	f	v			#	¶	˘		IJ	ij
0 1 1 1 07			'	7	G	W	g	w			§	·	˙		Ŀ	ŀ
1 0 0 0 08			(	8	H	X	h	x			¤	÷	¨		Ł	ł
1 0 0 1 09			)	9	I	Y	i	y					②		Ø	ø
1 0 1 0 10	´		*	:	J	Z	j	z					˚		Œ	œ
1 0 1 1 11			+	;	K	[	k				«	»	¸		º	ß
1 1 0 0 12			,	<	L		l						1/4	③		Þ	þ
1 1 0 1 13			-	=	M	]	m					1/2	˝		Ŧ	ŧ
1 1 1 0 14			.	>	N		n					3/4	˛		Ŋ	ŋ
1 1 1 1 15			/	?	O	①	o					¿	ˇ		'n	

① Bei der Zusammenarbeit mit „Bildschirmtext" erhält diese Code-Position die Bedeutung
   eines Trennsymbols

② Wenn zwischen „Diärese" und „Umlaut-Zeichen" unterschieden werden muß, wird diese
   Code-Position für das Umlautzeichen benutzt.

③ Dieses Symbol („non-spacing-underline") ist kein diakritisches Zeichen und kann mit jedem
   anderen Schriftzeichen kombiniert werden.

Abb. 7.6: Teletex-Basisschriftzeichensatz und Codierung
              (S.61) /Sche 81/ /CCITT 81/

Kennzeichen des Lokalbetriebes:
-     ungestörter Lokalbetrieb bei ankommenden Nachrichten
-     voller Zeichenvorrat der Schreibmaschine
-     Verwendung der Papierformate DIN A4, DIN A4L
-     Tastatur, Texterstellung etc. erfolgt wie bei der
      Schreibmaschine
-     Editier- und Korrekturfunktionen wie bei der Textverar-
      beitung
Kennzeichen der Kommunikationsseite:
-     automatischer   Speicher-zu-Speicher-Betrieb,   d.h.
      Empfang auch bei unbesetzter oder lokal genutzter
      Teletex-Station
-     möglichst getreue Wiedergabe des Originals (Inhalt,
      Format, Layout)
-     Empfang und Darstellung aller Schriftzeichen von Län-
      dern mit lateinischem Zeichensatz
-     Quittieren und Sicherstellen der Nachrichten bei der
      Empfangsstelle
-     Bereitstellen einer 'Kommunikationsdatenzeile' mit den
      Kennungen des rufenden und gerufenen Teilnehmers, ein-
      schließlich Datum und Uhrzeit

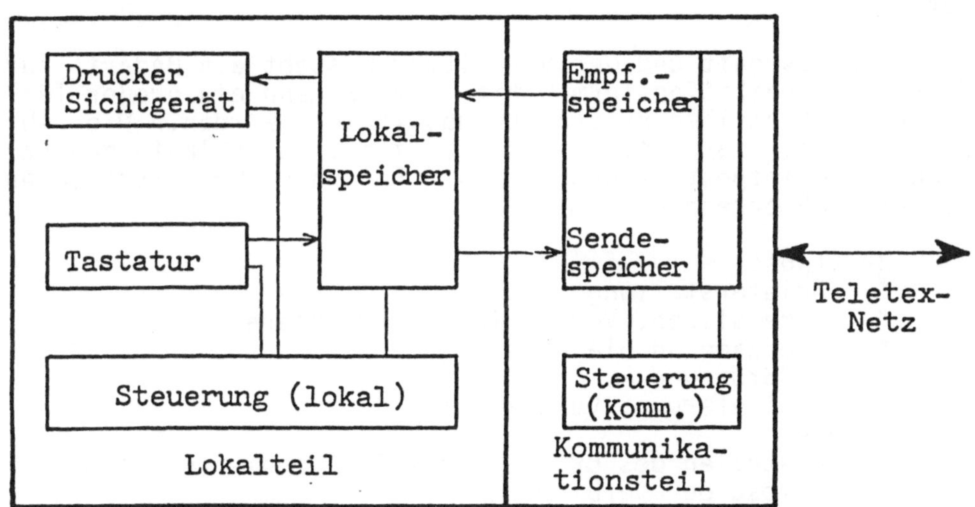

Abb. 7.7: Funktionaler Aufbau der Ttx-Station /Sche 81/

Nationale Besonderheiten:

-   Abwicklung des Dienstes durch die DBP im Integrierten
    Fernschreib- und Datennetz (IDN) mit einer Übertra-
    gungsgeschwindigkeit von 2400 bit/s (DATEX-L) in einer
    geschlossenen Teilnehmerklasse (Netz im Netz)
-   den nationalen Fernmeldeverwaltungen ist freigestellt,
    in welchem der drei Netze der Dienst abgewickelt wird:
    *   Datennetz mit Leitungsvermittlung
    *   Datennetz mit Paketvermittlung
    *   Fernsprechnetz
-   Direktruf
-   Kurzwahl

Folgende Leistungsmerkmale werden angeboten:
-   Rundsenden
-   Teilnehmeridentifikation durch das Netz
-   Gebührenübernahme
-   Teilnehmerbetriebsklassen
-   Anschlußsperre mit Ansagetext

Verkehrsbetrachtungen:

Die Empfehlungen der 'Kommission für den Ausbau des technischen Kommunikationssystems (KtK)' wurden 1976 der Bundes-
regierung vorgelegt. Eine Empfehlung war, 'Bürofern-
schreiben' (die ursprüngliche Bezeichnung für Teletex) einzuführen.

In der Wirtschaft und der Verwaltung besteht ein Bedarf für
diese Kommunikationsform. Mit Teletex kann ein großer Teil
der konventionellen Briefpost substituiert werden. Die Abwicklung der Geschäftskorrespondenz ist der Ablauforganisation der Briefpost nachempfunden. Folgende Grundfunktionen
lassen sich erkennen:

-   Briefpost
    *   Brieferstellung
    *   Adressieren, Verschließen, Frankieren
    *   Übergabe an die Post
    *   Beförderung
    *   Auslieferung, Verteilung
-   Teletex
    *   Erstellen des Briefes in zeichencodierter Form
    *   Aufbau der Verbindung
    *   Transport
    *   Verbindungsabbau
    *   Ausgabe, Verteilung

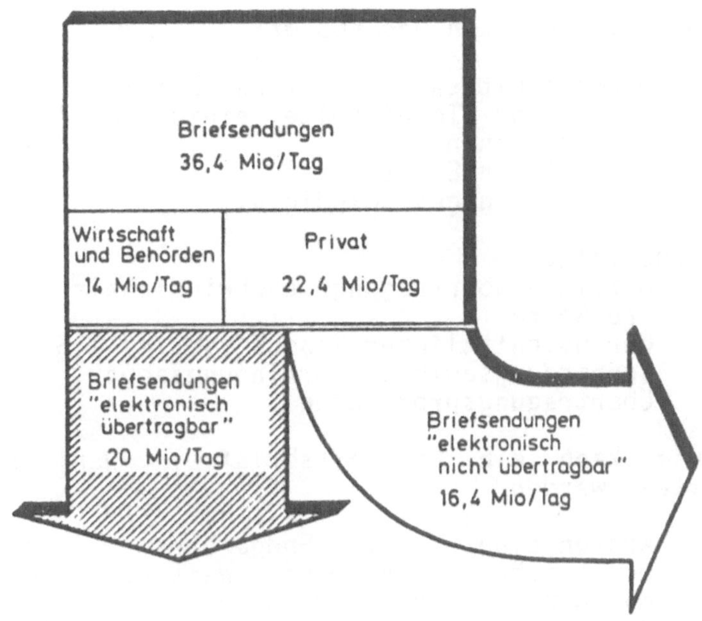

Abb. 7.8: Verkehrsvolumen im Briefdienst /Sche 81/

Unterschiede Telefax - Teletex:

Faksimile-Kommunikation:
-     unabhängig von einem Zeichenvorrat
-     keine gesicherte Übertragung
-     keine Kettung von Seiten
-     erheblich langsamere Übertragung, auch in Gruppe 4, als
      Teletex
-     durch Benutzung des Fernsprechnetzes ist eine sehr gute
      weltweite Infrastruktur vorhanden
-     Be- und Verarbeitung der übertragenen Texte ist nicht
      unmittelbar möglich
-     Tfx-Geräte sind einfacher zu bedienen

Übertragungszeiten und Kosten:

-   Durchschnittswert für eine normal be-
    schriebene DIN A4-Seite, einschließlich
    Steuerzeichen   1500 Zeichen
-   pro Zeichen 8 bit
-   Übertragungsgeschwindigkeit   2400 bit/s

daraus folgt:
-   mittlere Übertragungsgeschwindigkeit
    pro Seite   5 s
-   durchschnittlicher Geschäftsbrief 1,5 Seiten   7,5 s
-   Verbindungsaufbau, Verbindungsabbau,
    Übertragungsprozeduren   1,5 s

Damit kann ein Geschäftsbrief in weniger als 10 s übermittelt werden.

-   Kosten eines Teletex-Endgerätes   ca   20.000,00 DM
-   monatliche Kosten (Miete, Wartung)   ca   760,00 DM
    davon Kosten anteilig für die
    Kommunikationsmöglichkeit   20 %   152,00 DM
-   monatliche Grundgebühr für Teletex   170,00 DM
-   monatliche Gesamtkosten   322,00 DM
-   tägliche Kosten (20 Tage/Monat)   16,10 DM
-   Verbindungsgebühren
    10 Sekunden, Fernbereich, Taggebühr   0,19 DM

Einführung des Dienstes:

Die DBP hat den Dienst in mehreren Stufen eingeführt.

März 1981: Der Probebetrieb beginnt mit nichtkonformen
CCITT-Protokollen. Die DEEs haben eine vorläufige FTZ-
Zulassungsnummer.

Herbst 1981: Umstellung auf CCITT-Empfehlungen, Gebühren
werden ab 1.3.1982 erhoben.

Frühjahr 1982: Zur Hannover Messe arbeiteten bereits zwei
DVSts nach den CCITT-Empfehlungen, die DEEs haben zunächst
eine befristete FTZ-Zulassung. Die Umstellung aller Vermittlungsstellen erfolgte vom 14.-17.6.1982. Der Zeitpunkt
der Beendigung des Probebetriebes liegt noch nicht fest.

Für **1985** werden etwa 40.000 und für **1990** etwa 130.000 Tele-
tex-Teilnehmer erwartet.

7.6 Ausblick auf das ISDN

Die ersten Pilotprojekte für neue Dienste sind im Jahre 1984
vorgesehen. Im Laufe des Jahres 1984 bietet die DBP
ein leitungsvermitteltes Modellnetz mit Anschlüssen von
64 kbit/s an. Geplant ist weiterhin ab Juni 1984 ein Pilot-
betrieb eines zentralen Nachrichtensystems (→Telebox,
→Telemail). Das vom CCITT vorgeschlagene dezentrale System
nach den MHS-Protokollen (s. Kap. 6.6) wird voraussichtlich
ab 1985/86 von der DBP angeboten werden.

7.7 →Auswahlkriterien

Die Deutsche Bundespost bietet ein breites Spektrum von
Netzen mit unterschiedlichen Geschwindigkeiten und einer
Vielzahl verschiedenster Gebührenpositionen an. In den
letzten Jahren sind neue Dienste mit unterschiedlicher
Technologie hinzugekommen, die dem Anwender eine Auswahl-
entscheidung erschweren.

Für die Auswahl eines geeigneten DÜ-Systems muß der Benutzer
zunächst seine eigenen Anforderungen spezifizieren und sie
in die Gesamtplanung seines Kommunikationssystems ein-
bringen.

1. →Benutzeranforderungen an das Datenübermittlungssystem:

- Übertragungszeitklassen, Zeitverhalten
- Anforderungsklassen bezüglich Verfügbarkeit und Zuver-
  lässigkeit (Übertragungsgüte, Dienstgüte)
- Erweiterungsmöglichkeit, Flexibilität, Kompatibilitäts-
  probleme
- Datenvolumen
- Einhaltung von Normen
- Datenschutz und Datensicherung

2. Organisatorische und rechtliche Anforderungen

- Netztopologie
- Verteilung der DEEs
- Übertragungsarten, Betriebsarten
- Überprüfung gesetzlicher Vorschriften
- betriebswirtschaftliche Auswirkungen
- arbeitsrechtliche Auswirkungen

3. →Wirtschaftlichkeitsbetrachtungen

- Gebührenvergleiche
- Entwicklungs- und Investitionskosten
    * Hardware-Kosten
    * Kosten der Systemeinführung
- Betriebskosten
- Personalkosten

Für die Entscheidungsfindung muß ein bestimmtes Verfahren
ausgewählt werden. Bewährt haben sich Nutzen-Kosten-Unter-
suchung und die Nutzwert-Analyse.

In dem Forschungsbericht DV 79-08 /Kneb 79/ werden bei der Datenübertragung im Einwohnerwesen Ergebnisse aufgezeigt:

- Bedarfsanalyse
- Nachrichtenkatalog
- Mengengerüst

Sie geben dem Benutzer oder Anwender ein exemplarisches Beispiel für seine Planung.

Um die Anwender bei der Planung ihres DFV-Systems zu unterstützen, hat die DBP im Rahmen ihres Beratungsangebotes eine Schrift 'Planungshilfe für die Datenfernverarbeitung' /FTZ 80/ herausgegeben.

Im Teil 3 des Datel-Handbuches /FTZ 81/ werden weitere Hilfen bei der:

- Planung eines DFV-Systems und
- Auswahl der geeignetsten DÜ-Dienstleistung

angeboten.

Die DBP führt außerdem in den Mittelbehörden und in den Ortsbehörden eine Kundenberatung für Datel-Dienste und alle anderen Teilnehmerdienste durch. Besondere Datenübertragungsbeamte (DÜB), speziell die Datennetzkoordinatoren, sind dafür zuständig, insbesondere für:

- Erarbeiten von Alternativvorschlägen und
- Information über das Angebot und die Planungen der DBP.

8 Datensicherung

8.1 Aufgaben

Der Mensch ist Objekt des Datenschutzes, das DV-System und die Software sind Objekt der Datensicherung. Hard- und Software müssen vor unerwünschten Eingriffen gesichert werden.

Die Funktions- und Leistungsfähigkeit von politischen, wirtschaftlichen und sonstigen Systemen darf nicht durch Ausfall von ADV-Systemen gemindert werden, weil die ADV-Systeme in zahlreichen Systemen ein wichtiger Baustein sind.

Die →Datensicherung umfaßt alle Maßnahmen und Regelungen, die darauf abzielen, Hardware und Software vor unberechtigtem und falschem Zugriff zu schützen. Datensicherheit ist realisierte Datensicherung. Recht- und Ordnungsmäßigkeit des Handelns sollen gewährleistet und die Systeme vor Schaden bewahrt werden. Oberstes Ziel ist die sichere Kommunikation und die sichere Dokumentation. Das läßt sich nur durch ein individuelles Gesamtkonzept erreichen, dem eine Risiko- und Schwachstellenanalyse vorausgehen sollte.

In allen Phasen des DV-Prozesses (Arbeitsablauf), Datenerfassung, Datenübermittlung, Dateneingabe, Datenverarbeitung und Datenausgabe, treten Risiken auf. Die Auswahl der Sicherungsmaßnahmen setzt Kenntnisse der Gefahrenarten sowie die Höhe des Risikos voraus.

Gefahrenarten sind höhere Gewalt, Hardware-/Software-Fehler, Manipulationen, Diebstahl, Zerstörung und Nachlässigkeit.

Im Bereich der Telekommunikation bzw. der Datenfernverarbeitung muß dem DÜ-Bereich größte Aufmerksamkeit gewidmet werden, die Gefahrenbereiche sind größer geworden. Neue Probeleme treten auf, beispielsweise:

- Btx: DBP muß Benutzerdaten speichern und eventuell dem Informationsbieter bekanntgeben

- DATEX-P: Daten werden in den Vermittlungsrechnern zwischengespeichert

- Einführung von geschlossenen Benutzergruppen, Teilnehmer-Betriebsklassen

8.2 Datensicherungsmaßnahmen

Alle →Datensicherungsmaßnahmen haben folgende Aufgaben:

- Verhindern (von unberechtigten und falschen Zugriffen)
- Erkennen (von unberechtigten und falschen Zugriffen)
- Korrigieren (von Verfälschungen, fehlerhaften Änderungen)
- Rekonstruieren (von Datenbeständen)

Sie führen zur Datensicherheit (DV-Sicherheit)

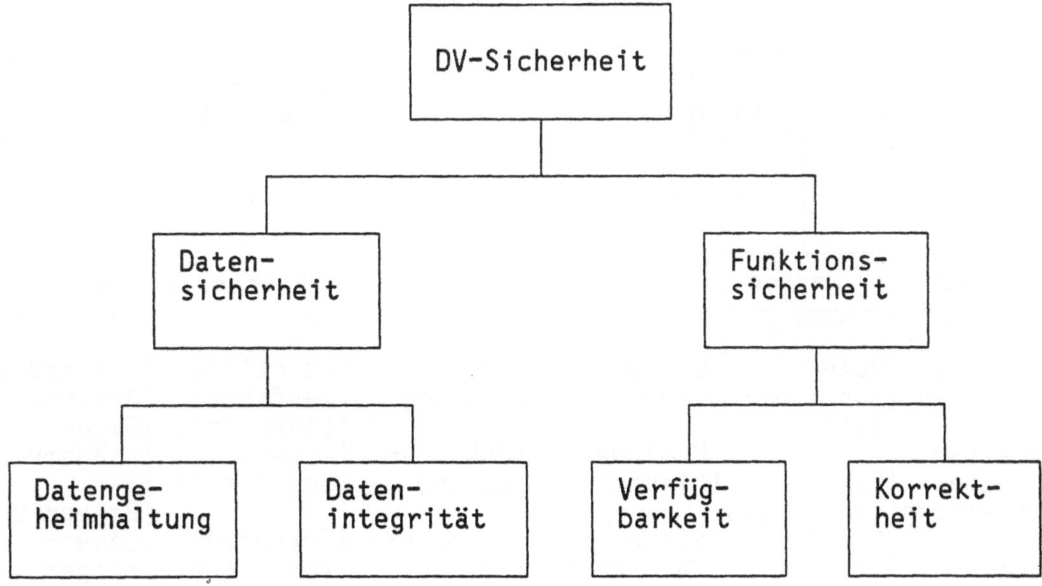

Abb. 8.1: DV-Sicherheit

Die notwendigen Eigenschaften der Sicherungsmaßnahmen sind:

- ordnungsgemäß
- nicht abschaltbar
- nicht täuschbar
- nicht umgehbar

8.2.1 Organisatorische Maßnahmen

Die organisatorischen Sicherungsmaßnahmen betreffen die
Aufbau- und die Ablauforganisation. Sie können nur im Rahmen
einers Gesamtkonzeptes mit allen beteiligten Stellen durchgeführt werden. Die folgende Abbildung zeigt einen Überblick
des Problemkreises.

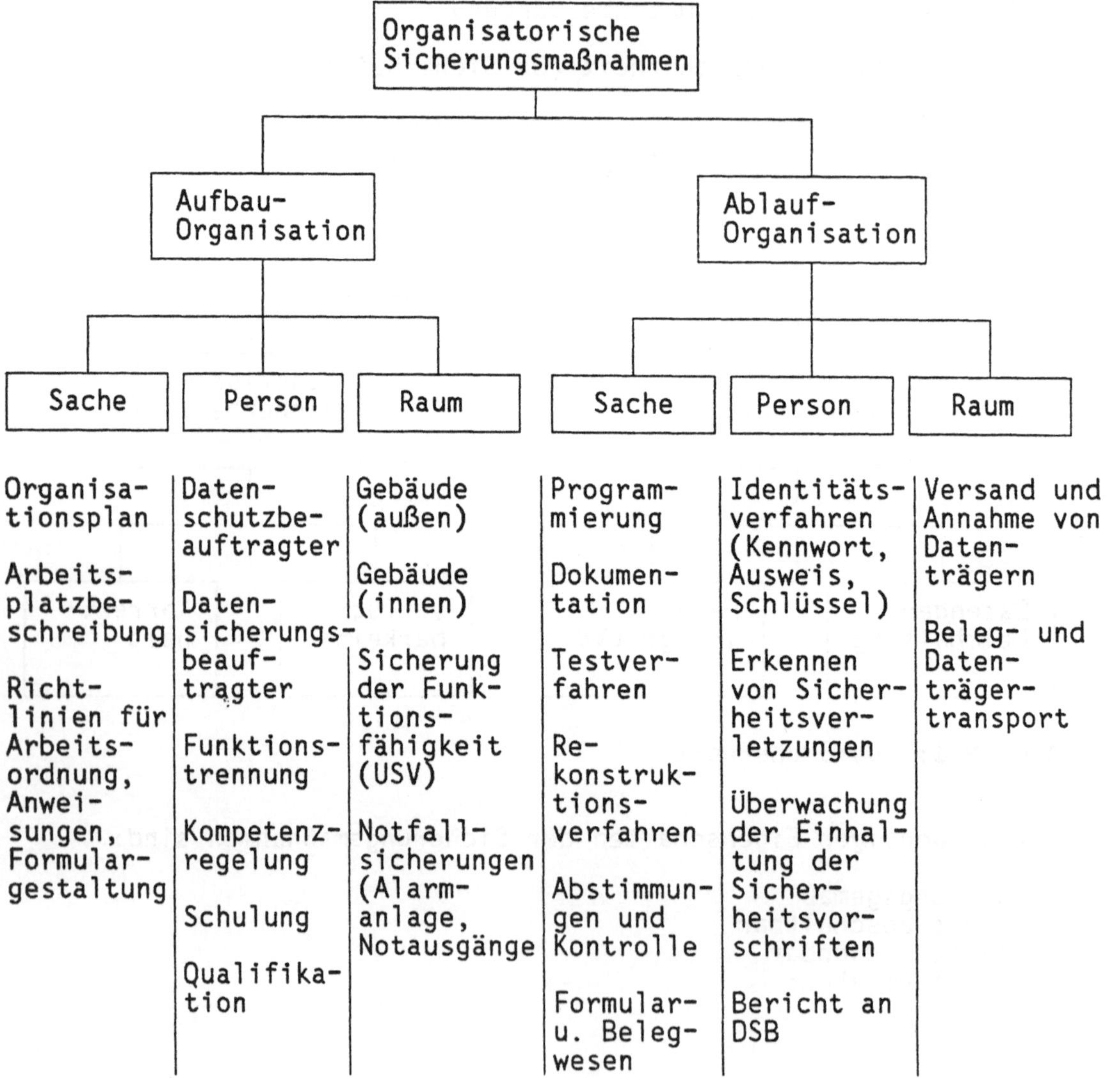

Sache	Person	Raum	Sache	Person	Raum
Organisa-tionsplan	Daten-schutzbe-auftragter	Gebäude (außen)	Program-mierung	Identitäts-verfahren (Kennwort, Ausweis, Schlüssel)	Versand und Annahme von Daten-trägern
Arbeits-platzbe-schreibung	Daten-sicherungs-beauf-tragter	Gebäude (innen)	Dokumen-tation	Erkennen von Sicher-heitsver-letzungen	Beleg- und Daten-träger-transport
Richt-linien für Arbeits-ordnung, Anwei-sungen, Formular-gestaltung	Funktions-trennung	Sicherung der Funk-tions-fähigkeit (USV)	Testver-fahren	Überwachung der Einhal-tung der Sicher-heitsvor-schriften	
	Kompetenz-regelung	Notfall-sicherungen (Alarm-anlage, Notausgänge	Re-konstruk-tions-verfahren		
	Schulung		Abstimmun-gen und Kontrolle		
	Qualifika-tion		Formular u. Beleg-wesen	Bericht an DSB	

Abb. 8.2: Organisatorische Sicherungsmaßnahmen

8.2.2 Technische Maßnahmen

Die folgenden mittleren Zeichenfehlerhäufigkeiten treten auf:

Mensch bei Erfassung: 10^{-2}

Rechner bei der Verarbeitung: 10^{-9}

Leitung bei Übertragung

- einfache Übertragungssicherheit:
  * Wählverbindung 10^{-3}

  * Standleitung (DATEX-L) 10^{-6}

- hohe Übertragungssicherheit:
  * Wählleitung 10^{-8}

  * Standleitung 10^{-11}

  * DATEX-P (Schicht 2) 10^{-9}

- Sicherung bei der Datenübertragung
  * Prüfsummen (Längsparität, Querparität)
  * Explizites Bestätigen von Sendungen
  * Sendewiederholung nach Anfrage
  * zweimaliges Senden mit Vergleich
  * Fenstermechanismus zur Flußregelung
  * Zeitüberwachung

- Sicherungsmaßnahmen bei Teilstreckenvermittlung

  * Geschlossene Benutzergruppen / Teilnehmerbetriebs-
    klassen (X.2)
    Eine beliebige Anzahl von Anschlüssen kann zu einer
    geschlossenen Teilnehmerbetriebsklasse zusammenge-
    faßt werden. Anschlüsse einer Betriebsklasse können
    nur von klassenzugehörigen Anschlüssen unmittelbar
    erreicht werden. Ein Anschluß kann mehreren Teil-
    nehmerbetriebsklassen angehören.

* Sicherung der Übertragungswege
  Im Gegensatz zum Durchschaltbetrieb ist beim Teilstreckenbetrieb keine Leitungsverschlüsselung her-
  kömmlicher Art (Abb. 8.3) möglich. Theoretisch möglich wäre eine Verschlüsselung nach Abb. 8.4. In den
  Netzknoten muß die Verwaltungsinformation der Ebene
  1 bis 3 des Architekturmodells unverschlüsselt vorliegen, d.h. nur Netz- und Verwaltungsinformationen
  der höheren Protokolle dürfen verschlüsselt werden.

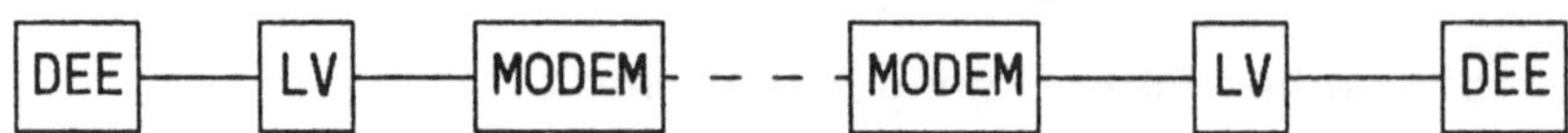

DEE = Datenendeinrichtung
LV = Leitungsverschlüsselungsgerät

Abb. 8.3: Sicherung der DÜ durch Leitungsverschlüsselung

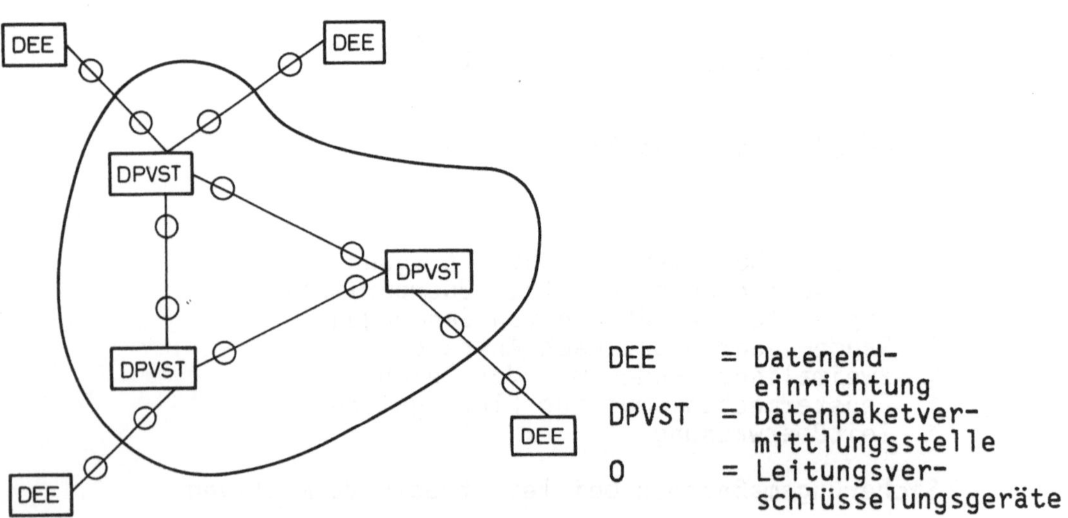

Abb. 8.4: Leitungsverschlüsselungsmöglichkeit bei
         Teilstreckenvermittlung

Normungsarbeit:

Im September 1979 wurde der UA 2.1 'Datenverschlüsselung'
beim DIN, im November 1979 die WG1 'Data Encryption'
bei der ISO gegründet. Der UA 2.1 hat folgende Arbeits-
schwerpunkte:
- Definition der Anwendungsziele
- Einbettung der Datenverschlüsselung in das OSI-Referenz-
  modell
- Funktionen zur Verbreitung der verschlüsselten Übertragung
- Auswahl von Schlüsselalgorithmen

In diesem Zusammenhang müssen auch die Anforderungen an eine
→Authentifikation der 'Computer-Unterschrift' gesehen
werden:
- nur der Urheber darf in der Lage sein, eine Unterschrift
  zu produzieren (nicht nachahmbar)
- die Gültigkeit einer Unterschrift muß sich nachweisen
  (authentifizieren) lassen
- der Urheber darf nicht in der Lage sein, eine einmal
  gegebene Unterschrift später für ungültig zu erklären,
  weil sie nicht von ihm vollzogen worden ist.

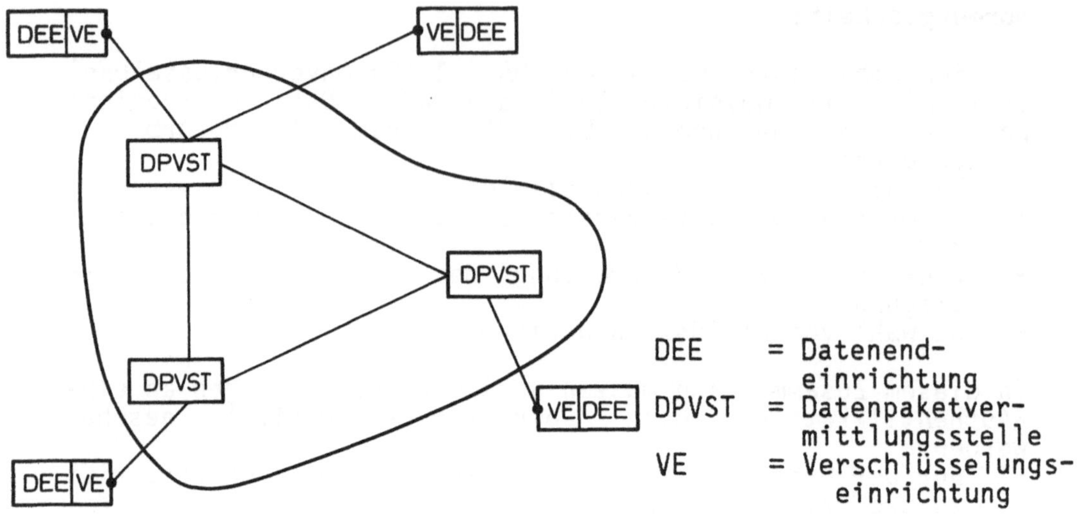

Abb. 8.5:   End-zu-End-Verschlüsselung bei Teilstreckenvermittlung (private Kryptosysteme)

Sicherung bei der Verarbeitung

- Fehleranzeige (Lokalisierung und Art)
- Speicherschutz
- Prüfpunkte (s. Kap. 6.2.3)
- Querparität auch bei interner Darstellung
- Interne Kontrollen
- Abschließbare Geräte
- Ausweichanlage mit Peripherie (Duplex-Anlage, stand-by-Anlage)
- Autorisationsverfahren
- verbesserte Betriebssysteme
- Plausibilitätsprüfungen
- Protokollierung aller Bedienungsvorgänge
- Auswertung aller Bedienungsvorgänge

8.2.3 Anforderungen nach §6 des BDSG

Datensicherungs-Anforderungen nach §6 des →Bundesdatenschutzgesetzes (BDSG) vom 27.1.77

1. →Zugangskontrolle
   Unbefugten ist der Zugang zu Datenverarbeitungsanlagen,
   mit denen personenbezogene Daten verarbeitet werden,
   zu verwehren.
   - Closed-Shop-Betrieb
   - Vergabe von Zutrittsberechtigungen
   - Zugangskontrolle durch Pförtner, Ausweisleser,
     Schlüsselsysteme, Fernseheinrichtungen, Alarmanlagen, Werkschutz
   - Regelungen für den Zutritt Betriebsfremder (z.B.
     Besucherausweis, Begleitperson)
   - Einsatz von Detektoren gegen Einschleusen von
     Magneten, Datenträgern, Sprengkörpern
   - Sicherheitsschlösser

2. →Abgangskontrolle
   Personen, die bei der Verarbeitung personenbezogener Daten tätig sind, daran zu hindern, daß sie Datenträger
   unbefugt entfernen.
   - Datenträgerarchiv
   - Bestandskontrolle über alle Datenträger
   - Begleitpapier bei Herausgabe von Datenträgern
   - Verhindern unkontrollierbaren Kopierens
   - verschließbare Schränke
   - Verbot der Mitnahme von Taschen ins RZ
   - Taschenkontrolle, Detektoren
   - Kontrolle der vom Wartungspersonal mitgeführten Datenträger
   - äußerliche Kennzeichnung der Datenträger
   - Festlegung von Befugnissen, um Unbefugte identifizieren zu können
   - kontrollierte Vernichtung von Datenträgern

3. →Speicherkontrolle
   Die unbefugte Eingabe in den Speicher sowie die unbefugte Kenntnisnahme, Veränderung oder Löschung gespeicherter Daten ist zu verhindern.

   - Schutz der Daten durch Kennwörter (Passwords)
   - Festlegen der befugten Benutzer sowie die Beschreibung ihrer Zugriffsrechte
   - softwaremäßige Prüfung der eingegebenen Daten
     (Plausibilitäten)
   - Verschlüsselung der Daten

- Protokollierung der Zugriffe auf Daten, Programme
- Überwachung und Meldung von (Fehl-) Versuchen unberechtigter Benutzer
- mechanische Sicherung der Anlage durch Abschließen
- Sicherung von Datenstationen

4. →Benutzerkontrolle
   Die Benutzung von Datenverarbeitungssystemen, aus denen oder in die personenbezogene Daten durch selbsttätige Einrichtungen übermittelt werden, durch unbefugte Personen zu verhindern.
   - Festlegung und Kontrolle der Benutzerbefugnisse
   - Identifizierung und Authentifizierung der Benutzer
   - Protokollierung aller Anmeldungen; Auswerten nach versuchten, abgebrochenen, unterbrochenen Dialogen
   - verschließbare Datenstationen
   - feste Zuordnung von Funktionen zu Datenstationen

5. →Zugriffskontrolle
   Es ist zu gewährleisten, daß die zur Benutzung eines Datenverarbeitungssystems Berechtigten durch selbsttätige Einrichtungen ausschließlich auf die ihrer Zugriffsberechtigung unterliegenden personenbezogenen Daten zugreifen können.
   - Zugriffsprofile
   - Identifikation und Protokollierung aller Zugriffe
   - Verschlüsselung
     Alle Verschlüsselungsverfahren dienen der sicheren Kommunikation.
     →**Inverter** (Scrambler): Signale auf analoge Weise verschlüsselt (Telefongespräche)
     →**Kryptographische Methoden** (Geheimschriften)
     * Substitution: Austausch von Zeichen oder Zeichengruppen gegen andere (Tabellensuchverfahren)
     * Transposition:
       Umstellen der Zeichenfolge der Nachricht
     * arithmetische Manipulation:
       Transformation von Bitgruppen innerhalb der Nachricht mit einem mathematischen Algorithmus
     * Hinzufügen eines Schlüssels:
       Zeichen innerhalb der Nachricht werden durch Kombination mit einem vom Sender gelieferten Schlüssel umgewandelt.
     Der UA 16.1 des DIN empfiehlt die Einbettung der Datenverschlüsselung beim OSI-Referenzmodell in die Schicht 4, die Transportschicht.
   - Speicherschutz
   - Auswertung abgewiesener Zugriffe
   - Ausweisleser am Datenendgerät
   - zeitlich begrenzte Zugriffsmöglichkeit

6. →Übermittlungskontrolle
    Es ist zu gewährleisten, daß überprüft und festge-
    stellt werden kann, an welche Stellen personenbezogene
    Daten durch selbsttätige Einrichtungen übermittelt wer-
    den können.
    -   Dokumentation von Programmen
    -   Richtlinien für die Programmierung
    -   Protokollierung der Übermittlung
    -   Verriegelung der Übermittlungsgeräte

7. →Eingabekontrolle
    Es ist zu gewährleisten, daß nachträglich überprüft
    und festgestellt werden kann, welche personenbezogenen
    Daten zu welcher Zeit von wem in Datenverarbeitungs-
    systeme eingegeben worden sind.
    -   Protokollierung der Datenerfassung
    -   Kennzeichnung der Urbelege
    -   Dokumentation der Eingabeprogramme
    -   Archivierung der Programme
    -   Protokollierung der Operator-Aktivitäten, soweit
        diese auf die Eingabe Einfluß nehmen können

8. →Auftragskontrolle
    Es ist zu gewährleisten, daß personenbezogene Daten,
    die im Auftrag verarbeitet werden, nur entsprechend den
    Weisungen des Auftraggebers verarbeitet werden können.
    -   Vertragsgestaltung
    -   Auswahl des Auftragnehmers
    -   Formalisierung der Auftragserteilung
    -   Identifikation der Personen, die Aufträge übergeben
        bzw. Ergebnisse abholen
    -   Auflagen zur Organisation des RZ

9. →Transportkontrolle
    Es ist zu gewährleisten, daß bei der Übermittlung per-
    sonenbezogener Daten sowie beim Transport entsprechender
    Datenträger diese nicht unbefugt gelesen, verändert oder
    gelöscht werden können.
    -   Verschlüsselung
    -   geeignete Versendungsform
    -   fehlererkennende und -berichtigende Übertragungs-
        codes
    -   Transportbehälter
    -   Transportpersonal
    -   Begleitpapiere
    -   Einhaltung festgelegter Anlieferungs- und Abhol-
        termine

10. →Organisationskontrolle
    Aufbau- und Ablauforganisation sind so zu gestalten,
    daß sie den besonderen Anforderungen des Datenschutzes
    gerecht sind.
    -      Funktionstrennung
    -      Job-Rotation
    -      Bestellung des DSB
    -      Richtlinien, Pläne, Check-Listen, Dokumentationen,
           Protokolle, Arbeitsanweisungen
    -      Stellenbeschreibung
    -      Bauliche Maßnahmen
    -      Versicherungen
    -      Ausweichanlagen
    -      Bewußtseinsbildung

9 Normen und Standards

9.1 Einführung

Normung ist die planmäßige, durch die interessierten Kreise gemeinschaftlich durchgeführte Vereinheitlichung von materiellen und inmateriellen Gegenständen zum Nutzen der Allgemeinheit (DIN 820).

Die Normung im Bereich der Kommunikationstechnologie hat eine besondere Qualität, weil teilweise Dinge genormt werden, die noch nicht erprobt oder getestet sind. In den zuständigen Gremien für Normung und Standardisierung auf diesem Gebiet wird daher ein großer Anteil an Forschungs- und Entwicklungsarbeit geleistet.

Die Normungsarbeit zu der Kommunikation offener Systeme hat - vereinfacht ausgedrückt - das Ziel, Datenendeinrichtungen unterschiedlicher Hersteller zu befähigen, miteinander zu kommunizieren. Dies liegt sowohl im Interesse der DV-Hersteller und der Postverwaltungen als auch insbesondere der Anwender und Anbieter von DV-Dienstleistungen. Eine allgemeine rechnergestützte Kommunikation, die bis in das einzelne Büro und in die privaten Haushalte vordringt, hat nur dann Aussicht auf weite Verbreitung und wirtschaftlichen, sinnvollen Einsatz, wenn sie auf allgemein akzeptierten Normen und Standards der Kommunikation beruht.

Die internationale Normungsarbeit wurde 1977 bei der ISO mit der Gründung des SC16 (Subcommittee 16) 'Open Systems Interconnection' im TC97 (Task Committee 97) aufgenommen. Diesem war zunächst nur die Aufgabe gestellt, zu untersuchen, welcher Bedarf für eine Normung auf diesem Gebiet besteht und welche Normen erforderlich sind. Der erste Teil dieser Frage war schnell beantwortet, da ein Bedarf für eine herstellerübergreifende Text-, Daten- und Sprachkommunikation außer Zweifel stand. Der zweite Teil der Frage war schon problematischer, da er zunächst die Bildung eines Modells für rechnergestützte Kommunikation erforderte. Dies führte zur Entwicklung des Referenzmodells für die Kommunikation offener Systeme, an dem sich inzwischen alle nationalen und internationalen Normen, Standards und die einschlägigen Normungsprojekte orientieren.

Es wird ein Überblick über den Stand der Normen und Standards, Empfehlungen und entsprechender Entwürfe zur Kommunikation offener Systeme gegeben. Er orientiert sich an der Systematik der Schichteneinteilung des Referenzmodells.

9.2 Gremien für Normung und Standardisierung

Für die Normung auf internationaler Ebene ist die →ISO, TC97
(International Organization for Standardization, Task
Committee 97 'computers and information processing') zuständig. Sie erarbeitet Normen, von denen erwartet wird, daß sie
von den nationalen Normungsgremien als nationale Normen
übernommen werden.

Die nationale Normenarbeit findet in der Bundesrepublik im
→DIN, NI (Deutsches Institut für Normung, Normenausschuß
Informationsverarbeitung) statt und zwar in enger Zusammenarbeit mit der ISO und Zuarbeit zu den dort laufenden
Projekten. Die fachliche Arbeit wird von ehrenamtlichen
Mitarbeitern aus dem Bereich der Hersteller, Anwender und
der Forschungseinrichtungen geleistet. Hauptamtliche Bear-
beiter des DIN geben im wesentichen Unterstützung in ad-
ministrativer Hinsicht. Die ehrenamtlichen Mitarbeiter sind
Fachleute, die zwar persönlich benannt sind, aber von ihren
entsendenden Stellen autorisiert und für sie entscheidungs-
befugt sein müssen.

Die Ergebnisse der Normungsarbeit sind ISO- bzw. DIN-
→Normen. Um einen hohen Grad an Übereinstimmung mit der
Fachwelt herzustellen, werden zunächst **Normenentwürfe** erstellt, zu denen die Fachöffentlichkeit dann Stellung nehmen
kann. Bei der ISO durchläuft ein Normenprojekt den Weg
    von den ' **→Working Drafts**' (**WD**)
    über das ' **→Draft Proposal**' (**DP**),
    das   ' **→Draft International Standard**' (**DIS**)
    zum   ' **→International Standard**' (**IS**).
Die Erarbeitung und Verabschiedung einer Norm dauert i.a.
mehrere Jahre. Das Erscheinen einer ISO- oder DIN-Norm
bedeutet nun aber nicht zwangsläufig, daß sie auch angewen-
det wird. Normen besitzen keine Rechtsverbindlichkeit. Bei
Herstellern und Anwendern liegt die Entscheidung, Normen
anzuwenden, wobei oft der Druck vom Anwender ausgeht.
Letztlich entscheidet immer der Markt über die Akzeptanz
einer Norm.

Intensiv tätig auf dem Gebiet der Kommunikation offener
Systeme ist das →CCITT (Comité Consultatif International
Télégraphique et Téléphonique), die internationale Vereini-
gung der nationalen Fernmeldeverwaltungen. Das CCITT gibt
Empfehlungen heraus, die oft dadurch zu de facto-Normen
werden, daß sie unmittelbar in die Dienstleistungsangebote
der Post übernommen werden. Infolge des Marktdruckes, ihren
Kunden moderne Kommunikationsdienste anzubieten, arbeiten
die entsprechenden Gremien des CCITT i.a. sehr schnell. Das

CCITT arbeitet inzwischen eng mit der ISO zusammen; in der Vergangenheit fand teilweise auch unabhängige Parallelarbeit statt. Die ursprüngliche Trennung der Aufgabengebiete, Zuständigkeit der Post für das Übertragungssystem bis hin zum Stecker vor dem Endgerät, ist inzwischen überholt. Die Empfehlung X.25 z.B. berührt auch teilweise das Endgerät.

Das →**CEPT** (Conférence Européenne des Administrations des Postes et Télécommunications) als Konferenz der europäischen Fernmeldeverwaltungen ist eine Unterorganisation des CCITT und bringt in Zuarbeit zum CCITT die europäischen Interessen und Vorstellungen ein.

Die →**ECMA** (European Computer Manufacturer Association) ist das gemeinsame Gremium europäischer Computer-Hersteller. Sie versteht sich als Interessenvereinigung dieser Hersteller. Die von ihr erarbeiteten **Standards** sind gedacht als Vorarbeit, als realisierbare Vorschläge für die internationale Normung. ECMA-Standards allein werden von einem Hersteller nicht implementiert; sie werden i.a. den internationalen Normen angepaßt, sofern diese abweichend sind.

Sowohl CCITT als auch ECMA sind nicht stimmberechtigte, 'liierte' Mitglieder bei der ISO.

Das →**CEN** (Comité Européen de Normalisation) ist eine selbständige europäische Normenorganisation, die sich zur Aufgabe gestellt hat, die einzelnen aus den internationalen Normen abgeleiteten nationalen europäischen Normen zu harmonisieren.

Die →**KEG** (Kommission der Europäischen Gemeinschaften) hat in der Vergangenheit verschiedene Projekte gestartet (z.B. EURONET, DIANE, COST11 (mit GILT), ESPRIT) mit dem Anliegen, durch praktische Projektarbeit Erfahrungen und Zuarbeit für die Normung zu liefern.

Die →**NTG** (Nachrichtentechnische Gesellschaft) leistet als wissenschaftliche Gesellschaft für die Normung auf nachrichtentechnischem Gebiet Unterstützung für die Deutsche Kommission für Elektrotechnik (DKE) und damit auch für den DIN. Die →**DKE** ist ein Organ des DIN und des VDE, das normend auf dem gesamten Gebiet der Elektrotechnik tätig ist.

Die →**AG DFV** (Arbeitsgruppe Datenfernverarbeitung) des Kooperationsausschusses ADV Bund/Länder/Kommunaler Bereich wurde im Februar 1979 gegründet. Ihr Ziel ist es, unter Einbeziehung der Normungsprojekte und anderer bestehender Vorhaben für den Bereich der öffentlichen Verwaltung einen einheitlichen Satz höherer Kommunikationsprotokolle als nationale Zwischenlösung zu erarbeiten.

9.3   Projekte zur Normung und Standardisierung

9.3.1 Projekte zur ISO-Architektur

Im folgenden werden die existierenden Normen und Empfehlungen bzw. die entsprechenden noch laufenden Projekte
entsprechend den Schichten des ISO-Referenzmodells aufgeführt:

Referenzmodell:

ISO-Projekte: →OSI Reference Model
              (ISO/TC97/SC 16.1)
              Stand: IS 7498, November 1983

DIN-Projekte: Referenzmodell für die Kommunikation offener
              Systeme
              (DIN/NI/UA 16.1)
              Stand: DIN-ISO 7498, November 1983

Schicht 1:

ISO-Projekte: →Physical Layer Services and Protocols
              (ISO/TC97/SC 6.3)
              Stand: Eine wesentliche Aufgabe der Normungs-
              arbeit bezüglich der Schichten 1 bis 3 besteht
              darin, existierende Zugangsprotokolle, wie
              z.B. X.21, unter Benutzung des Dienstbegriffes
              einzuordnen und evtl. zu ergänzen.

DIN-Projekte: Dienste und Protokolle der Bitübertragungs-
              schicht
              (DIN/NI/UA 6.1)
              Stand: analog ISO

CCITT-
Empfehlungen: V.24, X.21, X.21bis

Schicht 2:

ISO-Projekte: →Data Link Layer Services and Protocols
              (ISO/TC97/SC6.1)
              Stand: Zu HDLC: IS 3309; DIS 4335, 6159, 6256,
              7809

DIN-Projekte: Dienste und Protokolle der   Übermittlungs-
              schicht
              (DIN/NI/UA 6.2)
              Stand: DIN 66221 Teil 1,   Entwurf DIN 66221
              Teil 2

CCITT-
Empfehlung: HDLC-Teil der Empfehlung X.25

ECMA: Zu HDLC: ECMA-40, ECMA-49, ECMA-60, ECMA-61,
              ECMA-71

Schicht 3:

ISO-Projekte: →Network Layer Services and Protocols
              (ISO/TC97/SC 6)
              Stand: DIS 8348 Network Service Definition,
              Sept. 1983
              DIS 8208 X.25 Packet Layer Specification for
              DTE, Sept. 1983. Dies ist die Protokoll-
              spezifikation der Vermittlungsschicht; sie
              entspricht X.25, Vers. 1984; als Anhang ent-
              hält sie die Statusdiagramme in der 'extended
              finite state machine'-Notation.
              DP xxxx Network conversion protocol using
              X.25, Sept. 1983. Enthält zusätzliche Proto-
              kollelemente zu X.25, Vers. 1980, damit der
              volle Vermittlungsdienst erbracht werden kann.
              DP yyyy   Network Service Definition covering
              Connectionless Transmission, Sept. 1983; Zu-
              satz zu DIS 8348 für verbindungslosen Vermitt-
              lungsdienst.
              DP zzzz   Protocol for Providing the Con-
              nectionless Network Service, Sept. 1983; be-
              schreibt das Protokoll zum verbindungslosen
              Vermittlungsdienst.
              Ein Arbeitspapier, Internal Organization of
              the Network Layer, das erst in 1984 zum DP
              wird, beschreibt die interne Struktur der
              Vermittlungsschicht, die Kopplung von Teil-
              netzen durch Teilnetzerweiterungen und durch
              Internetz-Protokolle.
              DP 1459 zum Network Connection Management,
              Okt. 1983

DIN-Projekte: Dienste und Protokolle der Vermittlungsschicht
              (DIN/NI/UA 6)
              Stand: analog ISO

CCITT-
Empfehlungen: X.25 beschreibt die Kopplung zwischen einer
DEE und einer DÜE in einem paketvermittelnden
Netz. Es werden nur die Protokolle beschrie-
ben, nicht die Dienste.
Der zugehörige DATEX-P-Dienst umfaßt Teil-
dienste und Dienste zum Anschluß spezieller
Geräte wie DATEX-P10, DATEX-P20, DATEX-P32,
DATEX-P33, DATEX-P42.
X.25 - Version 1984 - wird den vollen von der
ISO definierten Vermittlungsdienst unter-
stützen.

Die Empfehlungen X.3, X.28, X.29 beschreiben
den Anschluß von fernschreibähnlichen Start-
Stop-Geräten an einen X.25-Rechner über einen
PAD (packet assembly disassembly).

ECMA: Technical Report ECMA-TR13 Network Layer
Principles, Sept. 82. Behandelt die Kopplung
heterogener Netze unter Einbeziehung lokaler
Netze.

Schicht 4:

ISO-Projekte: →Transport Layer Services and Protocols
(ISO/TC97/SC 16.6)
Stand: Es wird einen gemeinsamen ISO-CCITT-
ECMA-Standard geben.
DIS 8072 Transport Service Definition, Nov. 83
DIS 8073 Transport Protocol Specification,
Nov. 83
Zum Connectionless Transport Service and Pro-
tocol existieren WD 1700 und 1701 vom Okt. 83.
Als ISO-Projekt wird das Transport Layer
Management untersucht.

DIN-Projekte: Dienste und Protokolle der Transportschicht
(DIN/NI/UA 16.3)
Stand: analog ISO

CCITT-
Empfehlung: S.70 für die Teletex-Transportschicht. Dies
ist ein vollständiges einfaches Protokoll, das
auch für allgemeine Kommunikation geeignet
ist. Es ist identisch mit dem ISO Klasse 0
Protokoll (kein Multiplexen, keine error
recovery).

ECMA: Standard ECMA-72 Transport Protocol, Sept. 82.
                  Es werden fünf Klassen (0 bis 4) von Trans-
                  portprotokollen vorgeschlagen.

National: EHKP4, April 1981 vom KoopA verabschiedet.

Schicht 5:

ISO-Projekte: →Session Layer Services and Protocols
               (ISO/TC97/SC 16.6)
               Stand: Es wird einen gemeinsamen ISO-CCITT-
               Standard geben.
               DIS 8326 Basic Connection Oriented Session
               Service Definition, Nov. 83
               DIS 8327 Basic Connection Oriented Session
               Protocol Specification, Nov. 83
               Für ein Symmetric Synchronization Protocol
               existiert ein WD 1688 vom Okt. 83.

DIN-Projekte: Dienste und Protokolle der Kommunikations-
               steuerungsschicht
               (DIN/NI/UA 16.3)
               Stand: analog ISO

CCITT-
Empfehlung: S.62 für die Sitzungs- und Dokumentenschicht
               von Teletex. Dies ist als Teilmenge des
               Schicht-5-Protokolls der ISO anzusehen.

ECMA: Standard ECMA-75 Session Protocol, Febr. 82.
               Enthält allgemeine Konzepte der Schicht 5,
               Dienst- und Protokollspezifikationen. Diese
               stimmen weitgehend mit dem ISO-Vorschlag über-
               ein.

GILT: Verabschiedetes Protokoll mit Dienstspezifika-
               tionen, Februar 1982. Für die Transportschicht
               wird S.70 von Teletex zugrundegelegt.

National: EHKP5 identisch mit dem GILT-Vorschlag; vom
               KoopA verabschiedet als EHKP5, Version 1.0,
               Stand Okt. 1982

Schicht 6:

ISO-Projekte: →Presentation·Service and Protocol
(ISO/TC97/SC16.5)
Stand: Arbeiten zur Definition einer konkre-
ten Transfer-Syntax und einer abstrakten
Syntax.
WD 1666 Presentation Service, Nov. 83
WD 1667 Presentation Protocol, Nov. 83

ECMA: Standard ECMA-84 Data Presentation Protocol,
Sept. 82
Standard ECMA-86 Generic Data Presentation -
Services Description and Protocol Definition,
März 83

National: EHKP6, Version 1.1, März 1983

Virtuelles Terminal:

ISO-Projekte: →Virtual Terminal Protocol
(ISO/TC97/SC 16.5)
Stand: WD 1674 Basic Class Virtual Terminal
Service, Nov. 83
WD 1675 Basic Class Virtual Terminal Protocol,
Okt. 83, Arbeitspapier zu Virtual Terminal
Service - Generic Class Definition

DIN-Projekt: Dienste und. Protokolle für den Betrieb virtueller Terminals (DIN/NI/UA 16.2)
Stand: analog ISO

ECMA: Standard ECMA-87 Generic Virtual Terminal -
Service and Protocol Description, März 83
Standard ECMA-88 Basic Class Virtual Terminal
Service and Protocol Definition, März 83

Übermittlung von Dateien:

ISO-Projekt: →File Transfer, Access and Management
               (ISO/TC97/SC 16.5)
               Stand:
               WD 1669 FTAM Part 1, Generic Description,
               Nov. 83
               WD 1670 FTAM Part 2, Virtual Filestore,
               Nov. 83
               WD 1671 FTAM Part 3, File Service, Nov. 83
               WD 1672 FTAM Part 4, File Protocol, Nov. 83

DIN-Projekt: Dienste und Protokolle für Übermittlung, Zu-
               griff und Verwaltung von Dateien
               (DIN/NI/UA 16.2)
               Stand: analog ISO

ECMA: Standard ECMA-85 Virtual File Protocol,
               Sept. 82

Übermittlung von Aufträgen:

ISO-Projekt: →Job Transfer and Manipulation
               (ISO/TC97/SC 16.5)
               Stand: WD JTM Service Specification,
               Nov. 83
               WD JTM Basic Class Protocol Specification,
               Nov. 83

DIN-Projekt: Dienste und Protokolle für Übermittlung und
               Verwaltung von Aufträgen
               (DIN/NI/UA 16.2)
               Stand: analog ISO

Management:

ISO-Projekte: OSI Management Protocols
               (ISO/TC97/SC 16.4)
               Stand: Hier gibt es verschiedene laufende
               Arbeiten, z.B. zu 'Commitment, Concurrency and
               Recovery', 'Checkpointing', 'Directory Manage-
               ment', 'Accounting Management', 'Management of
               Error Reporting', 'Authorization Management',
               'Control of Application Process Groups'.

DIN-Projekte: Management offener Systeme
               (DIN/NI/UA 16.1)
               Stand: analog ISO

9.3.2   Lokale Netze

ECMA: Standard   ECMA-80   'Local   Area   Networks,
                        Coaxial Cable
                        System (CSMA/CD Baseband)', Sept. 82
                        Standard   ECMA-81   'Local   Area   Networks,
                        Physical Layer (CSMA/CD Baseband)', Sept. 82
                        Standard ECMA-82 'Local Area Networks, Link
                        Layer (CSMA/CD Baseband)', Sept. 82
                        Standard ECMA-89 'Local Area Networks, Token
                        Ring Technique', Sept. 83
                        Standard ECMA-90 'Local Area Networks, Token
                        Bus Technique', Sept. 83
                        Standard   ECMA-xx 'Connectionless
                        Internetwork Protocol', Final Draft, Juni 83
                        ECMA-TR13 'Network Layer Principles', Sept.
                        82
                        ECMA-TR14 'Local Area Networks, Layers 1 to
                        4, Architecture and Protocols', Sept. 82
                        ECMA-TRyy 'Definition of a Distributed
                        Endsystem Interworking Unit', First Draft,
                        März 83

IEEE-Projekt 802 über lokale Netze :
                        In verschiedenen Arbeitsgruppen sind Vor-
                        schläge erarbeitet und verabschiedet worden
                        zu 'Access Methods and Physical Layer Speci-
                        fication' auf der Grundlage der Verfahren
                        CSMA/CD, Token Bus und Token Ring. Diese sind
                        auch als Arbeitspapiere für die ISO-Normungs-
                        arbeit eingereicht.

ETHERNET: als momentan sehr verbreitete Technologie der
                        Fa. XEROX; beruht auf dem CSMA/CD-Verfahren.

9.3.3 Entwicklung der Telematik

Die →**Telematik-Dienste**, die beim CCITT erarbeitet werden, vereinen die **Text-, Festbild- und Datenkommunikation**. Sie sollen später zusammen mit den Diensten für die **Sprach-kommunikation** im dienstintegrierten digitalen Fernsprechnetz →**ISDN** angeboten werden. Hierfür soll dann ein Netz mit der Übertragungsgeschwindigkeit 64 kbit/sec bereitstehen. Z.Zt. gibt es beim CCITT in der Studienkommission VIII 'Terminal equipment for telematic services' die vier Arbeitsgruppen

- Interactive videotex
- Facsimile terminal characteristics
- Teletex terminal characteristics
- Common protocols for telematic services

Text-Faksimile-Kommunikation bedeutet dabei, daß Texte und Festbilder gemischt übertragen werden. Texte sind zeichen-codiert, Bilder faksimile-codiert. Zur Erstellung gibt es für beide unterschiedliche Editoren.

Empfehlungen, die z. Zt. beim CCITT in Arbeit sind:

S.a : Document Interchange Protocol for the Telematic
      Services

T.a : Apparatus for Use in the Group 4 Facsimile Service

T.b : Facsimile Coding Schemes and Coding Control
      Functions for Group 4 Facsimile Apparatus

9.3.4 →Nachrichtensysteme

ISO-Projekte: →Text Preparation and Interchange
               (ISO/TC97/SC18)
               Es gibt verschiedene Projekte, die noch im
               Jahr 1984 DPs verabschieden werden. Einige
               dieser Projekttitel sind:
               User requirements for TPI
               Reference model for TPI
               Message oriented Text Interchange System (User
               requirements, functional description, service
               specification)
               Text structures
               Office Document Architecture Principles
               Functional description

CCITT: →Message Handling Systems
               Die Studiengruppe VII hat verschiedene Ent-
               würfe ausgearbeitet, die noch 1984 als Empfeh-
               lungen verabschiedet werden sollen.
               X.400: System Model-Service Elements
               X.401: Basic Service Elements and Optional
                       User Facilities
               X.408: Encoded Information Type Conversion
                       Rules
               X.409: Presentation Transfer Syntax and
                       Notation
               X.410: Remote Operations and Reliable Trans-
                       fer Server
               X.411: Message Transfer Layer
               X.420: Interpersonal Messaging User Agent
                       Layer
               X.430: Access Protocol for Teletex Terminals

ECMA: Standards in Vorbereitung:
               Message Interchange Distributed Application
               Standard
               Office Document Architecture

9.4   Probleme der Normenumsetzung

Als Ergebnis der Normungsarbeit wird es sukzessive eine Reihe von Normen für die Kommunikation offener Systeme geben. Diese Normen müssen von Herstellern in Implementationen umgesetzt werden, so daß Produkte entstehen, die als offene Systeme freizügig miteinander kommunizieren können. Das Produkt eines Herstellers wird nur dadurch zu einem offenen System, daß es genormte Protokolle einhält. Alle offenen Systeme müssen die Protokolle der unteren vier Schichten beherrschen. Beherrscht ein Produkt deshalb diese Protokolle, wird es zu einem offenen System für den Transport. Über dieses offene System für den Transport können dann, wenn erforderlich, auch nicht genormte Anwendungen abgewickelt werden. Beherrscht ein Produkt zusätzlich noch das Protokoll der Kommunikationssteuerungsschicht, stellt es ein offenes System für die Kommunikationssteuerung dar. Desgleichen gilt, daß ein Produkt, das die genormten Protokolle einer Anwendung (z.B. Remote Job Entry) realisiert, ein offenes System für diese Anwendung darstellt. Offenheit auf einer höheren Schicht schließt somit Offenheit auf allen niederen Schichten ein und basiert auf ihr.

Weder die Normen für das Referenzmodell noch die Normen für die Kommunikationsdienste sind für sich implementierbar; implementierbar sind nur die Protokollnormen, die aus den Dienstnormen abgeleitet sind und sie realisieren. Aus der Sicht offener Systeme ist es daher sinnlos, von einem Hersteller die Realisation eines Kommunikationsdienstes zu fordern, die nicht auf den zugehörigen Protokollnormen beruht, d.h. z.B. die Realisation zu verlangen, bevor die Protokollnormen vorliegen.

Weder das Referenzmodell noch Dienst- und Protokollnormen schreiben eine Systemarchitektur und damit eine bestimmte Implementation vor. Der Vorteil einer derartigen Verhaltensnormung liegt darin, daß sie frei gegenüber unterschiedlichen Realisierungen ist und die Nutzung unterschiedlicher Technologien erlaubt. Dieser Vorteil bringt jedoch eine spezifische Schwierigkeit mit sich, die darin besteht, zu gewährleisten, daß die verschiedenen Produkte trotz unterschiedlicher Implementationen als offene Systeme miteinander kompatibel sind. Daraus resultiert zunächst die Forderung, die Normen zwar implementationsunabhängig aber doch so abzufassen, daß sie von Implementierern in gleicher Weise verstanden werden.

Bei offenen Systemen steht man im Gegensatz zu geschlossenen
Systemen nun vor der Situation, daß es nicht mehr nur einen
Hersteller gibt, der die Verantwortung für das Funktionieren
des Zusammenspiels verschiedener Komponenten trägt. Zwingend
erscheint daher die Forderung nach einem Abnahmetest, der
Produkte auf Konformität mit Protokollnormen offener Systeme
prüft und ihnen bei erfolgreichem Bestehen eine bestimmte
Offenheit bescheinigt.

Abkürzungsverzeichnis

AnE	Anschalteinrichtung (z.B. für Fernkopierer)
AGT	Anschlußgerät (für Fernschreibeinrichtungen)
AWD	Automatische Wähleinrichtung für Datenübertragung

BIGFON	Breitbandige Integrierte Glasfaser-Fernmeldeortsnetze
BPM	Bundesministerium für das Post- und Fernmeldewesen
BSC	Binary Synchronous Control
Btx	Bildschirmtext

CAD	Computer Aided Design (Computer-unterstützter Entwurf)
CAP	Cable-Access-Point
CATV	Cable Television
CBMS	Computerbased Message and Conference System
CBX	Computerized Branch Exchange System
CCITT	Internationaler beratender Ausschuß für den Telegrafen- und Fernsprechdienst (Deutsche Übersetzung)
CEPT	Europäische Konferenz der Post- und Fernmeldeverwaltungen (Deutsche Übersetzung): (BR Deutschland, Belgien, Cypern, Dänemark, Finnland, Frankreich, Griechenland, Großbritannien, Irland, Island, Italien, Liechtenstein, Luxemburg, Malta, Monaco, Niederlande, Norwegen, Portugal, San Marino, Schweden, Schweiz, Spanien, Türkei, Jugoslawien)
CEN	Comité Européen de Normalisation
CSMA/CD	Carrier Sense Multiple Access with Collision Detection

DAG	Datenanschlußgerät (DÜE im Direktrufnetz)
D-An	Anschlußsatz für Datenübertragung
DBP	Deutsche Bundespost
DDP	Distributed Data Processing
DEE	Datenendeinrichtung
DEG	Datenendgerät
DFG	Datenfernschaltgerät (im Datexnetz)
DIN	Deutsches Institut für Normung e.V.
DirRufV	Verordnung über das öffentliche Direktrufnetz für die Übertragung von Nachrichten
DIS	Draft International Standard

DK	Durchsatzklasse
DKE	Deutsche Kommission für Elektrotechnik
DKZ	Datenkonzentrator
DNK	Datennetzknoten
DP	Draft Proposal
DPVST	Datenpaketvermittlungsstelle
DÜE	Datenübertragungseinrichtung
DUST-U	Datenumsetzerstelle (im IDN der DBP) - untere Netzebene
DUST-D	Datenumsetzerstelle (im IDN der DBP) - am Sitz einer Datenvermittlungsstelle
DVA	Datenverarbeitungsanlage
DVST	Datenvermittlungsstelle (im IDN der DBP)
DX	Datex
dx	duplex
DXPV	Datexdienst mit Paketvermittlung
ECMA	Europäischer Verband der Hersteller von DVA (Deutsche Übersetzung)
EDS	Elektronisches Datenvermittlungssystem (im IDN der DBP)
EHKP	Einheitliche Höhere Kommunikationsprotokolle
FAG	Fernmeldeanlagengesetz
FBE	Fernbetriebseinheit (einer Datenstation)
Fe-NStAnl	Fernsprech-Nebenstellenanlage
FGt	Fernschaltgerät
FGV	Fernmeldegebührenvorschrift (der FO)
FO	Fernmeldeordnung
FOAusl	Verordnung über den Fernmeldeverkehr mit dem Ausland
FS	Fernschreiber
FSE	Fernschalteinheit (im Fernschreiber)
FTZ	Fernmeldetechnisches Zentralamt der DBP
GILT	Get Interconnection of Local Textsystems
GKS	Graphical Kernel System
HAs	Hauptanschluß
HDLC	High Level Data Link Control (Datenübertragungsprozedur)
HfD	Hauptanschluß für Direktruf
hx	halbduplex

IA	Internationales Alphabet
IDN	Integriertes Fernschreib- und Datexnetz der DBP
IFA	Internationale Funkausstellung
IFV	Internationaler Fernmeldevertrag
IPM	'Interpersonal Message'-Dienst
IS	International Standard
ISDN	Dienstintegriertes Digitales Fernsprechnetz
ISO	Internationale Organisation für Normung (Deutsche Übersetzung)
ITA	Internationales Telegrafenalphabet
KEG	Kommission der Europäischen Gemeinschaften
KtK	Kommission für den Ausbau technischer Kommunikationssysteme
LAN	Local Area Network
LAP	Link Access Procedure (Steuerungsverfahren zum Austausch von Datenübertragungsblocks)
MHS	Message Handling System
MSV	Mittelschnelle Prozedurvariante (Siemens-Datenübertragungsprozedur nach dem Basic Mode) (Deutsche Übersetzung)
MTA	Message Transfer Agent
MTS	Message Transfer Service
NAs	Nebenanschluß
NI	Normenausschuß Informationsverarbeitung
NIU	Network Interface Unit
NKZ	Netzkontrollzentrum
NTG	Nachrichtentechnische Gesellschaft
ntz	Nachrichtentechnische Zeitung
PABX	Private Automatic Branch Exchange
PAD	Packet Assembly/Disassembly Facility (Anpassungseinrichtung für nicht-paketorientierte Nachrichten)
PCM	Plug Compatible Manufactures / Puls-Codemodulation
PTV	Programmierte Textverarbeitung
PVC	Permanent Virtual Circuit
RDA	Remote Data Access (Datei-Transfer-Dienst)

SC	Subcommittee
SFD	Simple Formatable Document
SK	Synchronknoten (digitale Knoteneinrichtung)
SVC	Switched Virtual Circuit
TAP	Terminal-Access-Point
TC	Task Committee
Ttx	Teletex
TTY	Fernschreiber
TWG	Telegrafen-Gesetz
Tx	Telex
UA	1. Unterausschuß im DN
	2. User Agent
UE	Übertragungseinrichtung
UIT	Union International des Telecommunications
VAN	Value added network
VDE	Verband Deutscher Elektrotechniker
VFsDx	Verordnung für den Fernschreib- und Datexdienst
WAN	Wide Area Network
WD	Working Draft
WT	Wechselstromtelegrafiesystem
ZD	Zeitmultiplex-Datenübertragungssystem
ZVEI	Zentralverband der Elektrotechnischen Industrie
2Dr/4Dr	2-Draht/4-Draht-Leitung

Literaturverzeichnis

/Arno 81/   Arnold, F. :
             Endeinrichtungen der öffentlichen Fernmeldenetze
             Heidelberg: Decker's 1981

/Berg 73/   Bergmann, K. :
             Lehrbuch der Fernmeldetechnik, Berlin: Schiele
             und Schön 1973

/Besi 81/   Besier, H., Heuer, P. Kettler, G. :
             Digitale Vermittlungstechnik, München/Wien:
             Oldenbourg 1981

/Bidl 73/   Bidlingmaier, M., Haag, A., Kühnemann, K. :
             Einheiten - Grundbegriffe - Meßverfahren der
             Nachrichten-Übertragungstechnik, Berlin: Siemens
             AG 1973

/Bock 76/   Bocker, P.:
             Datenübertragung, Band I: Grundlagen, Berlin:
             Springer 1976

/Bock 77/   Bocker, P. :
             Datenübertragung, Band II: Einrichtungen und
             Systeme, Berlin: Springer 1977

/Bock 78/   Bocker, P. :
             Möglichkeiten und Grenzen von Paketvermittlungs-
             systemen, telcom report 1, 1978, Heft 2

/Börg 78/   Börger, J., Schulze, G. :
             The PIX virtual terminal protocol PIX/VTP/TEK
             in: PIX, Bonn: Selbstverlag der GMD 1978

/Brez 72/   Brezovac, A., Letsche, D. :
             Grundlagen der Datenübertragung IBM-Form E12-
             1187, Stuttgart: IBM-Verlag 1972

/Brez 74/   Brezovac, A., Letsche, D., :
             Datenübertragung - Fernmeldedienste, IBM-Form
             K12-1101, Stuttgart: IBM-Verlag 1974

/Burk 79/   Burkhardt, H.J. :
             Architektur offener Kommunikationssysteme -
             Stand der Normungsarbeit Kommunikation in ver-
             teilten Systemen, Informatik-Fachbericht Nr. 22
             der GI, S. 208, Berlin: Springer 1979

/Burk 81a/   Burkhardt, H.J. :
             Kommunikationsarchitektur und Protokolle Offener
             Systeme - Stand der Normungsarbeit-
             GI-Tutorium Kommunikation in verteilten Systemen
             Technische Universität Berlin, 1981,   Herausg.:
             S. Schindler, J.C.W. Schroeder

/Burk 81b/   Burkhardt, H.J., S. Schindler :
             Strukturierungsprinzipien   der   Kommunikations-
             architektur,   Kommunikation in verteilten Syste-
             men, Informatik-Fachbericht Nr. 40 der GI, S. 38
             Berlin: Springer 1981

/Burk 81c/   Burkhardt, H.J., Schindler, S. :
             Structuring   Principles   of   the   Communication
             Architecture   of   Open   Systems   -   A Systematic
             Approach, Computer Networks 5, 157-166, C North-
             Holland: North-Holland Publishing Company 1981

/Burk 82/   Burkhardt, H.J., Krecioch, T.H. :
             Standards for the ISO - Reference Model for Open
             Systems   Interconnection,   Microprocessing   and
             Microprogramming 9, 237-244, North-Holland:
             North-Holland Publishing Company 1982

/Burk 83a/   Burkhardt, H.J. :
             Some Data Structure Aspects in OSI-Communication
             Services   and   Protocols,   Information   and   Data
             Structure   Description   in Standardization, GMD-
             Bericht Nr. 139, München: Oldenbourg 1983

/Burk 83b/   Burkhardt, H.J. :
             Architektur   Offener   Systeme,   GI-Tutorium über
             Kommunikation in Verteilten Systemen - Anwendun-
             gen und Betrieb - Technische Universität Berlin,
             Herausg.: Schindler, S., Spaniol, O. 1983

/Burk 83c/   Burkhardt, H.J., Schindler, S. :
             Konzeptionelle Grundlagen Strukturierter Ver-
             teilter Applikationen,   Informatik-Fachbericht
             wendungen und Betrieb - Informatik-Fachbericht
             Nr. 60 der GI, S. 602, Berlin: Springer 1983

/Burk 83d/   Burkhardt, H.J., Eckert, K.J., Krecioch, T.H. :
             A Universal Network-Independet Interface Based
             on the OSI Network Service: Some Basic Thoughts,
             Computer & Standards, Vol. 2, No. 1, pp 5-16,
             North-Holland Publishing Company 1983

/Bux 82/   Bux, W., Closs, F., Janson, P.,
             Kümmerle, K., Müller, H.R. :
             A Local Area Communication Network Based on a
             Reliable Token Ring-System, Proceedings of the
             IFIP TC6 Symposium on 'Local Computer Networks',
             Florenz, April 1982. Amsterdam 1982, pp. 69-82

/CCI X.400/ CCITT, Draft Recommendation X.400
             Message Handling Systems: System Model-Service
             Elements,
             Study Group VII, Study Period 1981-1984

/CCI X.401/ CCITT, Draft Recommendation X.401
             Message Handling Systems: Basic Service Elements
             and Optional User Facilities,
             Study Group VII, Study Period 1981-1984

/CCI X.408/ CCITT, Draft Recommendation X.408
             Message Handling Systems: Encoded Information
             Type, Conversion Rules,
             Study Group VII, Study Period 1981-1984

/CCI X.409/ CCITT, Draft Recommendation X.409
             Message Handling Systems: Presentation Transfer
             Syntax and Notation,
             Study Group VII, Study Period 1981-1984

/CCI X.410/ CCITT, Draft Recommendation X.410
             Message Handling Systems: Remote Operations and
             Reliable Transfer Server,
             Study Group VII, Study Period 1981-1984

/CCI X.411/ CCITT, Draft Recommendation X.411
             Message Handling Systems: Message Transfer Layer
             Study Group VII, Study Period 1981-1984

/CCI X.420/ CCITT, Draft Recommendation X.420
             Message Handling Systems: Interpersonal Mes-
             saging, Study Group VII, Study Period 1981-1984

/CCI X.430/ CCITT, Draft Recommendation X.430
             Message Handling Systems: Access Protocol for
             Teletex Terminals,
             Study Group VII, Study Period 1981-1984

/CCITT 81/ Telegraph and Telematic Services Terminal Equip-
             ment, Yellow Book, Volume VII-Fascicle VII.2,
             Geneva 1981

/Cran 80/   Crane, R.C. and Taft, E.A. :
             'Practical Considerations in Ethernet Local Net-
             work Design', Presented at Hawaii International
             Conference on System Sciences (January, 1980,
             pp. 166-175)

/Damm 74/   Dammann, U., Karhausen, M., Müller, P.,   Stein-
             müller, W. :
             Datenbanken und Datenschutz, Frankfurt: Herder
             Herder 1974

/Daut 78/   Dauth, N. :
             Datenvermittlungstechnik   (EDS),   Heidelberg:
             Decker's 1978

/DIN 44300/ Norm DIN 44300, 03.72 Informationsverarbeitung;
             Begriffe

/DIN 44302/ Norm DIN 44302, 04.79 Informationsverarbeitung;
             Datenübertragung/Datenübermittlung, Begriffe

/DIN 66003/ Norm DIN 66003, 06.74 Informationsverarbeitung;
             7-Bit-Code

/DIN 66019/ Norm DIN 66019, 05.76 Informationsverarbeitung;
             Steuerverfahren mit dem 7-Bit-Code bei Daten-
             übertragung

/DIN 66020/ Norm DIN 66020, Teil 1, 05.81 Funktionelle
             Anforderungen an die Schnittstelle zwischen DEE
             und DÜE in Fernsprechnetzen

/DIN 66021/ Norm DIN 66021, Teil 1-10
             Schnittstelle zwischen DE- und DÜ-Einrichtungen

/Elia 81/   Elias, D. (Hrsg.) :
             Telekommunikation in der Bundesrepublik Deutsch-
             land 1982, Heidelberg: Decker's 1982

/Esch 79/   Esch, W., Osterburg, G.-D. :
             Text- und Datenkommunikation
             München: Siemens AG 1979

/Ethe 80/   The Ethernet - A Local Area Network, Data Link
             Layer and Physical Layer Specifications, DEC/
             INTEL/XEROX (September 1980, pp. 1-82)

/Fern 80/   Fernmeldeordnung mit Verwaltungsanweisungen, Bd.
             1, Bd. 2 Bundesminister für das Post- und
             Fernmeldewesen, September 1980

/FTZ 79/   Benutzerhandbuch DATEX-P, Darmstadt: Fernmelde-
             technisches Zentralamt 1979

/FTZ 80/   Planungshilfe   für die Datenfernverarbeitung,
             Darmstadt: Fernmeldetechnisches Zentralamt 1980

/FTZ 81/   DATEL-Handbuch, Darmstadt: Fernmeldetechnisches
             Zentralamt 1981

/Gabl 81/   Gabler, H., Tietz, W. :
             Datenkommunikation in den Fernmeldenetzen der
             Deutschen Bundespost, in: Informatik-Spektrumm
             Berlin: Springer 1981

/Gee 81/   Gee, K.C.E. :
             Kommunikation offener Systeme - Eine Einführung
             in: Der GMD-Spiegel, Sonderheft in deutscher
             Übersetzung der EG-Kommission bearbeitet von
             Burkhardt, H.J. , Bonn: Selbstverlag der GMD
             1981

/Gerk 82/   Gerke, P. R. :
             Neue   Kommunikationsnetze - Prinzipien, Ein-
             richtungen, Systeme, Berlin: Springer 1982

/GMD 77/   Das GMD-Netz: 1. Übersicht, 2. Transportsystem,
             3. Netzkontrolle,   4. Simulation,   5. Netzan-
             schlüsse,   Institut für Datenfernverarbeitung
             (IF), Darmstadt: Selbstverlag der GMD 1977

/Habe 79/   Haber, R. :
             EurOnet-DIANE, Information für Europa, in data
             report 14 (1979) Heft 5, S. 8-13

/Hard 81/   Hardinghaus, H. :
             Ethernet - ein lokales Netzwerk, Telecom '81,
             Köln, 4.-6.11.81, Dokumentation, Bd. 1, Overath
             1981, pp. 371-384

/Hein 78/   Heinze, W., Struif, B., Wilhelm, M. :
             The PIX RJE-Protocol, PIX/RJE/TEK, in: PIX,
             Bonn: Selbstverlag der GMD

/Hill 81/   Hillebrand, F. :
             DATEX, Infrastruktur der Daten- und Textkommuni-
             kation, Heidelberg: Decker's 1981

/Hofe 73/   Hofer, H. :
             Datenfernverarbeitung, Berlin: Springer 1973

/Höri 83/   Höring, K., Bahr, K., Struif, B., Thiede-
             mann, C. :
             Interne Netze für die Bürokommunikation, Hei-
             delberg: Decker's 1983

/ISO 7942/   Norm ISO/DIS 7942 Draft International Standard,
             ISO/DIS 7942, Information Processing, Grafical
             Kernel System (GKS), Function Description, ISO
             TC97/SC5/WGN 163, 1983

/Kafk 83/   Kafka, G. :
             Einführung in die Datenfernverarbeitung, in:
             Elektronik, Nr. 50, 1983

/Kahl 83/   Kahl, P., Külzer, W. :
             Die Absichten und Tendenzen der DBP bezüglich
             des ISDN und dessen Realisierung, in: Kommunika-
             tion in Verteilten Systemanwendungen und Be-
             trieb, Berlin: Springer 1983

/Kern 81/   Kerner, H., Bruckner, G. :
             Rechnernetzwerke-Systeme, Protokolle und das
             ISO-Architekturmodell, Wien: Springer 1981

/Kneb 79/   Knebel, J. :
             Datenübertragung im Einwohnermeldewesen, For-
             schungsbericht DV 79-08 Datenverarbeitung, Bonn:
             Gesellschaft für Mathematik und Datenverarbei-
             tung (GMD)

/Knip 81/   Knippel, P. :
             Nixdorf-Inhouse-Netzwerke, Count-Fachsymposium
             'Lokale Netzwerke', Sindelfingen, 15./16.10.81

/Krau 78/   Kraus, G. :
             Einführung in die Datenübertragung, München:
             Oldenbourg 1978

/Krau 74/   Kraushaar, R., Jakob, L., Goth, D. :
             Datenfernverarbeitung, Berlin: Siemens AG 1974

/KtK 76/   Telekommunikationsbericht der Kommission für den
             Ausbau des technischen Kommunikationssystems
             (KtK) der Bundesregierung, Bonn 1976

/Mart 72/   Martin, J. :
             Die Organisation von Datennetzen, München:
             Hanser 1972

/McGl 78/   Mc Glynn, D.R. :
              Distributed Processing and Data Communications,
              New York: Willy. Sons 1978

/Metc 76/   Metcalfe, R.M. and Boggs, D.R. :
              'Ethernet: Distributed Packet Switching for
              Local Computer Networks', Communications of the
              ACM, Vol.19 (1976), No. 7, pp. 395-403

/NTG 0902/   Empfehlung NTG 0902
              Nachrichtenvermittlungstechnik, Begriffe
              ntz Bd. 35 (1982), Heft 7, S. 481-488
              ntz Bd. 35 (1982), Heft 8, S. 549-575

/NTG 1203/   Empfehlung NTG 1203
              Daten- und Textkommunikation, Begriffe
              ntz Bd. 36 (1983), Heft 10, S. 697-708
              ntz Bd. 36 (1983), Heft 11, S. 767-777

/ntz 82/   Das neue Bildschirmtext-Netz
              in: ntz Bd. 35 (1982), Heft 4, S. 248

/Post 73/   Bestimmungen über private Drahtfernmeldeanlagen
              Bundesminister für das Post- und Fernmeldewesen,
              1973

/Post 83/   Fernmeldeordnung mit Verwaltungsanweisungen, Bd.
              1-3, Bonn: 1983

/Post 80/   Vorschriftensammlung für digitale Netze mit Ver-
              waltungsanweisungen, Bonn: 1980

/Post 81/   Postleitfaden, Bd. 6 'Fernmeldetechnik', Teil
              11: Datenübertragung-Datenfernverarbeitung Bei-
              band: CCITT-Empfehlungen der V-Serie und der
              X-Serie: Bd. 1, Datenpaketvermittlung - inter-
              nationale Standards, Heidelberg: Decker's 1981

/Post 82/   Postleitfaden, Bd. 6 'Fernmeldetechnik', Teil
              11: Datenübertragung-Datenfernverarbeitung Bei-
              band: CCITT-Empfehlungen der V-Serie und der
              X-Serie: Bd. 2, Datenübertragung in Fernsprech-
              netz, Hamburg: 1982

/Raub 78/   Raubold, E., Schulze, G., Struif, B., Börger, J.
              Heinze, W., Wilhelm, M. :
              Application protocol design based on a unified
              communication model, Proceeding ICCC, Kyoto:
              1978

/Rose 82/   Rosenbrock, K.H. :
              ISDN, Integrated Services Digital Network, Zu-
              sammenfassen von Fernmeldediensten im digitalen
              Fernsprechnetz, in: ZPF, 9/82

/Roth 79/   Roth, W., Tietz, W. :
              Was ist EurOnet? in Elektronische Rechenanlagen
              21 (1979) H.6 S. 288-296

/Rysk 80/   Ryska, N., Herda, S. :
              Kryptographische Verfahren in der Datenverarbei-
              tung, Berlin: Springer 1980

/Sarb 76/   Sarbinowski, H. :
              X.25 - Die Paketschnittstelle zwischen Daten-
              endeinrichtungen und öffentlichen Datennetzen,
              Online, Heft 9/1976

/Sche 81/   Schenke, K., Rüggeberg, R., Otto, J. :
              Teletex, ein neuer internationaler Fernmelde-
              dienst für die Textkommunikation (Vorabdruck aus
              dem Jahrbuch der Deutschen Bundespost), Bad
              Windsheim: Verlag für Wissenschaft und Leben
              1981

/Schi 79/   Schirenbeck, G., Tantow, R. :
              Endeinrichtungen für den Dienst 'Bildschirmtext'
              in: telecom report 2, Heft 4/79, 215-222

/Schi 81/   Schindler, S. :
              Offene Kommunikationssysteme - Heute und Morgen,
              in Informatik-Spektrum 4/81, 213-228

/Schm 81/   Schmitz, P., Hasenkamp, U. :
              Rechnerverbundsysteme, München: Hanser 1981

/Shoc 80/   Shoch, J.F. and Hupp, J.A. :
              'Measured Performance of an Ethernet Local Net-
              work', Communications of the ACM, Vol. 23
              (1980), No. 12, pp. 711-721

/Schu 78/   Schulze, G., Börger, J. :
              A virtual terminal protocol based upon the
              'communication variable' concept, Computer Net-
              work 2 (1978) pp 291 - 296

/Schum 78/   Schumny, H. :
              Signalübertragung, Braunschweig: Vieweg 1978

/Seli 75/   Seliger, N.B. :
              Kodierung und Datenübertragung, München: Olden-
              bourg 1975

/Span 82/   Spaniol, O. :
              Konzepte und Bearbeitungsmethoden für lokale
              Rechnernetze, Informatik Spektrum, Bd. 5 (1982),
              Heft 3, S. 152-170

/Stei 73/   Steinbuch, K., Ruprecht, W. :
              Nachrichtentechnik, Berlin: Springer 1973

/Stru 81/   Struif, B. :
              Die Rolle lokaler Netze für die Inhouse-
              Kommunikation, Count-Fachsymposium 'Lokale Netz-
              werke', Sindelfingen, 15./16.10.81

/Tafe 71/   Tafel, H.J. :
              Einführung in die digitale Datenverarbeitung,
              München: Hanser 1971

/Tiet 76/   Tietz, W. :
              Teilband I: Dateldienste, Teil 1: Dateldienste 1
              - Grundlagen und Zusammenhänge der Datenfernver-
              arbeitung - Hamburg: Decker's 1976

/Tost 81/   Tost, R. :
              Bürokommunikation über interne Netze, IIG-INFO,
              Bonn: Selbstverlag der GMD 1981

/Wiese 79/   Wiesend, E., Baur, M., Ginzkey, H.,
              Wisuschil, D. :
              Das Digitale Sondernetz der Polizei in Bayern,
              in data report 14 (1979) Heft 4, S. 11-14

/Yank 81/   Yankee Group :
              The Report on Local Communications, Report 1981